Ulrich Dopatka (Hrsg.)
SIND WIR ALLEIN?

Ulrich Dopatka
(Hrsg.)

SIND WIR ALLEIN?

Besucher aus der Zukunft:
Götter, UFOs,
Astronauten

ECON

Die Deutsche Bibliothek – CIP-Einheitsaufnahme

Sind wir allein?
Besucher aus der Zukunft: Götter, UFOs,
Astronauten / Ulrich Dopatka (Hrsg.). Mit Beitr. von Däniken
... – Düsseldorf : ECON, 1996
ISBN 3-430-11617-1
NE: Dopatka, Ulrich [Hrsg.]; Däniken, Erich von

Lektorat: Gisela Klemt
Übersetzung englischsprachiger Originaltexte:
Ulrike Kutzer
Gesetzt aus: Bembo, Univers
Satz: Heinrich Fanslau GmbH, Düsseldorf
Papier: Papierfabrik Schleipen, Bad Dürkheim
Druck und Bindearbeiten: Pustet, Regensburg
Printed in Germany
ISBN 3-430-11617-1

Inhalt

7

ULRICH DOPATKA
(HRSG.)

Vorwort

Außerirdische Strukturen und Bauwerke auf dem Mond nachgewiesen …« Diese »Sensation« wurde von der Öffentlichkeit gelassen aufgenommen, als das Zweite Deutsche Fernsehen und andere internationale Sendeanstalten Ende März 1996 von der Pressekonferenz des US-Wissenschaftsjournalisten Richard Hoagland in Washington, D.C., berichteten. Informationen von Astronauten und Kosmonauten über seltsame Beobachtungen im Weltall und auf dem Mond; die populäre UFO-Literatur; die Dokumentationen in den Medien – seit etwa 50 Jahren findet sich die Menschheit langsam mit dem Gedanken ab, nicht allein im Kosmos zu sein: eine geistige Evolution, die sehr zaghaft verlief, parallel zur immer komplexer werdenden technologischen Entwicklung. Dabei könnte man fast den Eindruck haben, daß dieser Lernprozeß sehr subtil gesteuert wird.

Es ist schon eine kuriose Situation: Auf der einen Seite deuten sämtliche natur- und geisteswissenschaftlich-philosophischen Untersuchungen und Theorien darauf hin, daß wir vermutlich nicht die einzige intelligente Spezies im Kosmos sind, ja, daß »die Anderen« uns sogar zivilisatorisch weit überlegen sein können. Auf der anderen Seite fehlt der letzte Beweis: der Kontakt.

Wenn man sich vor Augen hält, welche überraschenden Folgen und Erkenntnisse in der Vergangenheit selbst auf der Erde eintraten, sobald zwei sich bislang fremde Kulturen aufeinanderprallten, so kann man sich das Szenario, das sich beim Kontakt mit einer fortgeschrittenen, extraterrestrischen Kultur ergäbe, kaum noch vorstellen. Wer aber geht der Frage nach, ob wir wirklich nicht »allein im Kosmos« sind?

Zwei »Lager« beschäftigen sich grundlegend mit der ET-Forschung. Auf der einen Seite ist es die Wissenschaft, auf der anderen Seite eine Vielzahl von Privatinstitutionen und Personen (Autoren, Journalisten etc.), die sich vor allem die »Popularisierung« des Themas auf die Fahnen geschrieben haben. Es ist dabei interessant, festzustellen, daß es vermehrt Parallelen und Berührungen zwischen diesen beiden Lagern gibt.

Auf dem 46. Kongreß der Internationalen Astronautischen Föderation (Oslo, Oktober 1995) mit Wissenschaftlern aus 67 Nationen kamen nicht nur diejenigen zu Wort, die komplexe physikalische/mathematische Theorien vorlegten. So referierte die australische Dozentin R. A. Vaile (Sydney) zum Beispiel auch über die Notwendigkeit, den universitären Lehrplan auf die Forschungen nach außerirdischem Leben und anderen Zivilisationen auszurichten. J. Arnould, ein französischer Theologe, wiederum forderte unter dem Motto »Ad Majorem Gloriam Dei« (»Zur größeren Ehre Gottes«), die Suche nach außerirdischem Leben zu forcieren und in der Philosophie zu verankern.

Es gibt aber auch Kongresse, deren Referenten sich an die breite Öffentlichkeit richten und das Thema der Suche nach Außerirdischen zur Diskussion stellen. Im August 1995 fand die 15. Weltkonferenz der Ancient Astronaut Society in Bern statt. Ihr Gründer, Dr. Gene M. Phillips, betonte, daß es die Absicht dieser Gesellschaft sei, ein weltweites Forum zu bieten, auf dem die Beweise für den Besuch außerirdischer Wesen auf der Erde diskutiert werden könnten – basierend auf der durch Erich von Däniken formulierten Theorie, die Erde hätte schon vor Jahrtausenden Besuch aus dem All gehabt. Das Spektrum der Referenten auf dem 15. Weltkongreß der AAS reichte daher auch von Experten, die archäologische und mythologische Fakten vorlegten, bis zu solchen, die die Konsequenzen daraus zogen und wissenschaftstheoretische oder gesellschaftspolitische Forderungen erhoben.

Die meisten dieser Referenten gaben für die hier vorliegende Anthologie ihr Einverständnis, ihren Redebeitrag in literarischer Form zu veröffentlichen und somit einem noch breiteren Publikum zugänglich zu machen. Mein Dank gehört diesen Referenten, von denen einer, der deutsche Forschungsastronaut Prof. Dr. Reinhard Furrer, wenige Wochen nach dem Berner Kongreß der AAS bei einem Flugunfall tödlich verunglückte.

Ich danke auch den anderen Autoren, die sich spontan bereit erklärten, Beiträge für diese Anthologie zu schreiben. Es sind dies Luc Bürgin, Dr. Johannes Fiebag mit seinem Beitrag über die »Mimikry-Hypothese«, Willi Grömling, Michael Haase, Walter-Jörg Langbein, Torsten Sasse und Wolfgang Siebenhaar. Mein besonderer Dank gilt Herrn Michael Haase, der zusammen mit der Übersetzerin Ulrike Kutzer die erste Textaufbereitung des teilweise nur als Videoaufzeichnung vorliegenden Materials machte und dem Verlag zur Verfügung stellte. Nicht zuletzt gilt mein Dank aber auch der Lektorin Gisela Klemt, die mir half, eine solche Menge unterschiedlichen Materials stilistisch zu überarbeiten.

Vor Ihnen liegt ein Buch, das zum ersten Mal Indizien für die Besuche außerirdischer Intelligenzen von der fernen Vergangenheit bis hin zur Gegenwart vorlegt und – teilweise provozierend – wissenschafts- und gesellschaftspolitische Konsequenzen zieht.

Sind wir allein? Oder müssen wir nur Augen und Ohren öffnen, um plötzlich zu erkennen: Die Menschheit war und ist nur ein Teil eines Ganzen?

ERICH VON DÄNIKEN

Der Jüngste Tag hat längst begonnen

Es ist sonst nicht meine Art, aus den Evangelien zu zitieren. Dennoch muß ich in diesem Fall damit beginnen. Beim Evangelisten Lukas ist nachzulesen:
»Erheben wird sich Volk wider Volk und Reich wider Reich, und große Erdbeben werden kommen und da und dort Hungersnöte und Seuchen, und Schrecknisse und große Zeichen vom Himmel her werden kommen ...«
Der Evangelist Markus ergänzt:
»... Und dann wird man den Sohn des Menschen auf den Wolken kommen sehen mit großer Macht und Herrlichkeit.«
Einzig und allein die Christenheit glaubt an Jesus als Messias. Alle anderen großen Weltreligionen wollen davon nichts wissen. Weder das Judentum noch der Islam, geschweige denn die asiatischen Religionen. Nun haben und hatten alle großen Weltreligionen hervorragende Religionswissenschaftler, kluge Denker und Analytiker. In allen Weltreligionen gab und gibt es ausgezeichnete theologische Hochschulen mit einer großen Schar von mehrsprachigen Gelehrten, und allen steht dasselbe Basismaterial zur Verfügung. Als theologischen Laien verblüfft es mich deshalb immer wieder, daß diese Gelehrten dennoch zu vollkommen unterschiedlichen Auffassungen gelangen. Sowohl das Judentum als auch der Islam und das Christentum berufen sich bei ihren Exegesen auf dieselben Propheten des Altertums. Und da sage noch einer, die Exegese (Auslegung) sei eine exakte Wissenschaft! Dann müßten doch aus allen Weltgegenden ähnliche Resultate gemeldet werden! Da dies aber ganz offensichtlich nicht der Fall ist, behaupte ich: Keiner blickt mehr

durch. Jeder dient nur noch seiner Religion. Ob er an sie glaubt oder nicht.

Der Wiederkunftsgedanke bei den vorchristlichen Völkern

Bei den Parsen ist das Weltall voll von Fluggeräten, wobei aus der parsischen Literatur eindeutig hervorgeht, daß die Parsen sehr wohl wußten, wovon sie sprachen. Und natürlich erwarteten auch sie die Wiederkunft ihrer Götter. »Lichtwesen« sollten vom Himmel herniedersteigen und die geplagten Menschen erlösen. Zarathustra persönlich befragt seinen Gott Ahura Mazda über die Endzeit, und der berichtet von himmlischen Gefährten, »All-Überwinder« genannt. Sie sind unsterblich, und ihr Verstand ist vollendet. Bevor diese Helfer am Firmament auftauchen, verfinstert sich die Sonne, Erdbeben erfolgen, es erheben sich mächtige Sturmwinde, und ein Stern fällt vom Himmel.

Während sich bei uns erst langsam die Ansicht durchringt, im Universum müsse es noch andere Lebensformen geben als uns, ist dieses Wissen bei den Jainas altbekannt: Die Religion der Jaina ist Jahrtausende alt und war die Religion Asiens vor dem Buddhismus.[1] Bei den Jaina ist das ganze Universum angefüllt mit Lebensformen. Die sind nicht gleichmäßig, sondern ungleichmäßig über den Sternenhimmel verteilt. Interessant ist, daß es auf allen möglichen Planeten zwar Pflanzen und Grundlebewesen gibt, jedoch nur auf bestimmten Planeten »Wesen mit willkürlichen Bewegungen«. Die Religionsphilosophen der Jaina beschreiben sogar die Besonderheiten jener diversen Welten. Der »Götterhimmel« selbst hat einen Namen: Er heißt Kalpas. Dort soll es herrliche fliegende Paläste geben, bewegliche Gebilde, die oft die Größe ganzer Städte haben. Diese Himmelsstädte sind stockwerkartig übereinander angeordnet, und zwar so, daß vom Zentrum jedes Stockwerkes aus die Vimanas (Himmelswagen) in alle Richtungen ausfahren können. Ist nun ein Zeitalter abgelaufen und sollen neue »Verkünder« oder »Propheten« geboren werden, so erklingt im Hauptpalast des Götterhimmels eine

Glocke. Diese Glocke verursacht, daß in allen anderen 3 199 999 Himmelspalästen ebenfalls eine Glocke zu läuten beginnt. Daraufhin versammeln sich die Götter, teils aus Liebe zu den »Propheten«, teils aus Neugierde. In einem fliegenden Palast besuchen sie unser Sonnensystem – und auf der Erde beginnt ein neues Zeitalter.

In der Genealogie der Könige von Tibet, im sogenannten »Gyelrap«, werden 27 Könige aufgeführt. Sieben davon stiegen auf einer Leiter vom Firmament hernieder. Und selbst die ältesten Schriften flogen in einem Kasten vom Himmel herab. Auch der große tibetanische Lehrmeister mit dem zungenbrechenden Namen Padmasam-bhava brachte unverständliche Schriften vom Himmel zur Erde. Vor seinem Abschied deponierten seine Schüler diese Schriften in einer Höhle für eine spätere Zeit, »in der sie verstanden werden«.[2] Derselbe Lehrmeister entschwand vor den Augen seiner Jünger in den Wolken. Nicht etwa, indem er in sein Raumschiff »weggebeamt« worden wäre, sondern, indem »inmitten der Wolken ein Pferd aus Gold und Silber auftauchte«. Alle Welt konnte zusehen, wie er mit seinem metallenen Pferd in den Wolken verschwand. Vorher allerdings versprach er, in einer fernen Zeit wiederzukehren.

Solches Gedankengut beschränkt sich nicht auf den geographischen Raum, den wir heute als Nahen und Fernen Osten bezeichnen.

In Amerika dachten die Indianer genauso. Aus dem Sagenkreis der Wabanaki ist die Überlieferung von Gluskabe bekannt.[3] Der wirkte auf der Erde als Lehrmeister, der den Indios wirklich alles beibrachte: Fischen, Jagen, Hüttenbau, Waffentechnik, Medizin, Chemie und selbstverständlich auch die Astronomie. Bevor er sein irdisches Wirken beendete und zu den Sternen fuhr, versprach er, in einer fernen Zeit zurückzukehren. Hoffentlich!

Über den Maya-Gott Kukulkan habe ich ausführlich in einem anderen Buch geschrieben. Hierher gehört nur dies: »Der Glaube des Volkes aber ist sicher, daß er gegen Himmel gefahren sei.« Und er versprach, zurückzukehren.[4]

In China war es Kongfutse, der wiederkommen sollte, um »die Harmonie zwischen Himmel und Erde« neu herzustellen.

15

Die Aborigines im fernen Australien belegten ihre »urzeitlichen Himmelsheroen« mit den Namen Ngumyari und Wandinas. Ihre Wiederkunft wurde sehnsüchtig erwartet.

Nach der vorinkaischen Überlieferung soll einst Wiracocha (Huirakotscha) mit drei Brüdern die Erde besucht haben. Sie unterwiesen die Indios, gründeten Siedlungen und fuhren am Ende ihrer irdischen Laufbahn ins Weltall zurück. Natürlich mit dem Versprechen einer späteren Wiederkunft. Ihre Nachfahren, die Inka-Herrscher, nannten sich »Söhne der Sonne«.

In früheren Veröffentlichungen wies ich auf die Traditionen der Hopi- oder Kayapo-Indianer hin, auf die japanischen Dogus und ihr heiliges Buch »Nihongi«, auf Überlieferungen der Eskimos oder diejenigen des Dogon-Stammes in Zentralafrika. Sie alle kennen die himmlischen Lehrmeister, und sie alle warten auf ihre Wiederkunft.

So gleichen sich denn die entsprechenden Bruchstücke der Volksreligionen wie Kriminalgeschichten. Die Namen sind anders, die Inhalte ähnlich. Man muß nicht Sherlock Holmes heißen, um die Einzelteile zusammenfügen zu können. Und ich finde es unsinnig zu unterstellen, die verschiedenen Völker rings um den Erdball hätten ihre Wiederkunftserwartungen von christlichen Missionaren übernommen. Um diese Behauptungen zu widerlegen, muß man sich nur vor Augen führen, was zuerst da war: die christlichen oder die anderen Bücher?

Die Wiederkunftserwartung auf irgendwelche Götter war und ist also eine unumstößliche Tatsache. Strittig bleiben nur die Fragen, wer eigentlich wiederkommen soll und wann.

Ein Weltgericht bei der Wiederkunft der Götter?

Bei den meisten Religionen und Überlieferungen wird die Wiederkunft mit einem Weltgericht in Zusammenhang gebracht. Irgendeine »Gewalt« erscheint am Firmament, begleitet von großen »Heerscharen«. Die Parsen nennen diese Gewalt »die All-Überwinder«, die Sumerer sprechen vom Gott Anu, der vom Stern Aldebaran zurückkehrt, die Tibetaner berichten von »den

Lebendige Mythologie – die Wiederkunft der Götter im Zentrum der Folklore von El-Tajin, Mexiko (Quelle: Erich v. Däniken)

Heute noch symbolisieren die Indios die Rückkehr der Götter (El-Tajin, Mexiko) (Quelle: Erich v. Däniken)

Heiligen dort oben«, die hier unten die alte Ordnung wiederherstellen, und die Maya erwähnen die »dreizehn und die neun
Götter«, welche ebenfalls zurückkehren,»um neu zu ordnen, was
sie einst erschufen«.

Mit dem Auftauchen dieser Gewalt sind rätselhafte Ereignisse
»am Himmel« verbunden. Ein Stern oder »leuchtender Berg«
stürzt aus dem Firmament,»Zeichen am Himmel« erscheinen,
der Mond verfinstert sich, die Menschen zittern und sind am
Ende ihrer Nervenkräfte. Auf der Erde treten unvorstellbare
Naturkatastrophen ein. Sie bebt und schüttelt sich, die Meere
»fließen ineinander«, Vulkane brechen auf, und aus den Wolken
erscheint der »ultimo iudex«, der letzte Richter. Gerichtet werden soll über die Gläubigen und die Ungläubigen.

Was ist Glaube? An was sollen die Menschen glauben? An das,
was ihre Vorfahren vor Jahrtausenden erlebten und ihren
Büchern anvertrauten, oder an das, was das Menschengeschlecht
in seinem rechthaberischen Wahn daraus zurecht drehte? Alle
Religionen der Gegenwart beziehen den Messiasgedanken auf
ihren Heilsbringer. Logischerweise können aber nicht alle Religionen recht haben.

Und was, wenn alle falschliegen? Schließlich ist der Messiasge-
danke viel älter als der Koran, älter als das Neue Testament, älter
als der Buddhismus und auch älter als die biblischen Propheten
nach der Flut. Ein Wiederkunftsversprechen geisterte seit den
vorsintflutlichen Patriarchen, seit den Zeitaltern der Jaina und
»Ur-Könige« der verschiedenen Völker durch die menschlichen
Gehirne. Wann hat das angefangen? Nochmals: Wen sollen die
Menschen erwarten? Vor wem sollen sie sich fürchten? Wer kehrt
»mit großer Macht und Herrlichkeit« zurück? Mit »himmlischen
Heerscharen« und einer gewaltigen Demonstration am Firmament?

Die Paläo-SETI-Philosophie (SETI = Search for extraterrestrial
intelligence = Suche nach außerirdischer Intelligenz. Anm. des
Hrsg.) kann eine Antwort bieten, die den Überlieferungen ge-
recht wird. Eine Theorie, welche viele Einzelfragen behandelt
und so manchen Text bestätigt. Im Gegensatz zu den Religionen
verlangt die Paläo-SETI-Philosophie nicht den geringsten Glau-

ben. Man mag die Thesen prüfen und ablehnen oder prüfen und gutheißen. Allerdings hat die Paläo-SETI-Philosophie allen Messiaserwartungen der Religionen etwas voraus: Sie ist rational begründbar.[5] Man stelle sich vor, eines schönen Tages hängen Trauben von unterschiedlichen Raumschiffen am Firmament. Mehrstöckige, platte, goldglänzende und kupferfarbene, kleinere Vimanas und gigantische Gebilde, anzusehen wie ineinander verschachtelte Städte. Sie ziehen am Vollmond vorbei und wühlen unsere Meere auf. Die Menschheit ist erschrocken, erschlagen, verängstigt. Darauf war sie nicht vorbereitet. Weder die Gläubigen noch die Ungläubigen. Warum eigentlich nicht? Die Christen werden ihre Priester fragen:»Ist das der Jüngste Tag?« Muslime werden zu Allah beten und inbrünstig hoffen, der Mahdi sei zurückgekehrt. Jetzt endlich würde er unter den Ungläubigen aufräumen, jetzt endlich sei die Zeit des Wartens vorüber. Die Juden werden ihre Synagogen aufsuchen, ihre Oberrabbiner bestürmen, und in ganz Jerusalem wird ein großer Volksauflauf sein, weil die Tradition gelehrt hatte, der Messias würde in Jerusalem herniederkommen. Nur die Wissenschaftler werden vermutlich händeringend zu den Wolken starren und ihre Sensoren und Teleskope ausfahren, um sich irgendwann den Tatsachen zu beugen: Außerirdische haben verschiedene Positionen um die Erde bezogen. Die Gläubigen werden inbrünstig hoffen, ihr Messias sei zurückgekehrt, was sich über den Wolken ereigne, sei nur das Vorspiel, seien die angekündigten himmlischen Heerscharen. Bald müsse der oberste Richter erscheinen und ihren Glauben belohnen. Und da alle Gläubigen aller Religionen ihren Messias erwarten und Stein und Bein schwören, so und nicht anders sei es, da sie jeden Satz und jedes Wort zu ihren Gunsten auslegen, verlieren sie den Blick für die Realität. Sie wollen nicht wahrhaben, was sich am Firmament abspielt, sie können es auch nicht. Und unversehens sind sie die Ungläubigen. Sie sind zu stur, um mit den neuen (und zugleich uralten!) Tatsachen fertig zu werden. Sie sind unfähig, eine zeitgemäße globale Politik, geschweige denn eine universelle Religion zu akzeptieren. So werden Gläubige der Religionen zu Ungläubigen der Realitäten. Sie können sich ihres Lebens nicht mehr erfreuen, zu tief sitzt der Frust. Und in den Außerirdischen, die sie schließlich erkennen müssen, sehen sie bestenfalls den Teufel, Satan oder Luzifer, der nur deshalb über den Wolken aufkreuzt, um ihren Glauben ins Wanken zu bringen. Verbittert und verwirrt werden sie sterben, weil sie nichts mehr verstehen.

Der Beginn eines »himmlischen« Zeitalters

Für die anderen Gläubigen hingegen, für diejenigen, die mit den neuen Tatsachen sehr gut leben können, die nicht mehr glauben müssen, weil sie jetzt wissen, tun sich herrliche Zeiten auf. Bislang erhielt die Menschheit ihr Wissen über die Einbahnstraße aus der Vergangenheit. Man lernte aus der Geschichte, aus den Erfahrungen der Väter, aus den Büchern und Computern. Doch alles stammte aus der Vergangenheit. Jetzt gesellt sich ein Wissen aus der Zukunft dazu. Dasjenige der ETs. Die haben unsere Probleme bereits hinter sich. Unsere Zukunft ist für sie Vergangenheit. Daraus wird die Menschheit mit Begeisterung Honig saugen. Wie habt ihr die Umweltprobleme gelöst? Wie die Gefahr einer Bevölkerungsexplosion eingedämmt? Welche Religion herrscht im Universum, und wie ist sie begründet? Wie betreibt ihr eure Raumschiffe, und wie funktioniert das interstellare Radio? Wie verhindert man das Wachstum eines Krebsgeschwürs, und wie verlängert man das Leben? Welches politische System ist das gerechteste, und wie bestraft ihr eure Verbrecher?
Damit verlassen wir die Einbahnstraße des Wissens und kurven auf einer achtspurigen Autobahn. Wenn uns das Weltall seine Tore öffnet, bricht ein wahrhaftig »himmliches« Zeitalter an. Aber eben: nur für die Gläubigen, vielmehr, für diejenigen, die mit den Realitäten fertig werden.
Mit der Rückkehr der Außerirdischen bricht ein Jüngster Tag heran. Der Jüngste Tag des Erkennens.

JOHANNES FIEBAG

Die Mimikry-Hypothese –
Neue Ansätze und Hinweise

Sechs Jahre sind vergangen, seit ich 1990 in der Juli/August-Ausgabe von »Ancient Skies«, dem Organ der Ancient Astronaut Society, den Beitrag »Die Mimikry-Hypothese«[1] veröffentlicht habe. Als ich diese Hypothese damals erarbeitete und schließlich publizierte, konnte ich die Reaktionen nicht vorhersehen – zu welch heftigem Disput es kommen würde, wie die einen die Hypothese als »grandios« feiern oder sie zumindest als überlegenswert akzeptieren und andere sie als unsinnig ablehnen würden.

Mein Anliegen war und ist es immer noch, mit dieser Hypothese einige jener Unstimmigkeiten und Widersprüche in den Griff zu bekommen, die sich durch die Präsentation extraterrestrischer Phänomene über die Jahrtausende hinweg ergeben haben. Freilich können diese Unstimmigkeiten auch auf andere Weise erklärt werden – die Mimikry-Hypothese erhebt, wie jede andere vernünftige Hypothese auch, keinen Anspruch auf absolute Wahrhaftigkeit. Es mag sogar sein, daß sie sich eines Tages tatsächlich als falsch erweist. Im Moment jedoch haben wir damit ein sehr wertvolles Instrument in der Hand, um eine ganze Reihe rätselhafter Ereignisse in Vergangenheit und Gegenwart erklären zu können.

Die Idee zu dieser Hypothese war im Rahmen meiner Beschäftigung mit dem Phänomen der »Marienerscheinungen« entstanden. 1991 veröffentlichten mein Bruder Peter und ich das Buch »Himmelszeichen«,[2] in dem wir uns intensiv mit solchen Manifestationen auseinandersetzten und eindrucksvoll belegen konnten, daß »Marienerscheinungen« nichts anderes sind als Offenbarungen einer außerirdischen Intelligenz, angepaßt dem Verständnis der kontaktierten Personen.

Im Rahmen unserer damaligen Arbeit habe ich die häufigsten Beobachtungen beim Auftreten von UFOs in Relation gesetzt zu dem, was sich uns bei »Marienerscheinungen« zeigt. Schon bald ergaben sich bei beiden Phänomenen deutliche Übereinstimmungen, und zwar in einer Vielzahl, die nicht mehr zufällig genannt werden konnten – jedenfalls nicht nach allen Gesetzen der Zufallsrechnung und Statistik. Deshalb müssen wir hinter beiden Phänomenen den gleichen Verursacher annehmen.

Religiöse Verbrämung dort, wo es nötig ist; Maskierung, den soziokulturellen und gesellschaftlichen Bedingungen angepaßt; Rückgriff auf die Phantasien und Vorstellungen der Menschen selbst; Tarnung unter einem Deckmantel dessen, was wir selbst zu sehen wünschen: Dies alles ist nichts anderes als ein ausgeprägtes Mimikry-Verhalten.

Was bedeutet das Wort Mimikry überhaupt? Es kommt aus der Biologie und ist laut »Duden-Lexikon« zunächst einmal die Schutztracht wehrloser Tiere, die in Färbung oder Gestalt wehrhafte oder ungenießbare Tiere nachahmen. Eine zweite Bedeutung läßt sich davon leicht ableiten: Sie lautet »Anpassung« und »Tarnung«.

Und genau das ist es: Anpassung. Diese fremde, außerirdische Intelligenz paßt sich uns an: unserem Verständnis, unseren Vorstellungen, unseren Phantasien, Ängsten und Hoffnungen. Und in kaum etwas anderem wird dies so deutlich wie im Phänomen der »Marienerscheinungen«.

Im Grunde machen ja auch wir nichts anderes, wenn wir uns – sofern wir keine ausbeuterischen Interessen haben – einem neuentdeckten Stamm in der Südsee oder in Afrika nähern. Unsere Ethnologen reisen eben nicht mit Hubschraubern und allem möglichen technischen Gerät ausgerüstet in solch ein Gebiet, sondern als Menschen, die sich bewußt auf das Niveau der Eingeborenen begeben, ihre Sitten und Gesetze befolgen und nachahmen und so in ihrer Gemeinschaft verstanden und akzeptiert werden. Man könnte dies als Vorstufe zu einem weit höher entwickelten Mimikry-Verhalten betrachten, wie es Außerirdische uns gegenüber offensichtlich an den Tag legen.

Ein zeitloses Phänomen

Was besagt die Mimikry-Hypothese nun genau?

»Zu einem Besuch bei uns fähige außerirdische Intelligenzen besitzen einen so hohen technologischen (›magischen‹) Standard, daß sie ihr Erscheinen dem jeweiligen intellektuellen Niveau der Menschen unterschiedlicher Zeiten und unterschiedlicher Kulturen anpassen können. Gleichzeitig vermögen sie, künftigen, Raumfahrt betreibenden Generationen – das heißt in diesem Falle uns, die wir beginnen, ihre Spuren zu entdecken und dadurch auf einen Kontakt vorbereitet werden – Hinweise auf ihre Existenz, ihre Besuchstätigkeit und ihre Möglichkeiten zu geben.«[3]

Es gibt unzählige Beispiele für derartige, sich kontinuierlich dem jeweiligen Kulturkreis und seiner Vorstellungswelt anpassenden Erscheinungen, etwa:

– die biblischen Gotteserscheinungen, die zum einen ausgezeichnet die dahinter stehende Technologie erkennen lassen (Raumschiff[4], Tempel des Ezechiel,[5] Manna-Maschine[6]), zum anderen auf die Hebräer wie göttliche Offenbarungen wirken mußten;
– die indischen Göttererscheinungen,[7] die sich wiederum diesem Kulturkreis und seinen religiös-mystischen Auffassungen anpaßten und darüber hinaus heute exakte technologische Interpretationen erlauben (Vimanas, Militärtechnologie etc.);
– die Göttererscheinungen im indianischen Raum Nord-, Mittel- und Südamerikas.[8] Insbesondere bei Maya, Hopi und Inka bzw. ihren Vorfahren läßt sich die Umsetzung bereits vorhandener Glaubensvorstellungen in reale Erlebnisse bei Götterbegegnungen umfassend aufzeigen;
– die während des Mittelalters beobachteten Himmelserscheinungen,[9] die jeweils dem damaligen Vorstellungshorizont

entsprachen (»fliegende Schilde«, »Feen«, »Zwerge« etc.), heute aber Parallelen sowohl zu antiken als auch zu aktuellen Kontakten aufzeigen lassen;

- das Luftschiffphänomen im ausgehenden 19. Jahrhundert,[10] bei dem Objekte beobachtet wurden, die zwar allgemein dem Verständnis der damaligen Menschen entsprachen, andererseits aber jenseits des konkreten technologischen Standards lagen;

- das Marienerscheinungsphänomen der vergangenen Jahrhunderte bis heute,[11] das stets dann zutage trat, wenn katholisch geprägte Bevölkerungsgruppen einer Observierung oder Manipulation unterliegen sollten;

- schließlich das UFO-Phänomen unserer Tage:[12] UFOs und die damit verbundenen CE-III-Kontakte und Entführungen entsprechen sehr gut unseren Vorstellungen außerirdischer Raumschiffe, ihrer Insassen und deren Verhaltensmodi. Sie mögen gerade deswegen nichts anderes repräsentieren als die dem ausgehenden 20. Jahrhundert angepaßte Reflexion ebenjener Vorstellungen einer extraterrestrischen Technologie. Sie bilden somit eine Synthese zwischen einer real existierenden außerirdischen Kraft und unseren eigenen Imaginationen.

Die Mimikry-Hypothese verbindet also jene Argumente, die bislang von seiten der »psychologisch« orientierten UFO-Forscher vorgetragen wurden (UFOs als Archetypen des Unbewußten), mit der gängigen Hypothese von materiellen Objekten. UFOs wären demnach – genauso wie »Marienerscheinungen«, die Luftschiffe des letzten Jahrhunderts, die »fliegenden Schilde« des Mittelalters und die Götter- und Gotteserscheinungen des Altertums – nichts anderes als die unserer jeweiligen Vorstellungswelt angepaßten Tarnprojektionen einer außerirdischen Intelligenz, die mit diesem Mimikry-Verhalten ihre eigenen Pläne durchsetzt und uns gleichzeitig Informationen über die dahinterstehende Struktur ihrer Eingriffe vermitteln kann. Mit anderen Worten: Wir hätten es mit einem hochkomplexen, »von langer Hand« geplanten und auf den Menschen am Beginn des

Raumfahrtzeitalters abgestimmten Strategie zu tun – eben mit der von Erich von Däniken bereits vor Jahren so treffend titulierten »Strategie der Götter«.[13]

Reale Illusionen?

Ein nicht ganz unberechtigter Einwand gegen diese Vorstellung ist folgender: Wenn es sich bei all dem im Grunde nur um mehr oder weniger geschickte Illusionen (Projektionen) handelt – wie steht es dann mit so konkret beschriebenen Objekten wie dem Ezechiel-Raumschiff[14] oder der Manna-Maschine[15] oder ähnlichem?

Wir müssen uns über zweierlei bewußt werden: Zum einen bedeutet »Projektionen«, so wie ich den Begriff verwende, nicht das, was wir heute unter einer dreidimensionalen Laserprojektion verstehen. Projektion in unserem Falle ist gleichzusetzen mit einer totalen Anpassung an die gegebenen Bedingungen, das heißt, es handelt sich um eine räumlich und zeitlich absolut konstante dreidimensionale und materielle »Schöpfung«.

Zum anderen geht es weniger um die Frage nach der Realität einer Manna-Maschine oder eines Ezechiel-Raumschiffes. Es ist vielmehr die Frage nach der Realität unserer gesamten Welt. Wie real ist überhaupt das, was wir als Wirklichkeit bezeichnen? Mittlerweile existieren einige physikalische Modelle, die die Welt, so wie wir sie wahrnehmen, nur als einen »Schatten« der wirklichen Wirklichkeit sehen.

Der Physiker Prof. David Bohm und der Biologe Prof. Karl Primbram etwa haben mit ihrer Idee vom »holografischen Universum«[16] ein inzwischen fast klassisch zu bezeichnendes Modell vorgelegt. Demnach ist unser Gehirn etwas, das »auf mathematischem Wege eine objektive Realität durch die Interpretation von Frequenzen erzeugt, die letztlich Projektionen aus einer anderen Dimension sind, einer tieferen Seinsordnung, die sich jenseits von Raum und Zeit erstreckt. Das Gehirn ist ein Hologramm, das sich in einem holografischen Universum verhüllt.«

Hologramme kennt inzwischen jeder, Bilder, die scheinbar dreidimensional sind. Aufgenommen mit Spezialkameras unter Zuhilfenahme eines Lasers, wird das fotografierte Objekt auf eine Platte gebannt – auf der man außer einigen schillernden Ringen überhaupt nichts sieht. Erst wenn man unter einem bestimmten Winkel wieder eine starke Lichtquelle auf diese Platte richtet, erscheint das aufgenommene Objekt: dreidimensional und scheinbar lebensecht, aber letztlich eine Illusion. Denn wenn wir unsere Hand ausstrecken, greifen wir allen scheinbaren optischen Eindrücken zum Trotz ins Leere.

Unser Universum, so glauben Pribram und Bohm, ist auf die gleiche Weise strukturiert. Unser Gehirn – oder besser unser Bewußtsein – ist der Lichtstrahl, in dem wir das illusionäre Bild der Welt erkennen, das von einem viel subtileren, für uns nicht wahrnehmbaren Frequenzmuster erzeugt wird. Die »Fotoplatte« und die darauf eingetragenen Strukturen der wirklichen Wirklichkeit aber erkennen wir nicht.

Wir können sie nicht erkennen, weil unser Gehirn dazu gar nicht in der Lage ist. Es ist nur an die Illusion, die es umgibt, gewöhnt und würde vollkommen versagen, gäbe es diese Illusion plötzlich nicht mehr. Es stünde in einem grenzenlosen, unglaublich verwirrenden komplexen »Etwas«, das sich mit nichts vergleichen ließe, was wir kennen.

Wie – um auf unsere Problematik zurückzukommen – würde sich wohl eine sehr weitentwickelte Intelligenz in Anbetracht dieser Situation verhalten? Welche Möglichkeiten hätte sie, in unserer Welt, in unserer Wirklichkeit zu agieren? Nehmen wir einmal an, sie hat nicht nur Erkenntnis über die internen Zusammenhänge der Realität, sondern auch Mittel und Wege gefunden, über die tieferen, für uns unsichtbaren Strukturen der Wirklichkeit Eingriffe vorzunehmen.

Whitley Strieber, jener amerikanische Schriftsteller, der – wie viele andere – seit seiner Kindheit im Bannkreis der »Anderen« steht, hat einmal geschrieben: Wenn Außerirdische hier sind, dürfen wir annehmen, daß sie äußerst fremdartig sind – ganz buchstäblich fremdartiger als alles, was wir uns überhaupt vorstellen können.

Ein zeitloses Phänomen – unbekannte fliegende Objekte durch alle
Epochen (Quelle: Domenica del Corriere, 26. 2. 1967, und Dopatka,
Ulrich: Lexikon der Prä-Astronautik, Wien, Düsseldorf 1979)

Jenseits der Vorstellungskraft

Und genau das ist unser Problem: Wir können uns nicht vorstellen, wie eine unsagbar fortgeschrittene, uns um Jahrhunderttausende, ja vielleicht Jahrmillionen überlegene Intelligenz strukturiert ist, wie sie handelt, nach welchen Motivationen sie plant und vorgeht. Viele von uns können sich ja nicht einmal vorstellen, daß es eine solche Intelligenz überhaupt gibt.

Ich habe immer wieder versucht, die Welt, wie wir sie kennen, in Analogie zum »Cyberspace« zu beschreiben. Mit Cyberspace bezeichnet man künstlich geschaffene »Räume«, ja ganze Universen, die im Grunde nur in der Software eines hochentwickelten Computers existieren. Aber der Cyberspace, die »Virtuelle Realität« (VR), hat den Vorteil, daß man sie nicht nur auf einem Bildschirm beobachten, sondern daß man in sie »hineinsteigen« kann.

Mit Spezialbrillen, die dreidimensionale Bilder vermitteln, mit Datenhandschuhen oder Ganzkörperanzügen ausgerüstet, kann der Cybernaut sich in diesem Universum seiner Wünsche frei bewegen. Er erlebt dort eine andere Realität, eine fremde Wirklichkeit. Dabei steht die Entwicklung der VR noch ganz am Anfang. Ich bin sicher, in wenigen Jahrzehnten werden Brillen und Datenhandschuhe längst zum »alten Eisen« gehören, wird sich das Gehirn selbst mit dem Computer »verdrahten« lassen und die Vorstellung, in einer völlig anderen Welt zu agieren, perfekt sein. Was ist dann wirklich Wirklichkeit? Was ist Illusion?

Der amerikanische Mathematiker und Indologe Dr. Richard Thompson[17] vergleicht die Weltsicht der alten Inder mit den Eindrücken, die wir in der Virtuellen Realität gewinnen. Die Fähigkeiten der Götter, die in den »vedischen Schriften« beschrieben werden, der Aufbau des Alls, die Vorstellungen über die »Schaltzentralen« im Universum – all das sei im Grunde identisch mit dem Konzept einer Virtuellen Realität.

Weder Thompson noch ich behaupten, daß unsere Welt tatsächlich in einem riesigen Computer existiert. Aber im Cyberspace finden wir eine ausgezeichnete Analogie dafür, wie unsere Welt und das, was wir davon wahrnehmen, strukturiert zu sein scheint: Was wir erkennen, ist nur die Oberfläche, eine glänzende, glitzernde, spiegelnde Oberfläche, die uns den Blick auf das, was dahinter liegt, verwehrt.

Der amerikanische Astrophysiker Prof. Timothy Ferris denkt in seinem neuen Buch darüber nach, ob außerirdische Intelligenzen wohl ein galaxienweites Netzwerk untereinander kommunizierender Sonden installiert haben könnten.[18] Wenn wir annehmen, irgendwann vor Jahrmillionen habe eine intelligente Spezies damit begonnen, in jedem erreichbaren Sonnensystem eine solche Sonde zu installieren, die beständig Daten aufnimmt und an die Heimatzivilisation zurücksendet, könnte heute in der Tat das gesamte Weltall durch ein solches Netz miteinander verbundener Sonden und damit miteinander verbundener Intelligenz verknüpft sein.

Diese Sonden – ich möchte sie der Einfachheit halber »Ferris-Sonden« nennen – würden natürlich nicht nur einzelne Fotos und Messungen aus der Atmosphäre der beobachteten Planeten zurückschicken, sondern ein absolut umfassendes Bild. So umfassend, daß man auf dem Heimatplaneten (oder was auch immer diese Intelligenzen als ihre Heimat bezeichnen mögen) diese Daten zu einem Cyberspace-Modell umrechnen kann.

Dies eröffnete den Wesen dort eine interessante Möglichkeit: Sie könnten nämlich – befände sich eine solche Ferris-Sonde zum Beispiel in unserem Sonnensystem – einfach in diese künstlich erzeugte Cyberspace-Erdsimulation einsteigen. Völlig gefahrlos, völlig ohne Risiken. Sie könnten durch das Brandenburger Tor spazieren oder Kletterpartien am Mount Everest unternehmen, sie könnten sich in irdische Krisengebiete begeben und eine Messe auf dem Petersplatz mitfeiern. Und säßen doch in Wirklichkeit daheim in ihrem »Sessel«.

Einstieg in die Hyperwelt

Unmöglich? Die amerikanische Firma LunaCorp hat 1994 das Modell eines kleinen Mondrovers entworfen. Nach ihren Vorstellungen soll er noch vor dem Jahr 2000 gestartet werden und dann auf dem Mond, angetrieben von Solarzellen, mehr oder weniger unbegrenzt herumfahren können. Nichts Neues? Doch, denn dieser und ähnliche Mondrover sollen schließlich jedermann zur Verfügung stehen können. In den großen amerikanischen Vergnügungsparks will man dann Zentralen einrichten, von denen aus die LunaCorp-Rover über den Mondboden gesteuert werden können. Von jedem, der sich das zunächst sicher nicht ganz billige Vergnügen leisten kann.

Der Witz an der Sache: Die von dem Rover auf dem Mond aufgenommenen Bilder werden auf der Erde zu einem Cyberspace-Modell umgerechnet. Der Pilot sitzt also irgendwo in Disney World, hat eine Cyberspace-Brille vor den Augen – und glaubt tatsächlich, auf dem Mond herumzufahren. Selbst das ständige Rucken und Wackeln des Rovers wird über Signale zur Erde geschickt und auf den Pilotenstuhl übertragen.

Das Ganze ist aber nichts anderes als eine primitive Ferris-Sonde. Und von diesen Ferris-Sonden aus ist es nur ein kleiner Schritt zu meiner Vorstellung, daß nämlich fremde Intelligenzen bereits in unserer Wirklichkeit agieren und diese Wirklichkeit als Cyberspace nutzen. Das könnte – um ein simples Modell durchzuspielen – auch über weiterentwickelte Ferris-Sonden geschehen.

Denn die nächste Stufe einer solchen Sonde wäre ihre Nutzung als Transmitter: nicht für diese Wesen direkt, aber für ihr Bewußtsein. Es könnte ihnen die Möglichkeit schaffen, gefahrlos hierherzukommen, von ihrer Welt zu unserer Welt, gefahrlos in den Cyberspace-Aspekt einzugreifen, den wir Realität nennen. Der Physiker Prof. Michael Swords hält ein solches Szenario nicht nur für möglich, er hält es auch für vereinbar mit dem UFO-Phänomen.[19] Implantate, die von UFOs entführten Menschen eingepflanzt worden sind, wären nach dieser Sichtweise zum Beispiel mikrominiaturisierte Ferris-Sonden, durch die die Fremden tatsächlich unter uns weilen können – auch wenn sie sich in Wirklichkeit Lichtjahre entfernt in ihrer Heimatwelt aufhalten.

Das mag so sein oder auch nicht. Vermutlich sind viele verschiedene Modelle realisiert, weil viele unterschiedliche Intelligenzen an diesem »Projekt Menschheit« beteiligt sind, das wiederum nur ein Unterprojekt eines größeren Projekts eines größeren Projekts eines ... sein dürfte. Es ist diese Komplexität, die uns verwirrt und die sich in nichts deutlicher ausdrückt als in dem, was wir das UFO-Phänomen nennen, vielleicht besser aber Besucher-Phänomen nennen sollten.

Dieses Phänomen konfrontiert uns nämlich mit genau dieser »anderen Welt«, die wir so verworren empfinden. Diese Verworrenheit zeigt uns jedoch, wie irreal unsere Vorstellungen von der Realität sind. Das Phänomen stößt uns durch seine bizarre Existenz förmlich mit der Nase darauf, wie zerbrechlich all das ist, was wir als die »Säulen der Wirklichkeit« betrachten: unsere Welt, unser Universum und uns selbst.

»Wirklichkeit« ist also nicht unbedingt gleich »Wirklichkeit«. Sie hat viele Schattierungen – Seiten, die wir kennen, und Seiten, die wir nicht kennen. Unser Gehirn, konditioniert aufgrund einer fast viereinhalb Milliarden Jahre währenden Evolution, kann überhaupt nur bestimmte Facetten der Wirklichkeit wahrnehmen.

Und so erlaubt uns der einengende »Realitätstunnel«, in dem jeder von uns lebt, immer nur ein paar Meter Sicht. Was dahinter liegt, nehmen wir nicht zur Kenntnis. In der Regel interessiert es uns nicht einmal. Aber nichts ist in Wahrheit unsicherer als die Sicherheit, in der wir uns wiegen. Und die Begegnung mit dem »Unmöglichen« kann schneller über uns hereinbrechen, als wir im Moment glauben.

Denn etwas ist da, etwas ist um uns. Etwas nimmt Einfluß auf uns. Es wird dort konkret, wo wir es nicht erwarten. Es lauert in den Wäldern und über einsamen Landstraßen. In den Wolken genauso wie in den Zimmern unserer Häuser.

Relativität der Wirklichkeit

Die fremde Intelligenz, die dahintersteht, muß uns um vieles voraus sein, vielleicht um Jahrmillionen. Sie scheint gelernt zu haben, in die Realität selbst eingreifen zu können. Oder besser gesagt: Im Gegensatz zu uns weiß sie, daß es die Realität gar nicht gibt.

Noch einmal: Wirklichkeit ist nur ein Konstrukt unseres Gehirns. Wer hinter das Geheimnis dieses Sachverhalts gekommen ist, kann das, was wir Wirklichkeit nennen, beliebig manipulieren. Wann und wo und wie er will.

Einige der von den Fremden »Entführten«, die den Mut und die Kraft dazu fanden, angesichts ihrer »Entführung« die Frage nach dem Sinn zu stellen, die Frage danach, warum dies geschieht, bekamen meist die stereotype Antwort: »Es ist unser Recht!« – »Ihr« Recht? Warum? Wer gibt ihnen das Recht dazu?

In einem anderen Fall, den Prof. David Jacobs[20] zitiert, reagierten die Gestalten überaus erschrocken, als die Entführte ihnen an den Kopf warf: »Ihr seid Formwandler!«

Aber genau das sind sie: Formwandler. Sie sind nicht das, was sie für uns zu sein scheinen. Ihr Mimikry-Verhalten verdeckt, was sich dahinter verbirgt.

Und wer oder was verbirgt sich dahinter?

Welche Antworten wir auch immer finden mögen, welche Erklärungen sich auch immer anbieten – sie sind vermutlich falsch.

Dieses gesamte Szenario stellt sich um so komplizierter und verwirrender dar, je tiefer wir versuchen, in es einzudringen. Aber eines ist sicher: Irgend etwas passiert, irgend etwas geschieht. Es geschah bereits in ferner Vergangenheit, und es geschieht hier und heute, es geschieht mitten unter uns.

Wenn es überhaupt eine annähernd zutreffende Antwort auf all das gibt, dann vielleicht diese: Die Ereignisse machen uns deutlich, wie sehr wir alle Teil eines unglaublichen, atemberaubenden, in all seiner Komplexität nicht nachvollziehbaren kosmischen Dramas sind. Das, wovon wir glauben, es sei die Welt, das, wovon wir annehmen, es sei Wirklichkeit, ist nichts anderes als das Maya der alten Inder, ist Illusion, ist Täuschung, ist nur eine gigantische Maske, sind Requisiten in einem Theaterstück, das sich »Das Universum« nennt. Es ist ein großer, schillernder Spiegel, in den wir blicken und von dem das Besucher-Phänomen nichts anderes ist als ein kleiner Teil. Die wahren Dinge stehen dahinter.

... und der Mensch?

Die Menschheit ist ein Mitglied im Theaterensemble. Wir alle sind seit den allerersten Tagen integrale Bestandteile, eingebunden in ein organisch reagierendes Netz aus verschiedenen Bewußtseinsformen und Intelligenzen aus dem All, aus anderen Zeiten, aus Parallelwelten und fremden Dimensionen. Das UFO-Phänomen, vor allem aber das »Entführungs-Phänomen« zeigen uns die filigrane Struktur dieses Netzes. Es zeigt uns, daß wir teilhaben an einem großen kosmischen Szenario, es zeigt uns, daß »etwas« passieren wird ...

Der amerikanische Wissenschaftspublizist Dr. Keith Thompson legt in seinem Buch über »Engel und andere Außerirdische«[21] eine Auffassung dar, die exakt der meinen entspricht: »Kurz gesagt, nicht losgelöst von der Debatte, ob UFOs echt seien oder nicht, sondern exakt in ihrem fruchtbaren Zentrum tut das UFO-Phänomen, was seine unabdingbare Pflicht zu sein scheint: in der kollektiven Psyche der Menschen die Erwartung eines unbestimmten, aber unvermeidlichen ›Kontakts‹ zwischen der Menschheit und einem unfaßbaren Andersartigen zu nähren. Und weil die Beschaffenheit dieses ›Kontakts‹ und dieses Andersartigen nicht näher beschrieben wird und deshalb unbegrenzten Mutmaßungen offensteht, entwickeln die symbolischen Dimensionen des Phänomens einen immer größeren Reiz.«

Was mit den »Entführten« geschieht, ist vielleicht nur der Anfang, der Beginn einer globalen Veränderung, ist eine Transmutation des Bewußtseins, die mehr und mehr Menschen erfassen wird. Schätzungen aus den USA gehen davon aus, daß bereits jetzt etwa 20 Prozent aller Amerikaner vom »Entführungs«-Syndrom betroffen sind, ich selbst würde den Anteil aufgrund der Arbeiten zu meinen beiden letzten Büchern über »Entführungen« in Deutschland, Österreich und der Schweiz [vgl. Anm. 12] hoch ansetzen. Aber 20 Prozent – das ist weit mehr, als jede simple Hypothese zu erklären vermag. »Vielleicht«, schreibt der Harvard-Psychologe Prof. John Mack, »vielleicht sind wir alle Entführte – auf die ein oder andere Weise.«[22]

Ich bin sicher: Irgend etwas geschieht um uns, irgend etwas geschieht mit uns. Jene Intelligenz, die hinter dem UFO-Phänomen steht, bereitet etwas vor. In allen Mythen, in allen Religionen haben die Götter versprochen, zurückzukehren. Ich kann mich des Eindrucks nicht erwehren, daß genau dieses Ereignis auf uns zukommt. Vermutlich nicht mehr in unserer Generation, aber möglicherweise schon bald danach.

Wir sollten darauf vorbereitet sein. Was immer auch geschieht – es betrifft letztlich uns alle. Uns alle: Das bedeutet aber, teilzuhaben an einem Geschehen, von dem wir noch immer so gut wie nichts wissen. Ich finde, es ist an der Zeit, zumindest darüber nachzudenken.

Denn gibt es tatsächlich etwas Bedeutsameres, etwas Wichtigeres, etwas Notwendigeres als genau das?

REINHARD FURRER (†)
TORSTEN SASSE

Der Mensch vor der Erde

Der deutsche Astronaut Prof. Dr. Reinhard Furrer starb am 9. September 1995 bei einem tragischen Unfall. Da er seinen Text für diese Anthologie nicht mehr selber verfassen konnte, ist im folgenden der Inhalt seines Beitrags bei der Ancient-Astronaut-Society-Weltkonferenz 1995 wiedergegeben, gefolgt von einem Nachruf des Berliner Fernsehjournalisten Torsten Sasse.

Als Prof. Dr. Reinhard Furrer auf jenem Weltkongreß seine Rede begann, wußte er, daß er sich auf »glattem Parkett« bewegte. Was haben schließlich moderne Astronauten, wie er einer war, mit den Ancient, den hypothetischen »Vorzeit-Astronauten«, zu tun? Heute wie damals, gab Furrer zu bedenken, seien einzelne Personen Vorreiter für große fortschrittliche Entwicklungen gewesen. So wie sich damals mutige Seefahrer auf die Meere wagten, wagen sich heute die Astronauten und Kosmonauten in die Unendlichkeit.

Auch für Furrer war es ein Wagnis, wie er bekannte. Und er konnte nachempfinden, wie Christoph Kolumbus zumute gewesen sein muß, als er sein Leben riskierte, um den praktischen Beweis dafür anzutreten, daß die Erde eine Kugel ist. Ganz im Gegensatz zur damaligen Lehrmeinung, die die Erde als Scheibe betrachtete und eine Reise an den Rand dieser Scheibe daher für wahnwitzig hielt. Tatsächlich zu sehen, daß die Erde eine Kugel ist, sei im übrigen auch für jeden Astronauten unserer Tage noch eine ungeheure Erfahrung.

Für folgerichtig, quasi für vorprogrammiert hielt Furrer den »Schritt« des Menschen in den Kosmos. Und gerade in unserer

Zeit, in der zweiten Hälfte des 20. Jahrhunderts, sei mit dem Beginn der Raumfahrt objektiv für die Geschichte der Menschheit etwas Ungeheuerliches geschehen. Den Repräsentanten dieser Entwicklung, den Astronauten und Kosmonauten, werde dabei viel zu oft die zentrale Verantwortlichkeit zugeschrieben. Dies ist jedoch zu relativieren, da schließlich hinter den Raumschiffbesatzungen ganze Mannschaften erfahrener Wissenschaftler und Techniker stehen, die jederzeit von den Astronauten kontaktiert werden können. Deren Leistung vor allem sind also die Weltraumflüge zuzuschreiben und die Astronauten folglich nie ganz auf sich allein gestellt. Gerade diese Tatsache erhöhe den Respekt vor der Leistung früherer Ozeanfahrer, betonte Furrer. Sie wären, sobald sie den Horizont hinter sich gelassen hätten, wirklich auf sich allein gestellt. Man dürfe also nie aus dem Auge verlieren: Die Menschen der Vergangenheit hatten Leistungen vollbracht, die wir uns immer wieder in Erinnerung rufen müssen.

Um den großen Nutzen deutlich zu machen, den auch langfristige Raumfahrtprojekte für die Menschheit haben, brachte Prof. Furrer ein anderes Beispiel: den geplanten Flug zum Mars. Es sei sicher, daß er stattfinden werde – ob nun im Jahre 2015, 2020 oder noch später. Den Astronauten steht dann eine etwa dreijährige Reise bevor. Und schon heute kann mit Sicherheit die Reaktion der Öffentlichkeit vorausgesagt werden, die fragen wird, ob sich ein derartiger Aufwand überhaupt lohnt.

Prof. Furrer gab bereits vorweg die Antwort: Man solle sich an die Dauer ehemaliger Expeditionen und ihre Ergebnisse erinnern, ohne die die Kultur der Menschheit ihren heutigen Stand niemals erreicht hätte. Die Entdeckung von Flüssen in Afrika beispielsweise habe Expeditionen von zwei bis drei Jahren gerechtfertigt und auch jede Amundsen-Reise zum Nordpol habe so lange gedauert.

Mit der Raumfahrt sind die Menschen in eine völlig neue Umgebung vorgestoßen, in der sie sich verhältnismäßig schnell zurechtgefunden haben. Sie bewältigen die Schwerelosigkeit und andere ungewohnte Herausforderungen. Dies alles wirft unweigerlich die Frage auf: Woher können Menschen das? Sind diese Fähigkeiten genetisch bedingt? Wie kommt es, daß Menschen sich derart ungewohnten Umgebungen so schnell anpassen können?

Die Frage, ob und wie sich der Mensch an Umgebungen mit anderen Schwerkraftverhältnissen anpassen kann, hat, laut Furrer, in den vergangenen Jahrhunderten nur die Philosophen beschäftigt. Erst in unserem Jahrhundert sind entsprechende Experimente möglich, haben Naturwissenschaftler die Aufgabe und die Chance, konkrete Antworten zu finden.

Das Universum, so erinnerte Furrer, besteht aus Milliarden Galaxien. Jede Galaxie beinhaltet Milliarden Sonnen. Und am Rande einer dieser Galaxien befindet sich unser Sonnensystem. Bezogen auf das gesamte Universum sind wir also nur ein winzig kleiner Punkt am Rande dieser Galaxien. So ist es nicht verwunderlich, daß die uralte Frage der Menschheit lautet: Sind wir einmalig?

Bekanntermaßen hat diese Frage in der Naturwissenschaft und in der Philosophie stets große Bedeutung gehabt. Auch in früheren Zeiten wagten einzelne Naturwissenschaftler bereits die These zu formulieren, daß die Erde nicht der Mittelpunkt der Welt ist – und sind dafür gefoltert worden. Das Weltbild des modernen Menschen ist natürlich schon lange nicht mehr geozentrisch. Dennoch könne er sich, so Furrer, manchmal nicht des Eindrucks erwehren, als hätten die Menschen das Interesse am Weltraum verloren. Wie sei sonst zu erklären, daß der Wert und Nutzen von Raumfahrt und Weltraumexperimenten seitens der Öffentlichkeit immer wieder in Frage gestellt würde?

Dabei sei den wenigsten Menschen offenbar klar, daß wir ohne die Raumfahrt zum Beispiel nicht in dem Maße miteinander kommunizieren könnten, wie wir es heutzutage tun. Wir wären auch nicht imstande, uns mit der Problematik »Ozonloch« zu beschäftigen, da wir gar nicht wüßten, daß sie existiert. Natürlich läßt sich nicht von jedem Experiment, das heute in einem Weltraumlabor durchgeführt wird, schon morgen der allgemeine Nutzen für die Menschheit ablesen. Das wäre auch zuviel verlangt. Schließlich haben auch Forscher aller anderen Wissenschaften Jahre und Jahrhunderte Zeit gehabt, ihre Thesen zu entwickeln, ihre Experimente durchzuführen, um schließlich einen Nutzen für die Menschheit daraus zu ziehen.

Furrer wies in diesem Zusammenhang darauf hin, daß unsere

Space-Shuttle bisher lediglich zwei- bis dreimal zu fünftägigen Forschungsmissionen im All gewesen seien … Und doch geht die Entwicklung mit Riesenschritten voran. Hierzu gab der Astronaut Furrer zusätzlich Informationen. Zur Zeit bewegen sich ungefähr 2500 bis 3000 Sonden rund um die Erde im Weltall. Statistisch gesehen gab es seit 1966 etwa 130 Raketenstarts pro Jahr, also ungefähr alle drei Tage einen. Raumfahrt ist somit längst etwas Alltägliches, auch wenn die meisten Menschen davon nichts merken. Es gibt zur Zeit etwa 300 Astronauten und Kosmonauten. Seit Beginn der Raumfahrt haben Astronauten ungefähr 300 000 Arbeitsstunden im Weltall geleistet; das bedeutet 31 Jahre intensive Raumfahrterfahrung. Als habe ein Mensch 31 Jahre lang ununterbrochen dort oben geforscht und gearbeitet. 24 Jahre entfallen davon auf die russischen Kollegen, 7,7 Jahre auf die Amerikaner und etwa 0,9 Jahre auf die ESA, von der Furrer selbst eingesetzt wurde. Die Beteiligung und Erfahrung der deutschen Astronautenteams beschränkt sich in dieser Rechnung allerdings auf ganze 0,06 Jahre. Und noch eine andere interessante Rechnung machte Furrer auf: Er und seine deutschen Kollegen verrichteten ihre Arbeit in der unmittelbaren Umgebung der Erde, gerade einmal 300 Kilometer vom Heimatplaneten entfernt. Wenn man sich vor Augen hält, welch unspektakuläre Entfernung dies in der Horizontalen ist – etwa die Strecke zwischen Bern und Stuttgart –, so muß man sich fragen, warum ein Arbeitsplatz, nur weil er 300 Kilometer in der Vertikalen von der Erde entfernt ist, zu solch einem umstrittenen Gegenstand der öffentlichen Diskussion wird!

»Erdanziehungskraft« lautet das zentrale Stichwort bei der Beantwortung der Frage. Ein Astronaut gehört vorübergehend nicht mehr zur Erde. Er hat sich mit viel Energie von der Anziehungskraft der Erde fortbewegt. Dann ist er »draußen, vor der Erde«, so Furrer. Und dennoch kommt er, wenn alles gutgeht, wieder zurück. Auch bei dieser Rückkehr spielt in einem gewissen Stadium die Erdanziehungskraft eine große Rolle.

Die biologisch-menschliche Existenz sei also von der Erdanziehung abhängig. Wie komme es dann, daß Astronauten auch in der Schwerelosigkeit im All überleben können? Dort, wo ihr

Blut und sie selbst nichts mehr wögen, wo folglich das Blut der unteren Körperregionen nach den physikalischen Gesetzen innerhalb kurzer Zeit in die oberen fließen würde? Der Mensch ist offensichtlich imstande, die Schwerelosigkeit zu adaptieren, schlußfolgerte Furrer. Im Zustand der Schwerelosigkeit verändere sich prompt die Flüssigkeitsverteilung im Körper, ebenso die Gleichgewichtssysteme und die roten Blutzellen. Hinzu kämen Änderungen des Kalziumgehalts der Knochen und des Hormonstatus. Der menschliche Körper verfüge offensichtlich über Regulationsmechanismen, die in einer Art und Weise funktionieren, wie man sie auf der Erde nicht für möglich gehalten habe. Und fast alle Regulationsmechanismen, die dem Astronauten dabei helfen, sich der Schwerelosigkeit anzupassen, seien reversibel. Das heißt, sie treten außer Kraft, wenn der Mensch zur Erde zurückgekehrt ist.

Furrer kehrte noch einmal zu dem Moment zurück, in dem ein Mensch die Schwerelosigkeit betritt. Jenes Gleichgewichtsorgan, das bisher Tag und Nacht signalisiert hat, wo oben und unten ist, wo der Mittelpunkt der Erde liegt, liefere ihm nun plötzlich keine Informationen mehr, die Begriffe »oben« und »unten« verlören ihren Sinn; die Informationen, die das Gehirn nun verarbeiten müsse, unterschieden sich vielmehr erheblich von denen, die es auf der Erde erhält. Zudem gäbe es keine vertrauten rezeptiven und taktilen Reize mehr. (Dies alles sei übrigens der Grund, so Furrer, warum sich Astronauten besonders vorsichtig bewegen und auch langsamer sprechen.) Kurz gesagt: Nichts passe mehr zusammen. Deshalb würde der Körper beschließen, daß ihm schlecht wird – die Astronauten nennen es die »Raumkrankheit«. Und nun komme das Verblüffende: Ohne Hilfe von außen fühle man sich nach ungefähr drei Tagen besser. Plötzlich könne man mit der Schwerelosigkeit leben, und obwohl die Informationen immer noch nicht zusammenpaßten, habe man die Veränderung auch mental adaptiert. Wie aber kann das sein? Vor allem angesichts der Tatsache, daß ein Mensch im Unterschied zum Tier nach seiner Geburt zwar bereits mit den sensorischen Organen wie zum Beispiel dem Gleichgewichtsorgan ausgestattet ist, die auf ihn einströmenden Informationen aber über ein kognitives System verarbeitet und ungefähr zehn Jahre braucht, um die unterschiedlichen Informationen richtig miteinander verknüpfen zu können, sprich alleine lebensfähig zu sein? Und nun soll der Mensch die Lebensfähigkeit unter vollständig anderen Bedingungen innerhalb von drei Tagen »gelernt« haben? Laut Furrer ist hier nur eine Antwort möglich: Das zentrale Nervensystem des Menschen sei so gut ausgebildet, daß es auch in einer nicht-irdischen Umgebung (= Schwerelosigkeit) existieren könne. Es sei also nicht notwendigerweise an die Besonderheiten der Schwerkraftbedingungen der Erde gebunden.

Wenn man jedoch diese Annahme zuließe – und sei es zunächst nur als reine Spekulation –, so gerieten natürlich auch andere spannende Fragen ganz schnell in den Mittelpunkt des Interesses, vor allem die Frage danach, wo das Leben entstanden ist. Wenn man geozentrische Theorien einmal vernachlässigt und die Schöpfungsgeschichte unter dem Aspekt des »Urknalls« sähe, nach dem der »Samen« an eine prädestinierte Stelle im Universum gefallen und auf diese Weise mehr oder weniger zufällig unsere Erde entstanden sei – könne man sich dann nicht vorstellen, daß dieser Samen auch woanders gefallen und aufgegangen sei? Könnte nicht alle irdische Evolution bereits in jenem Ur-Potential enthalten gewesen sein und der Mensch deshalb so anpassungsfähig auch an außerirdische Lebensumstände?

Diese Fragen seien derzeit natürlich noch nicht zu beantworten, meinte Furrer. Er beendete seine Ausführungen jedoch mit der Vision, daß es irgendwann einmal Philosophen, Wissenschaftler oder Künstler geben könnte, die imstande wären, unser derzeitiges Bild von der Welt zu modifizieren. Er wolle zumindest nicht grundsätzlich ausschließen, daß es etwas Universelleres gäbe als das, was auf unserem Erdball entstanden sei.

Torsten Sasse
In memoriam

Wenige Wochen nach seinem aufsehenerregenden Vortrag auf der Ancient-Astronaut-Society-Weltkonferenz 1995 in Bern kam

Keine Angst vor unbequemen Fragen – der deutsche Astronaut Prof. Dr. Reinhard Furrer auf dem Weltkongreß der Ancient Astronaut Society in Bern, August 1995, in Diskussion mit dem Publikum (Quelle: Foto GFC Paul Wiesner, Meerbusch)

der deutsche Astronaut Prof. Reinhard Furrer bei einem Flugzeugabsturz in Berlin-Johannisthal ums Leben. Ein tragisches Unglück für einen Mann, »der Löwen bekämpft hat, dann aber an den Komplikationen eines Wespenstichs stirbt«, wie die »Berliner Morgenpost« schrieb. Das D1-Mitglied hatte im Space-Shuttle mehr als einhundertmal die Erde umrundet, doch den Flug mit einer Oldtimer-Maschine aus dem Zweiten Weltkrieg – eigentlich nur Routine – überlebte er nicht. Reinhard Furrer war ein wichtiger Gegner der Ancient Astronaut Society (AAS). »Wenn einer fragt: ›Was ist der Mensch?‹, dann sage ich: Der geht los! Der verläßt seinen Kontinent, der geht unter Wasser, über Wasser, zum Nordpol, er geht immer los. Er geht selbst dann los, wenn ihm ein anderer sagt, die Erde ist eine Scheibe, und du fällst hinten runter. Dann sagt er, das möchte ich sehen, glaube ich nicht. Geht los. Und jetzt sind wir so weit, daß wir die Erde im Griff haben, da sind wir überall herumgekrochen. Jetzt haben wir die Möglichkeit, wegzugehen. Also geht der Mensch wieder weg, ins All. Warum sollte er plötzlich nicht mehr weitergehen?« Es ist über ein Jahr her, daß mir Reinhard Furrer diese Sätze ins Mikrophon diktierte. Ich traf ihn in seinem Weltrauminstitut in Berlin-Dahlem. Das Interview für den SFB-Hörfunk hätte eigentlich nur 30 Minuten dauern sollen, doch bald waren zwei Stunden daraus geworden. Die Weltraumfahrt war Furrers Berufung, und wenn er echtes Interesse spürte, nahm er sich fast unbegrenzt Zeit. Um es vorweg zu sagen: Furrer war alles andere als ein Anhänger der AAS-Theorie. »Mit diesem UFO-Mist will ich nichts zu tun haben«, war noch eine seiner milden Beurteilungen. Für den D1-Astronauten war in erster Linie wichtig, die Raumfahrt in den Dienst unseres Planeten zu stellen. Im Klartext: Ein Kraftwerk auf dem Mond, das die Erde mit Energie versorgt, wäre ihm wichtiger gewesen als ein Riesenteleskop, das in der Lage ist, in die tiefsten Tiefen des Alls zu blicken.

Doch Furrer war nicht nur Astronaut und Physiker, sondern auch Philosoph, und zwar einer, der mit provozierender Einfachheit profunde Weisheiten von sich geben konnte. Er war ein selbstsicherer Mann und deshalb ohne Berührungsängste. Während es viele andere Wissenschaftler seiner Klasse empört von sich gewiesen hätten, auf einer AAS-Konferenz einen Vortrag zu halten, stellte er sich der Konfrontation, suchte auch intellektuell das Risiko. Er gehörte zu jenen Kapazitäten, die für die AAS so ungeheuer wichtig sind: im Grunde ablehnend, aber offen und bereit, sich selbst zu hinterfragen. »Mit dem Däniken könnte ich nie diskutieren«, sagte er in unserem Interview – und dann tat er es doch.

Das Abenteuer Weltraum war der große Höhepunkt im Leben von Reinhard Furrer. 1985 startete er mit dem Space-Shuttle Challenger ins All. Die D1-Mission war ein deutsch-amerikanisches Gemeinschaftsprojekt. Eine Woche lang führten die Astronauten Hunderte von Experimenten durch: Wie verhalten sich flüssige Metalle in der Schwerelosigkeit? Wie reagieren Menschen und Tiere ohne die Erdanziehung? Als Pilot und Naturwissenschaftler in einer Person war Furrer genau der richtige Mann, um diese Fragen zu beantworten.

»Wenn wir eine Flüssigkeitssäule ohne Gefäß frei vor uns im Raum schweben sehen«, sagte er einmal, »wenn uns so etwas nicht mehr fasziniert, dann können wir die Universitäten dichtmachen, dann können wir alles dichtmachen.« Furrer war Astronaut mit Leib und Seele. Kein Training war ihm dafür zu hart. Zwei Jahre dauerte die Ausbildung bei der NASA, um den Anforderungen und Strapazen im All gewachsen zu sein. 700 Bewerber schlug er mit eiserner Disziplin aus dem Rennen. Nach der erfolgreichen D1-Mission wurde er zum Mann der großen Visionen. Er plädierte vehement für die bemannte Raumfahrt und den Bau einer Mondstation. In unzähligen Vorträgen versuchte er, diese Ideen zu vermitteln. Die Öffentlichkeit war fasziniert von seiner Rhetorik und seiner Ausstrahlungskraft.

Die wichtigste Erkenntnis aber, die Reinhard Furrer aus dem All mitbrachte, war: Das Gehirn des Menschen ist von vornherein so konstruiert, daß es auch außerhalb der Erde existieren kann; die Wurzeln der menschlichen Existenz liegen im Kosmos: »Die Geburtsstunde des Universums hat auch die Möglichkeit von Leben in sich getragen. Die Geburtsstunde trägt den Samen des Lebens in sich. Dieser Samen ist nun im Universum überall hingefallen. Manchmal hat er sich entwickelt, manchmal hat er sich nicht entwickelt, manchmal war Wasser da, manchmal war nicht Wasser da.

Der Same ist in eine Umgebung gefallen, und da ist so etwas entstanden, was wir jetzt menschliches Leben nennen.

Die Grundingredienzen, die sich eigentlich nur im zentralen Nervensystem bemerkbar machen, die sind aber offensichtlich so universell angelegt, daß sie auch in anderen Umgebungen aufgegangen wären. Lebensformen sehen möglicherweise anders aus. Allein die Tatsache, daß mein Gleichgewichtsorgan mir nicht mehr sagt, wo unten und oben ist, das Wort ›unten‹ keinen Sinn mehr macht, ich kann es gar nicht mehr benutzen, im Weltall macht das Wort ›unten‹ keinen Sinn mehr, ich kann nicht unten und nicht oben sagen, ich kann nicht mehr rechts und links sagen. Kann ich überhaupt noch Raum beschreiben? Der Mensch kriegt es hin. In dieser ganzen Umgebung kann plötzlich der Mensch in Bildern, die er sich von der Realität macht, die ganz neu sind, die noch nie von ihm geübt worden sind, weil es die auf der Erde nicht gab, mit diesen Bildern kommt er nach drei Tagen ganz toll zurecht.

Also würde die Konsequenz nur die sein, daß das Programm, das auf der Erde angelegt wurde, universell genug ist auch für eine außerirdische Umgebung. Und das ist die eigentliche Aussage. Wir können sie als Indikation nehmen, die eine Hypothese unterstützt, daß die Grundingredienzen des Lebens nicht auf die Erde bezogen sind. Oder mit einem anderen Schlagwort: Life is not earth-life only.«

Leben ist nicht nur irdisches Leben. Ohne die Existenz extraterrestrischen Lebens auf anderen Planeten auszuschließen, meint dieses Schlagwort im Sinne Furrers zunächst: Der Mensch kann auch außerhalb unseres Planeten leben, ja, er sollte es sogar tun. Der Begriff Natur ist universell zu betrachten, der »tote« Mond fällt ebenso darunter wie der riesige Gasballon Jupiter, ja selbst das eisige Vakuum des kosmischen Raums ist Natur:

»Das ist ja eine Arroganz zu behaupten, das und nur das, was auf diesem Erdball ist, ist natürlich, alles, was draußen ist, ist unnatürlich. Ich bin ein Teil dieser gigantischen großen Natur. Und ich kann doch nicht sagen, mein erster Schritt hinaus in das Größere ist unnatürlich, nur weil da vielleicht keine Butterblumen wachsen. Das würde ja bedeuten, daß ich meine natürliche Situation so definiere, wie sie auf der Erde ist. Und das ist geozentrisch, schlimmer geht's gar nicht.«

Und so schließt sich der Kreis zur Paläo-SETI-Philosophie: Mit dem Blick über den irdischen Tellerrand hinaus zog Furrer mit Däniken an einem Strang, ohne daß er dies wollte. Unbewußt aber scheint er es gespürt zu haben. Nach seinem Vortrag in Bern sagte er, Däniken habe Zivilcourage gezeigt, einen Gegner einzuladen, der eine Stunde lang frei referieren durfte. Der gleiche Mut zeichnete auch Furrer aus, indem er die Einladung annahm. »Der Flug ins All hat mich verändert«, sagte er im Jahre 1986, »ich habe die Welt gesehen, und das ist mehr als die Erde.«

ULRICH DOPATKA

Evolution im All

Vor 2500 Jahren, so die Sage, ersann der Brahmane Sissa das Schachspiel und machte es seinem König Sheram zum Geschenk. Der indische Fürst war davon derart hingerissen, daß er dem Erfinder einen Wunsch freistellte. Der pfiffige Sissa muß einen hintergründigen Humor gehabt haben, denn für das erste Feld erbat er ein Weizenkorn, für die folgenden aber jeweils doppelt so viele Körner. Während man auf dem 24. Feld den Weizen noch mit Wagenfuhren messen konnte, so waren es schon über 400 Milliarden Tonnen Getreide für das letzte, 64. Feld – die Welternte für mehr als die nächsten 1000 Jahre.[1]
In dieser Geschichte aus Tausendundeiner Nacht liegt tiefere Weisheit verborgen, als die Zahlenspielerei vermuten läßt. Hier wird ein fundamentales Prinzip anschaulich präsentiert, das allen physikalischen, chemischen, biologischen, kulturellen und sozialen Prozessen unserer Welt innewohnt[2] – nicht nur unserer Erde, sondern dem gesamten Weltall und allen belebten Welten! Das Prinzip heißt »Exponentielles Wachstum«.
Als Zahlenfolge 1-2-4-8-16-32-64-128 … oder als geometrische Progression bezeichnet, kann mit zwei Skalen (für Anzahl Weizenkörner und Schachfelder) ein plastisches Diagramm des »Explosionseffektes« der Vermehrung dargestellt werden.[3] Im Gegensatz zur sich kontinuierlich erhöhenden arithmetischen Folge 1-2-3-4-5-6-7-8 …, die im Diagramm einem 45-Grad-Vektor entspricht, strebt die exponentielle Vermehrung in immer größeren Schritten immer astronomischeren Werten, der Unendlichkeit zu.

45

So abstrakt das Spiel der Zahlen auch anmutet: Systemanalytiker der Gegenwart sehen in diesem Prinzip den Schlüssel, einen Passepartout, zur Erklärung vieler Entwicklungen, Zusammenhänge und Tendenzen in Natur und Gesellschaft. Da nach unserem Wissen im ganzen Universum die gleichen Gesetze gelten, könnte dann mit diesem Schlüssel auch die Tür zu unbekannten Zivilisationen geöffnet werden?

Dynamik des Lebens

Eine Erkenntnis spielt hier eine Rolle, die auf den griechischen Philosophen Heraklit (550–480 v. Chr.) zurückgeht: »Alles fließt.« Wie recht der Grieche hatte, bescheinigen erst heute die Natur- und Sozialwissenschaften.[4] Die Statik, die Unveränderlichkeit, die uns unsere Sinne bei der Beurteilung der Umwelt oft vorgaukeln, ist Täuschung – alles ist »dynamisch«, alles verändert und entwickelt sich: subjektiv langsamer oder schneller. Nichts verschwindet, sondern wandelt sich nur: Wolken ziehen auf, eine Pflanze blüht und welkt, Modegags, politische Ideologien, Gebirge kommen und vergehen. Was für die »Kontinuität« beim Verkauf eines Industrieproduktes gilt, gilt auch für den Wandel des Fixsternhimmels.

Alle hier angesprochenen Facetten der Welt vom Mikro- bis zum Makrokosmos führen kein isoliertes Eigenleben, sondern sind untereinander verzahnt und verquickt. Ein ökologisches Prinzip, wie es zum Beispiel im Nahrungskreislauf eines Biotops deutlich wird.

Das Wachstum, die »Prosperität«, die evolutionäre Drift in irgendeinem Bereich des Kosmos wird jedoch in der Ausdehnung zu einem kalkulierbaren Zeitpunkt an Grenzen stoßen, den Lebensraum ausfüllen. Andere Räume oder »Habitate« gebieten der Ausbreitung Einhalt. Ein Beispiel: Verdoppelt sich ein gewöhnliches, einzelliges Lebewesen mit dem Gewicht von einem Tausendstel (!) Gramm innerhalb einer Stunde, hätten wir nach 40 Stunden einen Koloß von einer Tonne (1000 kg) lebender Zellen vor uns. In fünf Tagen entspräche das Gewicht des Riesenkonglomerats dem der Erde – nach nicht einmal einem Monat dem des Universums.[5]

Neben diesem quasi vorprogrammierten Konflikt, dem »positive check«,[6] mit dem jedes exponentielle Wachstum konfrontiert wird, wird noch ein anderes Regulativ deutlich: Die natürlichen Ressourcen, die Rohstoffe, die Antriebe, auf die sich scheinbar ungehemmtes Wachstum gründet, sind begrenzt und zwingen die anfangs himmelstürmende Progression in einen sogenannten »logistischen Verlauf«: Die Entwicklung verflacht, stagniert oder kollabiert, bricht also zusammen. Dies gilt auch für das Zellwachstum einzelner Lebewesen, das einem Maximalwert zustrebt, es gilt ebenfalls einem für das Entstehen, Ausbreiten und Vergehen ganzer Völker. Ein Entwicklungsschema, das in der Chemie als »autokatalytisch«, im biologischen und wirtschaftlichen Sektor als »autokatakinetisch« bezeichnet wird.[7]

Sollte die exponentielle Vermehrung – unabhängig, in welchem System – ungehemmt weiterlaufen, würde sie ihren »Wirt«, ihre Existenzialbasis und damit sich selber zerstören. Bevölkerungsexplosion bei Füchsen zum Beispiel führt schnell zum Massensterben, da bald alle Hasen gefressen, die Existenzgrundlage vernichtet wäre. In der Medizin wiederum ist Krebs ein solches, systemimmanenten Hemmnissen zuwiderlaufendes Zellwachstum und führt letztlich zum Tode des Patienten – aber auch der Krebszellen. Auf der Ebene der Populationen werden gerne die Vermehrung der Lemminge und ihr Massenselbstmord als Beispiel zitiert – wenige Überlebende gründen hier neue Generationen.[8]

Nichts ist isoliert

Systemtheorien betrachteten die Gesetzmäßigkeiten noch bis vor einigen Jahren oft isoliert in partiell erforschten Wissenschaftsdisziplinen. Das Symptom des anfänglich exponentiellen, dann logistischen Entwicklungsverlaufes ist aber das zentrale Thema der seit den achtziger Jahren rapide an Bedeutung gewinnenden Synergetik, der Lehre vom Zusammenwirken und der Nichtisolation von Systemen, einem vom belgischen Biochemiker Ilya Prigogine und seinem deutschen Kollegen Hermann Haken etablierten und popularisierten Forschungszweig.[9] Nicht allein theoretisch erfaßbare astro- und molekularphysikalische Prozesse – der Planet Erde als Ganzes in seiner Entwicklung gehört dazu[10] –, auch anschauliche chemische Experimente machen den Effekt des logistischen Verhaltens einer bestimmten Lösung sichtbar. Prigogine taufte sie »dissipative«, selbständig einen Energiefluß aufrechterhaltende Strukturen. Hier wurde ein Verhalten dokumentiert, das verblüfft: Physikalisch-chemische Prozesse werden unter der Voraussetzung eines fortwährenden Zustroms an Energie am Ausgang der »S«-Kurve nicht inaktiv, sondern aktivieren neue Ressourcen, neue Antriebe. Beispiele sind chemische Lösungen wie bei der »Belousov-Shabotinsky-Reaktion« oder dem von Prigogine benannten »Brüssellator«. Nach einem »Beinahe-Zusammenbruch« kann somit graphisch gesehen eine neue »S«-Kurve entstehen, die, an die vorherige anknüpfend, einer Entwicklung in Wellenform entspricht. Eine derart aktivierte Lösung wird dann regelmäßig wiederkehrende Strukturen bilden, wird vielleicht fluoreszieren. Voraussetzung dazu ist, daß ein unterer Schwellenwert der Systemaktivität nicht unterschritten wird. Bei Populationen ist dies die Zahl der fortpflanzungsfähigen Individuen.[11] Ein Phänomen, das schon 1798 der Wirtschaftswissenschaftler Thomas Robert Malthus im »Essay on the Principle of Population« formulierte.

Das chemische Experiment konfrontiert uns hier mit einem zyklischen Prozeß, der aus Bereichen der Natur (Beute- und Jägerpopulationen im Tierreich) oder aus der Wirtschaft (Recycling-Industrien) ebenfalls geläufig ist. Es gibt durchaus gesunde Gleichgewichts-Systemkombinationen, die sich längere Zeit – aber nie für immer! – in ihrem Auf und Ab gegenüber äußeren Strömungen stabil erweisen. Bereits 1926 wurden sie von dem Mathematiker Vito Volterra, 1956 durch Alfred Lotka beschrieben.[12]

Im Vergleich dazu ist uns aus der biologischen Welt und der

menschlichen Zivilisation (mit ihren kulturellen und technischen Errungenschaften) auch die Evolution zu neuen, komplexeren, immer perfekteren Spezies bzw. zu geistig oder technologischen Fortschritten ebenso geläufig. »Autopoiese« (griechisch für Selbsterschaffung) taufte der Biologe Humberto Maturana diese »Aufwärtsentwicklung«.[13]

Angesichts der oben festgestellten physikalischen Parallelität im Kosmos liegt es nahe, auch an extraterrestrische Zivilisationen und ihre Evolution zu denken, wenn wir das Beispiel unserer eigenen besprechen. Sind ihre Welten so stabil oder instabil wie die unsere? Kann die junge Wissenschaft Synergetik interstellare Raumfahrt vorhersagen?

Grenzen des Wachstums?

Bei all diesen Wachstumsprozessen bricht das rapide Wachstum an seinem Höhepunkt nicht zusammen, weil begrenzte Lebensräume oder (wie beim Beispiel der Füchse und der Hasen) die steigende Zahl von Freßfeinden dies erzwingen, sondern setzt nach einer vorübergehenden Abflachung erneut zu einer exponentiellen Entwicklung an.

Möglich wird diese Evolution, nehmen wir ein Beispiel aus der Biologie, durch das Fußfassen einer Mutation. Auf ihrem Weg zum Maximum der Ausbreitung entstehen in jeder Spezies »unterschwellige« Mutationen im Erbgut, die latent vorhanden sind und – durch die Generation ohne Schäden mitgeführt – »rezessiv« weitergegeben werden.[14] Die kritischen Höhepunkte eines Wachstumsverlaufs, also kurz bevor die Population sich reduziert oder ganz zusammenbricht, verhelfen jeweils den »positiven« Mutanten zur »Chance ihres Daseins«: Sie werden dominant, sie setzen sich durch, weil nur sie unter den veränderten Bedingungen existieren können. Unabhängig vom Rest der Art spalten sich diejenigen Individuen ab, die zufällig für die Überwindung der Existenzkrise »gewappnet« sind. (Diese Krise tritt in der Regel nicht schlagartig, sondern im »Superzeitlupentempo« über Jahrtausende hinweg ein.) In der Praxis können die neuen

Fähigkeiten zur Besiedlung eines Lebensraumes, einer plötzlich frei werdenden ökologischen Nische führen oder zu einem »Trick«, sich den natürlichen (Freß-)Feinden zu entziehen. Die Phantasie der Natur ist dabei unerschöpflich ...[15] Am Zenit unserer logistischen Kurve kommt es demnach zu einer »Fluktuation« oder Krise, einer Art »Quantensprung«, bei dem das ursprüngliche Niveau des Auf und Ab erhöht wurde. Ohne solche Einbrüche, Katastrophen evolviert kein System! Stillstand, physikalisch gesehen das »Gleichgewicht«, ist der Tod jedes Systems.[16] Auf biologischer Ebene entwickeln nämlich solche stabilen Populationen oft Riesenformen, die, je extremer sie luxurisieren, um so anfälliger werden für die kleinsten Umweltveränderungen.[17] Im Genpool dieser Arten können sich negative Mutationen derart anreichern, daß diese die positiven regelrecht überlagern. Oder, um ein Beispiel aus der Wirtschaft zu nehmen: Ein Unternehmen, das die »eingetretenen Pfade« nicht verläßt, das nicht expandiert, wird sehr schnell dem Bankrott zustreben. Systemverbessernde Sprünge erfolgen nicht Schlag auf Schlag. Über längere Zeiträume betrachtet, scheint das ursprüngliche System aber eindeutig zu höherwertigen oder völlig neuartigen komplexeren und informationsreicheren Strukturen zu evolvieren – ein Rückkopplungs- oder Feedbackprinzip, das schon vom Biologen Ludwig von Bertalanffy vor Jahrzehnten in seiner »Allgemeinen Systemtheorie« beschrieben wurde. Eine Theorie, die auch den als »Aequifinalität« bezeichneten Drang eines Prozesses kennt, sein Ziel unablässig, auch auf Umwegen zu verfolgen und zu erreichen.[18]

Energie = Ordnung = Leben

Nicht nur physikalische/chemische Systeme verhalten sich so, das Leben selbst ist ein Produkt dieser »Nichtgleichgewichtsprozesse«, wie der Fachausdruck lautet. Denn im Vergleich zu abgeschlossenen Systemen, die einer maximalen Erhöhung ihrer Entropie (Unordnung, Diffusion) zulaufen und im Endeffekt einen ausgeglichenen (= toten) Zustand erreichen (im Experiment etwa die Mischung von kaltem und heißem Wasser), können solche auf Energiezustrom angewiesenen Systeme zu immer geordneteren Formen evolvieren. Im biologischen/kulturellen Zusammenhang sind dies die erwähnten dissipativen Strukturen. Durch den lebensnotwendigen, permanenten Zu- und Durchfluß von Energie (Stoffwechsel bei Lebewesen), ohne den das anfänglich exponentielle Wachstum nicht zustande kommt, gelingt es auch dem notwendigerweise erzeugten »Abfall«, meist Entropie in Wärmeform, in die Umwelt zu exportieren. Ein drohender Tod des Systems, wie etwa der Stillstand nach der endgültigen Durchmischung von kaltem und warmem Wasser, entfällt. Das System lebt, existiert, pulsiert und erzeugt durch die automatische Ausnützung immer wieder auftretender Fluktuationen auch immer spezialisiertere, metamorphe Formen, die immer extremeren Lebensräumen angepaßt sind. Energiefluß ist aber auch gerade das Merkmal jeder technischen Zivilisation. Lernen wir also womöglich durch Erkenntnisse der Biologie, der Physik und anderer Wissenschaften unsere eigene – und ebenso andere, Lichtjahre entfernte! – Zivilisation anders einzuschätzen?

Bei komplexen, zum Beispiel biologischen, Strukturen gibt es theoretisch unzählige »Wahl«-Möglichkeiten, die an der Schwelle der Instabilität eine Richtung der Evolution diktieren könnten. In der Praxis wird jedoch die gewählt, die der Umwelt, dem »Umweltdruck« entspricht. Da es zumindest zwei Entscheidungen gibt (Fluktuation ja oder nein), läßt sich das Prinzip auch graphisch darstellen: Richtungsänderung folgt auf Richtungsänderung. Deshalb ist zum Beispiel nicht nur die Wettervorhersage, sondern die Zukunft an sich offen und nicht kalkulierbar.

Eine Dynamik ist hier angesprochen, ein Vorwärtsstreben, das an einen Sprinter erinnert, der seinen Oberkörper weit nach vorne beugt. Der also eine Körperhaltung einnimmt, die nur dann Stabilität erringen kann, wenn der Lauf nicht abgebremst wird. Das »System Sprinter« muß Energie aufbringen. Dank Energie (= Geschwindigkeit) ist demnach auch eine »unmögliche« Körperhaltung stabil. Theoretisch wäre es vorstellbar, wenn der Läufer –

ohne zu stürzen – sein Tempo verlangsamt, immer noch vor-wärtsläuft, aber schließlich in ruhigem Spaziergang. Theoretisch – denn in der Praxis wird ein System, anders als bei diesem Beispiel, nicht zu jenem zurückevolvieren, aus dem es entstanden ist.

Als Fische und Reptilien sich zu Säugern entwickelten und dann, nachdem sie vorübergehend Landbewohner gewesen waren, wieder frei werdende Nischen im Ozean besetzten, nah-men sie zwar äußerlich erneut fischähnliche Gestalt an – das dik-tierte die Umwelt –, jedoch bekamen sie keine Kiemen mehr. Auch wurden keine Fortschritte im sozialen Verhalten, keine Evolutionen des Gehirns aufgegeben. Der Schritt zurück in die Primitivität des Fisches war prinzipiell genauso unmöglich wie eine Evolution, die eine langsame Veränderung vorzieht, wenn gleichzeitig schnellere Anpassungen möglich sind.

Evolution und Technologie – die Kombination

Alle diese Aspekte wie Dynamik, Fortschritt, Produktion und Abfall, Durchsetzen von Innovationen, »schwarze Freitage« in der Wirtschaft, Kollaborationen von Firmen und Wirtschafts-komplexen kennzeichnen die kulturellen und technologischen Errungenschaften des Menschen. Sie stellen ein unabänderliches Produkt der biologischen Evolution dar und erzeugen ihrerseits eine künstliche Umwelt, die wiederum Grundlage für weitere Anpassungen ist.[19]
Jedes Organ, jedes System ist hier ein Teil einer höheren Ord-nung, mit völlig neuen Qualitäten, die es mit anderen Partneror-ganen im Laufe der Evolution kreiert. Arthur Köstlers Begriff der »Holarchie« setzt hier an. Damit beschreibt er die nach dem griechischen »holos« (für »ganz«) bezeichneten Teile eines Systems, die für ihre Einzelteile ein übergeordnetes Ganzes dar-stellen – dennoch aber selbständig agieren. Die Einzelteile wie-derum sind ein Konglomerat strukturell tiefer liegender Einhei-ten.[20] Auf die Zivilisation des Menschen übertragen, läßt sich dabei feststellen, daß nach einer anfänglich stürmischen Ent-wicklungs- und Einführungsphase der Gebrauch einer bestimm-

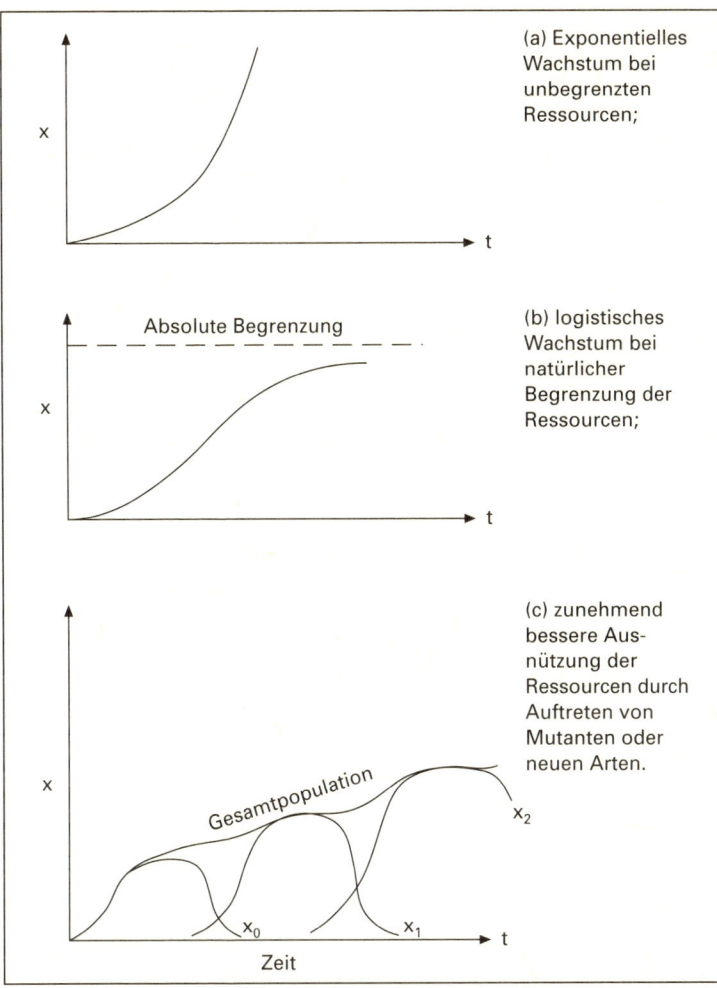

(a) Exponentielles Wachstum bei unbegrenzten Ressourcen;

(b) logistisches Wachstum bei natürlicher Begrenzung der Ressourcen;

(c) zunehmend bessere Ausnützung der Ressourcen durch Auftreten von Mutanten oder neuen Arten.

Verschiedene Wachstumsmöglichkeiten in der Natur. Unbegrenztes exponentielles Wachstum (obere Graphik) gibt es nur in der Theorie – logistisches Wachstum, das an die Grenzen der Umwelt stößt, ist die Regel (mittlere Graphik). Fortschritte in der Evolution ermöglichen es, jeweils neue Wachstumsschübe zu erzeugen und dadurch in neue Umwelten vorzustoßen (untere Graphik). Auch die Entwicklung technologischer Zivilisationen verläuft nach diesem Schema (Quelle: nach Allen, P. M.: Evolution, population, dynamics and stability, in: Proc. Nat. Acad. Sci. 73, p. 665-668, 1976 und Jantsch, E.: Die Selbstorganisation des Universums, München, Wien 1979) ten Technologie meist von einer anderen – weiterentwickelten – abgelöst wird. Um eine Steigerung der Leistung, eine Verbesserung der Qualität etc. zu bewerkstelligen, können bisherige Technologien nicht nur geringfügig modifiziert, sondern komplett ersetzt werden. Wenn wir es hier mit einer der Natur innewohnenden Gesetzmäßigkeit zu tun hätten, wäre damit jede auch andere kosmische Zivilisationen definiert, ohne daß man sie je zu Gesicht bekommen hätte.

Zur Veranschaulichung: Um Geschwindigkeiten im Personen- und Nachrichtenverkehr zu erreichen, wurde das Pferd vom Auto, dieses später vom Flugzeug übertroffen.[21] Oder: Die Energieerzeugung geschah ursprünglich mit dem Lasttier, das wie ein Motor für Alltagsarbeiten eingespannt wurde, also indirekt mit dem im Heu und Futter gespeicherten Energiepotential »betrieben« wurde. Mit der maschinellen Nutzung von Energie durch Verbrennung von Kohle, später durch Erdöl und schließlich (nicht endlich!) Kernbrennstoff wurde diese Phase abgelöst. Fusionsenergie scheint der nächste Schritt zu sein, der sich nach den überraschend gleichmäßigen Längen der Phasen für die Zeit nach der Jahrtausendwende ankündigt.

Der gleiche Ablösemechanismus tritt bei vielen unterschiedlichen Aspekten unserer Zivilisation auf, die in ihrer Gesamtheit »Kultur« ausmachen. Bei Mode- und Kunstströmungen, Leitbildern, gesellschaftspolitischen Ideologien und selbst bei Religionen. Letztere scheinen einen Fluktuationsrhythmus von etwa 2000 Jahren zu haben.[22] Vor jeder einschneidenden Wandlung erreicht auch ein kulturelles oder technologisches System einen Höhepunkt des Wachstums, den Beginn einer Instabilitätsphase. »Kondratjew-Zyklen« werden diese Rhythmen in den Wirtschaftswissenschaften genannt, und sie lassen sich sogar im voraus computergraphisch erfassen.[23]

Auch hier diktieren äußere Begrenzungen das Kapazitätsmaximum. So zum Beispiel die begrenzte Möglichkeit, einen Rohstoff zu fördern, die Herstellung eines Produkts quantitativ zu steigern oder dieses bei nachlassender Nachfrage abzusetzen. Autokatalytischen Reaktionen im biochemischen Bereich entsprechen im zivilisatorischen Bereich die Eskalationen von Span-

nungen: Man denke nur an die zahlreichen Beispiele aus der Politik.[24]
Diese Instabilitäten verlangen geradezu nach Auswegen aus der Krise – »die Zeit ist reif«, heißt es dann. Und in der Tat zeigt die Kulturgeschichte, daß gerade dann eine neue Entwicklung eingreift, wenn das Umfeld reif dazu ist, wenn es wie bisher nicht mehr weitergeht. Vorher wird die alte Technologie ausgeschöpft, antiquierte Geistesströmungen bis zum äußersten verfolgt – mit einer Beharrlichkeit, die erstaunlich ist, da man doch mit Bestimmtheit weiß, daß die Grundlagen der Nachfolgeentwicklung schon während des rasanten Aufschwungs der vorgängigen unterschwellig vorhanden waren.[25]
In der Tat sind in diesen »Geistesblitzen« Parallelen zu Mutationen in der Genetik zu sehen, die sich erst dann explosionsartig durchsetzen können, wenn äußere Anforderungen und Umweltzwänge vom ursprünglichen System nicht mehr gemeistert werden können.[26] Eine frappante Beobachtung am Rande: Nach Unterbrechungen wie Kriegen etc. schwenken die Tendenzen wieder mit gleicher Vehemenz in die ursprünglich vorgegebene Linie ein.[27]
Nicht nur Arten, auch einzelne Individuen reagieren mit Verzögerung, setzen ihre insgeheim vorhandenen Kräfte erst dann in Aktion um, wenn sie dazu gefordert werden. Äußere Leistungsstimulationen werden bei dem Menschen, der ihnen nichts entgegenzusetzen hat, leicht als Leistungsdruck negiert, ohne daß er den fördernden Grundtenor erkennt. An dieser Stelle sollte man auch an das Feedback erinnern, daß ein Verhalten seinerseits Eingang in den Genpool finden kann, also die Biologie beeinflußt, die das spezifische Verhalten hervorbrachte. Ein Vorgang, der nach logistischen Gesichtspunkten verläuft.[28]

Zivilisation und Kosmos

Was im kleinen und kleinsten Maßstab gilt, gilt auch für globale Entwicklungen auf dem Planeten Erde. Der Biologe Jonas Salk fordert, daß gerade hier die Futurologie planend einsetzen

solle.[29] Um uns herum finden lautlose Explosionen statt mit
einem kataklystischen, dramatischen Gehalt, dessen sich der einzelne kaum bewußt wird. Wie sich in einem geschlossenen Laboratorium etwa eine Rattenpopulation ungehemmt vermehrt,
so sind auch wir ein Teil vergleichbarer Vorgänge in unserem System, in unserem »Laboratorium« – und die Rolle des Beobach-
ters von außen fällt uns schwer.

Trifft dieser Vergleich? Ist die Erde – und jeder andere Planet im
Universum – ein abgeschlossenes System?

In diesem Fall müßte das Wachstum in allen Bereichen unserer
Zivilisation allein durch die räumliche Begrenzung der Erdoberfläche und die Erschöpfung der Rohstoffvorkommen zum Stillstand kommen.[30] Eine abgeschlossene Population mit den entsprechenden Aspekten – Überbevölkerung, Zunahme der
Streßsituationen, Inflation der Abfallprodukte usw. – macht jedoch eine vorübergehende Phase der Massenvermehrung durch,
in der die natürliche Aggression aufgehoben und ein überraschend friedfertiges Zusammenleben auf engstem Raum möglich ist.[31] Man spricht von der Dichtetoleranz einer Spezies, die
beim Menschen durch den Intellekt wohl besser ausgeprägt ist
als bei Tiergattungen.[32] Steigt jedoch die Zahl der Individuen
noch weiter an, bricht unter katastrophalen Erscheinungen (bei
Tieren wären dies die Aufgabe der Brutpflege, Amokreaktionen,
Kannibalismus etc.) die Population zusammen. Was fehlt, ist der
Einbruch in ein höherwertiges System, das nicht nur Frei-
Räume setzt, sondern als »solidarisierende Klammer« wirkt: Einzelne Personen werden auch dort vielleicht miteinander konkurrieren; innerhalb eines übergeordneten Systems, einer Firma
zum Beispiel, herrscht jedoch ein durchaus kooperatives Mitein-
anderauskommen – wenn das Ziel die Beteiligten solidarisiert.
Die Firma als Ganzes wiederum wird mit anderen Unternehmen einen harten Konkurrenzkampf führen.[33]
Es ist viel darüber geschrieben worden, an welcher Position unsere Menschheit auf dem Weg ins Chaos mittlerweile angelangt
sei. Und alle Denkschulen, zum Beispiel die eines Fritjof Capra,
machen dabei immer den einen entscheidenden Fehler: Sie
sehen die Erde als abgeschlossenes System, ähnlich dem Labora-

toriumskäfig, in dem sich die Ratten zuerst noch munter vermehren. Doch abgeschlossene Systeme gibt es nur in der Theorie des Experiments. Mit dem ersten Schritt in den Weltraum – hier und von anderen Planeten aus – wurde eine zaghafte Entwicklung in Gang gesetzt, die sich ebenfalls exponentiell entwickeln wird. Der Käfig der Ratten hat ein Loch bekommen! Und nicht nur NASA, ESA und staatliche Institutionen, sondern auch Privatanwender der Raumfahrt – wie Boeing mit einer Shuttle-Eigenentwicklung oder Personen wie der Industrielle Willard F. Rockwell, der ein NASA-Shuttle kaufen und nutzen wollte – sind schon bald die Kräfte, die die Entwicklung forcieren.[34]

Eine Wucherung innerhalb der festen Grenzen hätte eine Implosion zur Folge – die Möglichkeit, in neue Räume zu expandieren, wirkt dagegen befreiend. Biologisch scheint sich der Mensch heute langsamer als zur Zeit seiner frühen Vorfahren zu entwickeln. Vielleicht ist dies aber auch eine Täuschung, denn in kleinen Populationen (in isolierten Stämmen von Urmenschen zum Beispiel) können sich Mutationen schneller entfalten. Eine brisante Feststellung, die auch der Evolutionsforscher Steven M. Stanlex formulierte:»Wenn sich aber bedeutende, im genetischen Code verankerte Adaptionsänderungen nur im Zuge von Speziation innerhalb kleiner Populationen vollziehen, wird sich die Menschheit aller Voraussicht nach nur dann biologisch nennenswert weiterentwickeln, wenn sie diesen Planeten verläßt und sich anderswo im Weltraum ansiedelt. Falls uns eine Speziation bevorsteht, so vermutlich im Kosmos, wo kleinere inzüchtende Populationen eines Tages neue Welten erschließen könnten.«[35]

Eines muß uns allerdings klar sein: Mit dem regelmäßigen Pendeldienst eines Space Shuttles wird die Kindersterblichkeit in den verschmutzten Ballungszentren dieser Erde genausowenig gesenkt wie das Verhungern ganzer Völkerschaften aufgehalten wird. Aber die Erde wird wohl kaum zum »Fliegenden Holländer« werden, der mit einer toten Menschheit durch die Galaxis driftet.[36]

Die positive, letztlich rettende Rückkopplung einer in immer größerem Ausmaß betriebenen Raumfahrt ist langfristiger Natur. Ein Feedback, das erst nach Jahrzehnten fruchtet und spürbar wird – zunächst werden wir noch die Zeit der Instabilitäten und (physikalisch gesprochen) Fluktuationen in aller Dramatik erleben. Dazu gehört zum Beispiel auch die direkte und indirekte Ausrottung von Tieren und Pflanzen, die unumgänglich infolge der Vermehrung der Menschen eintritt.[37] Wir können und müssen diese Einbrüche zwar mildern oder verzögern, letztlich sind sie jedoch systembedingt und eine unausweichliche Konsequenz. Wir sprechen also von einer Epoche des Um- und Aufbruchs, deren Schrecken (theoretisch) verkürzt werden könnten durch eine Forcierung der Raumfahrt. Aber Neuerungen setzen sich erst in der »letzten Sekunde« durch. Ein Schritt in die ökologische Nische Weltall, der nur durch die Entstehung der Technologie möglich ist, entlastet vornehmlich nicht die Erde von Menschen – dies kann erst in einer viel späteren Phase geschehen. Aber Industrien werden verlegt, radioaktive Abfälle (Entropie unseres Zeitalters!) werden in der Sonne verpufft – Visionen von der »Erde als gepflegtem Heim« und dem »Weltraum als Arbeitsplatz« finden heute längst ihre Berechtigung. Kopfschüttelnd registrieren wir beim Gedanken an den »Ferienplaneten« Erde die Versenkung von Atommüll in die Tiefsee. Statt es zwischenzulagern, da das Material in näherer Zukunft sowieso end-endgültig verfrachtet werden kann ...

Die Zeit ist reif: Projekte für eine Shuttle-Weiterentwicklung, die das »Huckepackverfahren« verdrängen, sind für die Zeit nach dem Jahr 2000 geplant[38] – ebenso die Weiterentwicklung von internationalen Raumstationen. Nicht allein die bekannten Raumfahrtnationen sind aktiv, auch andere Länder und Firmen werden folgen – die Programme sind ausgearbeitet, weil sie sich rentieren!

Galaxis: Besiedlung abgeschlossen?

Von der Natur, von ihrem »synergetischen Pulsschlag«, scheint die Entwicklung des kognitiven Denkens, des Intellekts, der

Technologie bis zur Raumfahrt nicht nur allgemein vorgesehen zu sein, vielmehr macht dies alles im Gesamtablauf der irdischen Evolution den Eindruck einer zeitlichen »Vorhersagbarkeit« – zumindest was die aufeinanderfolgenden Phasen betrifft. Bei Lebewesen bzw. ihren Gattungen deuten zudem verschiedene Anzeichen auf das Erreichen des Kulminationspunktes ihrer Entwicklung – so sind zum Beispiel alle Habitate in immer schnelleren Schritten besetzt worden.[39] Und gerade wir, die Menschen des ausgehenden 20. Jahrhunderts, leben in einer – auch objektiv gesehen – entscheidenden Epoche.

Ein Gedanke, der elektrisiert und der sich wie ein roter Faden durch alle Beispiele gezogen hat, drängt sich auf: Wenn Quantität und Qualität der Raumfahrt exponentiell verlaufen – läßt sich dann trotz des Handikaps von Raum und Zeit die Galaxis besiedeln? Eine lange Reihe von Fachschriften und populären Büchern bestätigt diese Annahme und kalkuliert mit Zeiträumen von 5 bis 100 Millionen Jahren. Nicht nahe der Lichtgeschwindigkeit fliegende Fahrzeuge, sondern Generationenraumschiffe driften dabei durch die Galaxis. Auf die Gesamtevolution bezogen ein bescheidener Zeitraum. Die Berechnungen werden folgendermaßen begründet: Die Verbreitung geschieht exponentiell, der Mutterplanet besiedelt also – zum Beispiel mit Generationenraumschiffen – Tochterplaneten, diese »infizieren« wieder Tochterplaneten usw.

Diese mathematischen Modelle von Astronomen und Physikern wie Michael Hart, W. Taube, H. Reeves, N. Vogt und anderen tauchten anfangs fast nur in Fachpublikationen und Symposiumsberichten auf und waren einem breiten Publikum nicht geläufig,[40] bis sie von Autoren wie Erich von Däniken populär formuliert und bekanntgemacht wurden.[41]

Ein weiterer Schluß liegt nahe: Wenn die »Kolonisierung« einer Galaxis mit solch einer Geschwindigkeit vorangeht, so könnten andere Zivilisationen schon viel früher das Terrain Milchstraße erkundet haben. Ein Gedanke mit Konsequenzen – die Menschheit ein Ableger dieser Urzivilisation? Ob diese schon viel früher in die irdische Evolution eingegriffen haben? Stehen wir heute vielleicht nicht nur an der Schwelle zu einem neuen Lebensraum, sondern auf der Schwelle der Eintrittspforte zum »Galactic Club«? Der Raumfahrtexperte Freeman J. Dyson denkt, daß »Leben« eine größere Rolle spiele, als wir bisher angenommen haben. Existiere »Leben« entgegen aller Wahrscheinlichkeit womöglich, um das Universum am Ende für seine eigenen Zwecke umzuformen? Das scheinbar unbelebte Universum mag schließlich von möglichem »Leben« und von »Intelligenz« gar nicht so weit entfernt sein, wie es noch die Wissenschaftler des 20. Jahrhunderts anzunehmen pflegen.[42]

JOHANNES FIEBAG

Das Genesis-Projekt – Hinweise und Spuren aus erdgeschichtlichen Zeiten?

Wir leben am Ende eines Jahrhunderts, das uns wie kein anderes jemals zuvor Einblicke in die Welt um uns herum gewährt hat. Wir haben die Struktur des Universums zumindest grob erkannt, die Struktur der Materie, die Struktur weit in die Vergangenheit zurückreichender Ereignisse, die Struktur von Raum und Zeit selbst und sogar die Struktur des Lebens. Kein Mensch irgendeines Zeitalters vor uns hat jemals so viel gewußt wie wir, hat jemals so viele Erkenntnisse gesammelt, so viele Informationen zur Verfügung gehabt.

Und dennoch wissen wir, daß wir noch längst nicht am Ende dieses Weges angekommen sind, daß immer neue Entdeckungen auch immer neue Probleme und Fragestellungen zur Folge haben, daß mit immer aufwendigeren Technologien immer spezifischere Details analysiert werden müssen.

Kaum jemand wird bezweifeln, daß jene Kenntnisse über die Entstehung, Entwicklung und den Aufbau des Universums, die wir heute besitzen, wohl im großen und ganzen den tatsächlichen Abläufen entsprechen und daß gleiches auch für die Entstehung, die Entwicklung und den Aufbau des Lebens auf unserem Planeten gilt.

Und doch quält den einen oder anderen Forscher zuweilen eine Vorstellung, die sich mit keinem noch so gigantischen Teilchenbeschleuniger und keinem noch so hochgezüchteten Weltraumteleskop beschwichtigen läßt: daß uns nämlich hier oder dort, auf dem einen oder anderen mehr oder weniger bedeutenden Sektor etwas ganz Entscheidendes entgangen sein könnte, daß die Welt im Großen wie die Welt im Kleinen noch unentdeckte

Nischen aufweist, die sich als wesentlich und bedeutsam für das Verständnis unseres Universums und uns selbst erweisen könnten. Andererseits werden die gleichen Forscher aber auch zugeben, daß genau diese Ungewißheit eine latent lauernde Herausforderung ist, nicht im derzeitigen Erkenntnisprozeß zu verharren und nicht einzuhalten im Nachdenken darüber, wie unsere Welt beschaffen ist und welchen Platz wir selbst darin einnehmen.

Hier soll die Aufmerksamkeit auf eine Problematik gelenkt werden, der in Hinsicht auf die Paläo-SETI-Hypothese bislang noch viel zuwenig Beachtung geschenkt worden ist: nämlich auf mögliche Hinweise in der Erd- und Lebensgeschichte unseres Planeten. Diese Nichtbeachtung mag zwei Gründe haben. Zum einen den, daß es bislang zuwenig Spezialisten auf dem Paläo-SETI-Sektor gibt, die sich mit diesem Thema überhaupt fundiert auseinandersetzen können. Der andere Grund ist der, daß in der Tat aus lange zurückreichenden geologischen Epochen nur sehr schwer Hinweise auf Paläo-Besuche zu finden bzw. mögliche Funde zu interpretieren sind.

Hinzu kommt, daß sich viele solcher Indizien, die man bislang für Paläo-Besuche in erdgeschichtlichen Zeiten oder auch für frühere technologische Zivilisationen gedeutet hat, bei genauerer Betrachtung als wenig brauchbar für die Argumentation erwiesen haben. Zwei Beispiele mögen dies erläutern:

»Fußspuren« in Transvaal

Fußspuren von Menschen oder menschenähnlichen Lebewesen in geologischen Schichten werden seit langem als Beleg für die Annahme herangezogen, bereits vor Urzeiten habe es auf unserer Erde eine Zivilisation humanoider Lebewesen gegeben. Ein Beleg dafür ist ein angeblicher Fußabdruck, der in Osttransvaal in Südafrika gefunden wurde. Er ist 1,3 Meter lang, 69 Zentimeter breit und 18 Zentimeter tief. Wenn wir menschliche Verhältnisse zugrunde legten, entspräche das einem Körper mit einer Höhe von knapp zehn Metern, ein wahrhaftiger Riese, der aufgrund seines großen Körpervolumens beständig damit beschäftigt gewesen wäre, Nahrung zu beschaffen und Nahrung zu sich zu nehmen. Nichtsdestotrotz wird diese Spur von den dort lebenden Ureinwohnern ebenso wie von den Nachkommen der europäischen Einwanderer als echt betrachtet. Jan Coetzee, der Enkel des Farmers, der den angeblichen Abdruck 1912 entdeckte, glaubt zum Beispiel, daß dies ein Hinweis auf eine untergegangene Rasse von Riesen sei:»Ich weiß, daß das merkwürdig klingt, aber welch andere Erklärung kann es geben?«[1] Schaut man sich den Fels in seiner näheren Umgebung an, wird offensichtlich, welch andere Erklärung sich anbietet. Der gesamte Fels ist übersät mit nischenartigen Einbuchtungen, in denen man mit viel Phantasie sicher noch ganz andere Dinge als menschliche Fußspuren erkennen könnte. Diese Einkerbungen ergeben sich aus einer Kombination von Gesteinsstruktur und Verwitterung, sie sind also ein völlig natürlicher Vorgang und können unter den gleichen Klimabedingungen in vielen Gegenden der Welt beobachtet werden.

Entscheidender ist aber folgendes: Bei diesem Gestein handelt es sich um Granit. Nicht um Sediment, das vielleicht einmal als weicher Schlamm oder Schlick an der Oberfläche gelegen hat, durch den also ein Riese hätte waten können. Granit ist ein Tiefengestein, es kristallisiert unter hohem Druck tief in der Erdkruste aus einem magmatischen Intrusionskröper. Kein Riese – und sei er noch so groß – wäre in der Lage, kilometertief einzusinken und seinen Fuß in die glühende magmatische Masse eines abkühlenden Granitkörpers zu tauchen. Er wäre vorher längst verbrannt.

»Sauriereier«, »Menschenschädel« und die »Mauer« in Peru

Den meisten Lesern werden die Steine von Ica bzw. seit neuestem auch die seltsamen Tonfiguren aus der Sammlung von Dr. Cabrera ein Begriff sein. Ich will an dieser Stelle nicht auf den Streit eingehen, der um das Alter der gravierten Steine und der

Figuren entflammt ist. Sie stammen aber mit Sicherheit nicht aus dem Mesozoikum, wie Cabrera glaubt.

Am nahen Strand des Pazifiks will er zudem Hinweise auf mesozoische Zivilisationen gefunden haben, die der deutsche Buchautor Bernard Roidinger in einem jüngst publizierten Artikel darstellt.[2] Nach Cabrera und Roidinger handelt es sich bei den ellipsoiden Objekten, die dort aus dem Fels herauswittern, um Saurierreier. Zwar schreibt Roidinger, diese Objekte seien doppelt so groß wie alle bislang gefundenen Eier, aber die Idee, es könne sich vielleicht um etwas ganz anderes als Saurierreier handeln, kommt ihm nicht. In der Tat sind es keine Saurierreier, sondern Geoden oder Konkretionen, die bei der Verfestigung von Sedimenten entstehen. Silikate, Kalziumkarbonate und Tonminerale werden bei diesem Vorgang ausgequetscht und lagern sich an anderen Stellen wieder an. Sie wachsen, von einem Kern ausgehend, kugelförmig Schale für Schale und können dann solch große Objekte wie die genannten bilden. Der Beweis, daß es sich nicht um Saurierreier, sondern um solche Konkretionen handelt, ist ziemlich einfach zu erbringen: Deutlich erkennt man in diesen Objekten noch die Schichtung, die durch die silikatische Lösung lediglich verhärtet wurde und eine kugelförmige Ausbildung angenommen hat.

In unserem Falle ist dies von besonderer Bedeutung, weil Cabrera glaubt, an dieser Stelle auch einen fossilen Menschenschädel gefunden zu haben, und ihn aufgrund der angeblichen Saurierreier in das Mesozoikum vor mehr als 65 Millionen Jahren datiert. Ich kann nicht beurteilen, ob dieser Schädel ein Menschenschädel ist oder der eines Affen oder vielleicht sogar nur eine bizarre Struktur im Gestein. Aber man kann mit Sicherheit sagen, daß er nicht aus der Kreide oder dem Jura stammt, weil die von Cabrera angeführten Leitfossilien keine sind. Tatsächlich handelt es sich hier um tertiäre Schichten mit einem Alter von etwa 20 bis 30 Millionen Jahren.

Carbrera und Roidinger präsentieren noch einen weiteren Fund als Beweis: eine schmale, hochaufragende Gesteinsstruktur. Nach ihrer Auffassung handelt es sich um eine mit Algenmörtel zusammengefügte Mauer einer unbekannten Zivilisation. Aber auch dies ist keine Mauer, sondern eine im Zuge der Andentektonik steilgestellte Sandsteinschicht. Solche Formationen finden sich überall dort, wo abwechselnd harte und weiche Schichten tektonisch verstellt wurden. Die weichen Schichten verwittern rascher als die harten, und letztere bleiben als mauerähnliche Strukturen zurück. Dergleichen findet man an vielen Orten der Welt.

In diesen Fällen, bei der »Fußspur«, den »Sauriereiern« und der »Mauer«, zeigt sich, daß natürliche Erklärungen für solche Phänomene sehr einfach zu finden sind, wenn man sich die Mühe macht, genau hinzuschauen, das Umfeld zu sondieren und das Gefundene mit anderen Strukturen zu vergleichen. Wenn wir also nach Hinweisen aus geologischen Zeiten suchen, müssen wir dabei sehr kritisch vorgehen und dürfen die bisher gesicherten Erkenntnisse aus Geologie und Paläontologie nicht einfach außer acht lassen.

Frühzeitzivilisationen

Hinweise auf menschliche Frühzeitzivilisationen – lange vor dem Menschen – sind bisher nicht gefunden worden. Die ersten säugetierähnlichen Reptilien traten zwar schon im Karbon vor mehr als 280 Millionen Jahren auf und die ersten Säugetiere vermutlich im Perm vor 230 Millionen Jahren. Aber bis zum Beginn des Tertiärs vor 65 Millionen Jahren spielten sie keine Rolle, weil nahezu sämtliche ökologischen Nischen von den Sauriern ausgefüllt waren. Die größten Säugetiere während dieser gesamten Zeit des Mesozoikums waren allenfalls maus- oder rattengroß. Das bedeutet, daß es keinen evolutionären Pfad zu größeren oder gar humanoiden Säugetieren gegeben haben kann und eine menschliche Zivilisation zumindest in diesem Zeitraum ausgeschlossen werden muß.

Was man nicht völlig ausschließen kann, ist hingegen die Annahme, daß gegen Ende der Kreidezeit vielleicht eine Saurier-Kultur bestanden haben könnte. Das mag auf den ersten Blick merkwürdig erscheinen, aber wir müssen uns zweierlei vor Augen halten: Zum einen waren die Saurier die erfolgreichste und am längsten herrschende höhere Tierordnung auf unserem Planeten überhaupt. Sie hatten nahezu alle Bereiche der Erdoberfläche, der Luft und des Wassers erobert. Am Ende der Kreide traten zunehmend bipede Sauriervarietäten auf, also Zweifüßler, die die Vorderextremitäten nicht mehr zum Laufen benötigten. Einer von ihnen, nämlich Stenonychosaurus, gilt als Prototyp eines »intelligenten Tieres«. Er war ein dreiklauiger, dreizehiger, schwanzloser, aufrecht gehender Saurier mit einem relativ großen Gehirn und ausgeprägtem Sozialverhalten. Was wäre, wenn er sich weiterentwickelt hätte? Wenn wir bedenken, daß sich die menschliche Intelligenz innerhalb eines Zeitraums von einigen hunderttausend Jahren entwickelt hat, kulturelle Zeugnisse aber nur aus den vergangenen 6000 Jahren zur Verfügung stehen, erkennen wir schnell, wie schwer es ist, hier exakte Aussagen zu treffen. Wenn der Stenonychosaurus tatsächlich Intelligenz und eine Kultur mit einer Zeitdauer von einigen tausend Jahren hervorgebracht hätte, würden wir heute so gut wie nichts mehr davon finden. 65 Millionen Jahre sind eine lange Zeit, einige Jahrtausende reduzieren sich zu wenigen zentimeter- oder gar millimeterdicken Schichten an der Grenze zwischen Kreide und Tertiär. Hinzu kommt die gewaltige, durch den Einschlag einer ganzen Serie von Meteoriten oder Kometen ausgelöste globale Katastrophe, die das Ende der Saurier besiegelte. Ich bin sicher: Wenn der Stenonychosaurus eine Reptilien-Kultur hervorgebracht hat, werden wir vermutlich nie etwas davon entdecken.

Wie wahrscheinlich sind frühzeitliche Paläo-Besucher?

Diese Tatsache zeigt uns auch die Schwierigkeit in bezug auf Paläo-Besuche an. Reduzieren sich schon wenige tausend Jahre auf ein paar Millimeter Gesteinsdokumente, kann man sich vorstellen, wie schwer es ist, Hinweise auf Ereignisse zu finden, die vielleicht nur wenige Jahre, allenfalls ein paar Jahrhunderte andauerten — nämlich den vermuteten zeitweiligen Aufenthalt außerirdischer Intelligenzen auf der Erde. Einige Objekte, die man bislang in diesem Zusammenhang interpretiert hat – die angebliche Spindel in einer Geode, Nägel usw. –, überzeugen mich nicht. Entweder sind sie einer wirklichen Untersuchung nicht zugänglich, oder sie lassen sich als natürliche Objekte erklären. Der Hammerkopf aus Texas bedarf meines Erachtens ebenfalls noch einer genauen mineralogisch-chemischen Analyse, bevor man Endgültiges sagen kann. Die Wahrscheinlichkeit, auf solche Objekte zu stoßen, ist also sehr gering. Natürlich findet man aus allen möglichen geologischen Schichten die fossilisierten Reste von Lebewesen. Aber diese haben ja auch in großen Mengen die Oberfläche oder die Meere bevölkert, so daß sich ein Teil erhalten konnte. Bei den angenommenen Besuchen handelt es sich aber um Einzelereignisse – vielleicht eines im Verlauf von vielen Millionen Jahren –, und wir wissen nicht, ob diese Besucher damals überhaupt irgend etwas zurückgelassen haben, das wir heute in diesem Zusammenhang interpretieren können.

Dabei ist die Wahrscheinlichkeit für solche Besuche relativ groß. Unsere Galaxis ist ja kein starres Gebilde. Derzeit befindet sich unser Nachbarsternsystem Alpha Centauri in einer Entfernung von etwa 4,3 Lichtjahren. In einem Radius von 10 Lichtjahren lassen sich insgesamt 10 weitere Sonnen lokalisieren. Aber im Laufe der viereinhalb Milliarden Jahre seit Entstehung unserer Erde hat es etliche Sonnen und möglicherweise auch Sonnensysteme gegeben, die in diesen 10-Lichtjahre-Radius um unser Sonnensystem eingedrungen sind. Man kann ihre Anzahl auf etwa 192 000 festlegen,[3] und der Astronom Jan Oort hat aufgezeigt, daß sich ca. alle 11 Millionen Jahre eine Sonne sogar bis auf ein dreiviertel Lichtjahr unserem Sonnensystem nähert.[4] Nun muß und wird es nicht von jeder dieser Sonnen aus eine Expedition zur Erde gegeben haben, aber wenn wir das Ganze auf einen Radius von 100 Lichtjahren ausdehnen – fraglos noch immer eine Raumkugel, die man als unmittelbare Nachbarschaft des Sonnensystems bezeichnen kann –, dann handelt es sich bereits um 18 Millionen Sonnen, die in den vergangenen viereinhalb Milliarden Jahren diesen Bereich durchquert haben,[5] und damit um eine Zahl, bei der man mit Recht davon ausgehen kann, daß zumindest von einigen dieser Systeme Expeditionen zur Erde stattgefunden haben könnten. Was also dürfen wir zu finden hoffen? Fraglos sind einige Körper unseres Sonnensystems weit besser geeignet, Spuren solcher Expeditionen zu bewahren, und ich bin sicher, daß man diese zurückgelassenen Artefakte dort auch früher oder später finden wird,[6] sollte sie es geben. Der Mond – insbesondere die Rückseite des Mondes –, die Asteroiden, vielleicht sogar der Mars und einige der Monde der Gasplaneten sind aussichtsreiche Kandidaten, hinzu kommen Objekte in einigen der Lagrangeschen Punkte im Sonnensystem sowie Objekte auf bestimmten Sonnenorbits.[7] Doch wie sieht es auf der Erde aus? Wie schon ausgeführt, ist die Wahrscheinlichkeit, hier auf extraterrestrische Artefakte (ETAs) zu stoßen, nicht sehr groß. Erosion, Meerestransgressionen, Gletschervorstöße, Vulkanausbrüche, tektonische Aktivität – all dies trägt zur baldigen Zerstörung technologischer oder anderer Spuren bei, und nur bei wirklich extrem günstigen Bedingungen können wir erwarten, irgendwelche Hinterlassenschaften zu finden. Eine gezielte Suche nach ETAs ist ohnedies nicht möglich, weil wir nicht wissen, wo, das heißt geographisch, und wann, das heißt stratigraphisch, also in welcher geologischen Schichtenfolge, wir ansetzen sollten. Hinzu kommt, daß wir auch nichts darüber wissen, welche Aktivitäten außerirdische Intelligenzen vor Jahrmillionen auf unserer Erde entfaltet haben, das heißt, wonach wir eigentlich suchen sollen. Waren sie nur hier, um Forschung zu betreiben? Oder haben sie massiv in die Ökologie der damaligen irdischen Umwelt eingegriffen – und wenn ja, wie und in welcher Form? Haben sie möglicherweise sogar Manipulationen am vorhandenen Genpool vorgenommen, das heißt, die Biosphäre der Erde als Großlabor genutzt und die natürliche Evolution beeinflußt? Und schließlich wissen wir auch nicht, wie sich selbst massive technologische Komplexe, auf der Erde zurückgelassen, verhalten, wenn man sie dem Lauf der Jahrmillionen überläßt. Alles in allem, wie man zugeben muß, eine nicht gerade aussichtsreiche Situation.

Geologische Anomalien

Wir sind also im Grunde auf Zufallsfunde angewiesen und sollten unser Interesse auf zwei Bereiche konzentrieren: 1. auf Anomalien geologischer Art; 2. auf Anomalien paläontologischer bzw. biologischer Art. Hinter beiden könnten sich Anzeichen für die Aktivität außerirdischer Intelligenzen verbergen. Wie ist das Wort »Anomalie« in diesem Zusammenhang zu verstehen? Anomalien sind Abweichungen von der Regel, vom geläufigen Konzept, dem Schema, das wir geschaffen haben.

In der Geologie bedeutet dies:
– ungeklärte Anomalien in Gesteinsabfolgen;
– radioaktive Anomalien, die vielleicht auf Lagerstätten atomarer Abfälle hindeuten könnten;
– Gesteinsvorkommen, deren Existenz sich natürlichen Erklärungsversuchen widersetzt.

In der Biologie heißt dies:
– ungeklärte Ereignisse in der Lebensgeschichte;
– ungeklärte Aspekte in der derzeit existierenden Lebewelt, das heißt insbesondere in den Genen von Pflanzen, Tieren und Menschen.

Wir wollen uns zunächst beispielhaft drei geologischen Anomalien zuwenden. Ob diese Anomalien tatsächlich auf Paläo-Besuche zurückzuführen sind, kann ich nicht sagen, vielleicht ist es auch nie definitiv nachzuweisen. Aber solange nicht wenigstens der Versuch gemacht wird, die Anomalien auch unter diesem Aspekt zu betrachten, können wir kaum darauf hoffen, eine entsprechende Antwort zu erhalten.

Nitratvorkommen in der Atacama-Wüste

In den extrem trockenen, salzigen Tälern und den vegetationslosen Höhen der Atacama-Wüste liegen die großen chilenischen Nitratlagerstätten. Nun findet man Bodenschätze gewöhnlich an bestimmte geologische Einheiten gebunden. Sie treten in ganz besonderen Schichten oder Flözen auf oder durchschlagen in Form von Gängen älteres Gestein. Nicht so die Nitrate in Chile. Man findet sie auf den Spitzen der Berge ebenso wie in den tiefsten Tälern, in vulkanischen Gesteinen genauso wie in Ablagerungen, in Granit, Basalt, Kalk-, Sand- und Tonstein, direkt auf den salzigen Böden und tief unter der Oberfläche. Die Nitrate der Atacama-Wüste waren zwischen 1830 und 1930 der Exportschlager Chiles. Ihre Unentbehrlichkeit für die Herstellung von Sprengstoffen, Düngemitteln und anderen industriellen Chemikalien machten sie in dieser Zeit zum wichtigsten Bodenschatz des Landes. Aber ihr Ursprung ist nach wie vor ungeklärt. Keine der zahlreichen wissenschaftlichen Arbeiten, die seit den mehr als 150 Jahren seit ihrer Entdeckung veröffentlicht wurden, war in der Lage, eine wirklich befriedigende Erklärung zu geben.

Der erste, der sich Gedanken über die Entstehung dieses seltsamen Vorkommens machte, war der englische Naturforscher Charles Darwin.[8] Er hielt sie für die Reste eines ehemaligen Meeresarms. Später wurden die Lager anders gedeutet: als Rückstände verfaulenden Seegrases, als ausgelaugter Guano oder als zersetzte Landpflanzen und Tiere aus einer feuchteren Epoche. All diese Hypothesen[9] haben eines gemeinsam: Sie berücksichtigen jeweils nur einige der bislang bekannten Eigenschaften des Nitratvorkommens und müssen andere zwangsläufig außer acht lassen. Sicher haben die sehr trockenen Bedingungen viel zur Entstehung beigetragen. Aber solche Klimaverhältnisse gab und gibt es auch anderswo auf der Erde, ohne daß dort vergleichbare Lagerstätten entstanden wären.

Hinzu kommt, daß in den Atacama-Ablagerungen auch Perchlorate auftreten – Salze der Chlorsäure, an die Wasserstoffperoxid angelagert ist. Es gibt keinen bekannten chemischen Prozeß, der

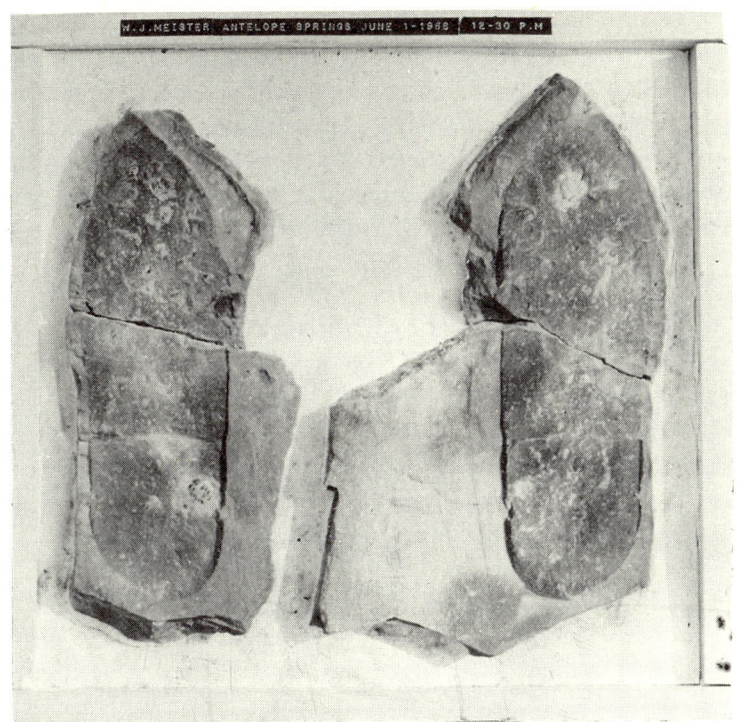

Die sogenannten Fußspuren von Antelope Springs – natürlichen Ursprungs? (Quelle: William J. Meister, Kearns, Utah)

unter den Druck- und Temperaturbedingungen der Erdoberfläche zu natürlichen Perchloraten führt. Lediglich in der höheren Stratosphäre könnten sie sich bilden, aber auch dies ist nicht sicher.[10] Der Geologe George Ericksen schreibt in einer Arbeit für »Scientific American«: »Die Nitratvorkommen in der extrem ariden Atacama-Wüste im nördlichen Chile gehören zu den un gewöhnlichsten aller Mineralvorkommen. Sie sind wirklich so außerordentlich, daß, würden sie nicht existieren, jeder Geologe mit Recht zu der Auffassung käme, daß sie in der Natur gar nicht vorkommen können.«[11]

Auch ich vermag keine Antwort auf die Frage zu geben, wie diese Lagerstätten vor etwa 10 bis 15 Millionen Jahren entstanden. Aber

71

ich halte es für bemerkenswert, daß trotz jahrelanger Forschung kein Konsens unter den an der Analyse beteiligten Geologen und Mineralogen erzielt worden ist und daß man dieses Vorkommen eigentlich nur deswegen als natürlich bezeichnet, weil es nun einmal in der Natur existiert. Ungeachtet der Tatsache, daß man sich unter den gegebenen Bedingungen keine chemischen Prozesse vorstellen kann, die zu seiner Existenz geführt haben.

Ein präkambrischer Kernreaktor in Gabun

Ein zweites Beispiel: In der Schule haben wir gelernt, daß die erste kontrollierte Kettenreaktion 1942 in Amerika ablief. Aber diese Information ist falsch: Es war nicht in Amerika, sondern in Afrika, im Bereich des heutigen Gabun. Und sie fand auch nicht 1942 oder überhaupt in unserem Jahrhundert statt, sondern vor 1,7 Milliarden Jahren.

Forscher aus aller Welt waren nicht wenig erstaunt, als 1972 der erste – und bislang einzige – geologische Kernreaktor der Welt gefunden wurde.[12] Das Oklo-Phänomen, benannt nach der Uranlagerstätte Oklo in Gabun, beschäftigt seither die Forscher. Zahlreiche Fragen, die mit seiner Entstehung verbunden sind, bleiben aber nach wie vor offen.

Als sicher kann gelten, daß vor etwa 1,7 Milliarden Jahren dort, wo sich heute Oklo befindet, ein großes Deltagebiet existierte. Allerdings: Landpflanzen und -tiere gab es zu dieser Zeit noch nicht, die Kontinente der Erde waren absolut sterile Wüsten. Im Meer lebten nur Algen.

Nach den heutigen Vorstellungen[13] wurden damals im wüstenhaften Delta von Gabun Schwermetalle – darunter auch Uran – abgelagert, Metalle, die zuvor aus Graniten gelöst und in Flüssen transportiert worden waren. Zusammen mit Sand und kleinem Geröll wurde das Uran dann eingebettet und zusammengepreßt. Spätere tektonische Bewegungen stellten die uranhaltigen Schichten schräg, und zirkulierende Wasser in kleinen Klüften und Rissen reicherten das Metall an bestimmten Stellen an, wie es bei vielen Metallagerstätten der Welt geschehen ist.

In Oklo soll nun so viel Uran zusammengeschwemmt worden sein, daß die kritische Masse überschritten wurde und das Uran von selbst zündete: An insgesamt 13 verschiedenen Stellen innerhalb der Sandsteinschicht habe die atomare Kettenreaktion begonnen.[14] Die Frage ist, ob dies so überhaupt möglich war. Um eine Zündungs- und konstante Betriebstemperatur zu erreichen, hätte die Lagerstätte in eine Tiefe von mindestens 11 000 Metern abgesenkt werden müssen. Wahrscheinlich wären sogar noch tiefere Bereiche nötig, um die erforderlichen Druck- und Temperaturbedingungen zu gewährleisten. Vor etwa 1,7 Milliarden Jahren hatten wir zwar die karelidisch-suekofennidische Gebirgsbildungsphase, aber diese bezog sich auf den Gebirgeunterbau in den heutigen nördlichen europäischen Ländern. Aus Westafrika ist nichts aus dieser Zeit bekannt – was also sollte für eine Absenkung um so viele Meter gesorgt haben?

Hinzu kommt, daß Abbrand, Betriebsweise und andere Eigenschaften ziemlich genau jenen Abläufen entsprachen, die heute künstlich in Druckwasserreaktoren erzeugt werden. Dabei würde so viel Energie freigesetzt, wie moderne Reaktoren in etwa vier Jahren bereitstellen.

Ich will gar nicht ausschließen, daß Oklo tatsächlich ein natürliches Phänomen repräsentiert. Aber solange wir nicht darüber nachdenken, ob nicht auch eine andere Erklärung im Bereich des Möglichen liegt, werden wir vielleicht niemals zu einer endgültigen Erkenntnis gelangen. Wenn außerirdische Intelligenzen einst auf der Erde waren, in der unmittelbaren Nähe einer Uranlagerstätte für einige Zeit einen Kernreaktor betrieben, ihn schließlich abschalteten und wieder verschwanden – was bleibt nach 1,8 Milliarden Jahren davon übrig? Möglicherweise genau das, was wir in Gabun haben: Durch spätere tektonische Vorgänge in Spalten und Gänge eingedrungene radioaktive Spaltprodukte und etwa eine Tonne inzwischen zerfallenen Plutoniums.

Libysches Wüstenglas

Ein letztes Beispiel: 1932 entdeckte der britische Naturforscher Peter Clayton im großen Ägyptischen Sandsee der Libyschen Wüste seltsam glitzernde Steine.[15] Eine erste Untersuchung ergab, daß es sich um natürliches Glas handelt, ähnlich den Fulguriten, die durch Blitzeinschlag im Sand entstehen können, oder den Tektiten, die als Schmelze bei großen Meteoritenimpakten ausgeworfen werden. Aber bei den Libyschen Wüstengläsern handelt es sich weder um Fulgurite noch um Tektite. Es gibt bis heute keine definitive Erklärung, wie man sich ihren Ursprung vorstellen muß. Anfänglich wurde vermutet, sie seien direkt aus dem All auf die Erde gefallen, weil man damals auch Tektite für eine spezielle Meteoritenart hielt. Spätere geologische Untersuchungen zeigten, daß diese Objekte nie durch die Luft geflogen sind, obwohl Untersuchungen von Jessberger und Gentner vom Max-Planck-Institut für Kernphysik in Heidelberg deutlich machten, daß die Blasen gewöhnliche Lufteinschlüsse enthalten, das Glas also in Oberflächennähe entstanden sein muß.[16] Man findet das Material in einem Gebiet mit einer Ausdehnung von mehr als 7000 Quadratkilometern, und zwar sowohl auf der Oberfläche als auch innerhalb eines Lockersediments, das auf Schichtflutung zurückgeht.[17]

Damit wird es freilich sehr schwer, den Ursprungsort dieser Gläser zu finden. Aber genauso schwer ist es, ihre Existenz überhaupt zu erklären. Denn in der in Frage kommenden Umgebung fand sich kein Meteoritenkrater, der vielleicht als Quelle fungiert haben könnte, und ebenso mußten Verbindungen zum nordafrikanischen Vulkanismus ausgeschlossen werden. Der Kölner Geologe Ulrich Jux formulierte daher 1983 die These, daß diese Gläser überhaupt nicht bei einem heißen Prozeß, sondern als kaltes Siliciumoxid-Gel in saurem Seewasser entstanden sind, das vor 28 Millionen Jahren in diesem Gebiet Afrikas vorhanden war.[18]

Doch andere Forscher – etwa die Dresdner Chemiker Gottfried Boden und Edgar Richter[19] oder Günther Frischat von der TU

Clausthal-Zellerfeld[20] – konnten in Experimenten nachweisen, daß sich das Material bei sehr hohen Temperaturen gebildet haben muß. In seinem chemischen Verhalten entspricht es ziemlich genau jenem, das man auch bei künstlichen Gläsern beobachten kann.

Libysches Wüstenglas ist also mit großer Wahrscheinlichkeit durch einen Schmelzprozeß des Wüstensandes entstanden – vor etwa 28 Millionen Jahren. Aber wie? Nach Experimenten der amerikanischen Geologen Irving Friedman und Christopher Parker[21] dürften die Wüstengläser über Stunden hinweg Temperaturen um 2000 Grad Celsius ausgesetzt gewesen sein. Dies widerspricht der Hypothese eines Meteoriteneinschlags, da dort zwar auch eine solche und sogar noch höhere Temperaturen erreicht werden, aber nur sehr kurzzeitig, das heißt für wenige Minuten. Die Quelle einer derart lang andauernden Hitze aber ist unbekannt.

Raul Fudali vom Smithsonian Institute in Washington faßt in einer 1981 erschienen Arbeit über die Libyschen Wüstengläser die Probleme zusammen. Er schreibt: »Bei keinem anderen natürlichen Glas wurden jemals auch nur annähernd die gleichen physikalischen und chemischen Eigenschaften festgestellt, und die Details seiner Bildung sind fast noch immer genauso rätselhaft wie bei seiner Entdeckung. Diese Rätsel sind:

1. Der verursachende Krater ist noch immer nicht gefunden.
2. Die chemische Zusammensetzung des Glases konnte bislang – im Gegensatz zu anderslautenden Meldungen – nicht mit der des Sandes oder des Sandsteins der Umgebung in Einklang gebracht werden.
3. Wir haben keine vernünftige Vorstellung von den physiochemischen Prozessen, die diese bemerkenswert reinen Gläser schufen.«[22]

Daran hat sich bis heute noch nichts geändert, vielmehr kommt folgendes hinzu: Der Anteil von Siliciumoxid ist mit mehr als 97 Prozent zwar in der Tat größer als beispielsweise bei Tektiten oder anderen natürlichen Gläsern. Weit höher als normal ist allerdings auch der Aluminiumgehalt.[23] Er liegt 30- bis 50mal höher als in den umgebenden Sanden und Sandsteinen. Ein solcher Anteil würde eine extrem unwahrscheinliche Dampffraktionierung während des Schmelzprozesses bedeuten[24] bzw. den Einschlag eines Aluminiummeteoriten – etwas, das es nach all dem, was wir heute über Meteorite wissen, kaum geben kann. Aluminium ist zwar das in der Erdkruste am häufigsten auftretende Metall, aber es kommt nie in reiner, sondern immer nur in mit anderen Elementen gebundenen Formen vor. Eine extreme Reinheit aber wäre notwendig, um den hohen Aluminiumgehalt in den Wüstengläsern erklären zu können. Reines Aluminium wiederum kann nur künstlich durch die Elektrolyse gewonnen werden.

Was verursachte die mehrstündige Aufschmelzung bei Temperaturen bis zu 2000 Grad in Bodennähe, die Verbindung mit einer großen Menge an reinem Aluminium und die dann großräumige Verstreuung des Materials, so daß es schließlich im Rahmen episodischer Schichtfluten noch weiter verschleppt werden konnte? Dieses Material ist nicht durch die Luft geflogen wie die Tektite, und auch ein Meteoritenkrater konnte bislang nirgends gefunden werden. Welches Ereignis also ist für die Existenz des Wüstenglases verantwortlich?

Ich habe anhand dieser drei Beispiele – dem chilenischen Nitratvorkommen, den Oklo-Reaktor und dem Libyschen Wüstenglas – deutlich gemacht, daß eine wirklich umfassende Erklärung für geologische Anomalien bislang nicht gefunden werden konnte. Ich möchte nicht so weit gehen zu behaupten, daß dies in dem Moment geschieht, in dem wir eine irgendwie geartete intelligente Beteiligung an ihrer Entstehung propagieren. Das gegenwärtige Weltbild, das gültige Paradigma, schließt eine solche Möglichkeit aber von vornherein aus! Deswegen hat es noch niemals irgendwelche theoretischen Ansätze gegeben, unter dem Gesichtspunkt künstlicher Einflußnahme Modelle zur Genese dieser drei Phänomene zu erstellen. Dies ist nicht unbedingt die persönliche Schuld der beteiligten Forscher, es ist eher ein gesellschaftliches, soziologisches Problem. Unser moderner Wissenschaftsbetrieb ist so organisiert, daß bestehende Paradigmen erhalten bleiben. Die Abhängigkeit von öffentlichen Forschungsgeldern und die Prüfung durch etablierte, dem bestehenden Paradigma verhafteten Gutachter läßt gar keine andere Möglichkeit zu. Außerhalb des Paradigmas stehende Ideen werden daher als »pseudowissenschaftlich« ausgegrenzt oder nicht zur Kenntnis genommen. Dies ist bedauerlich, da sich gerade in diesen Bereichen neue, unkonventionelle Ansätze und Innovationen entwickeln könnten und, wie die Vergangenheit gezeigt hat, auch immer wieder entwickelt haben.

Biologisch-paläontologische Anomalien

In noch stärkerem Maße gilt dies für Probleme innerhalb der Lebensentwicklung. Der Neodarwinismus läßt nur bestimmte Faktoren bei der Gestaltung der Evolution zu, nämlich Zufall, Selektion und Mutation.[25] Es hat sich aber gezeigt, daß eine allmähliche Veränderung, eine Veränderung in kleinen Schritten, wie Darwin sie annahm,[26] mit den tatsächlichen Fossilfunden nicht in Einklang zu bringen ist. Vielmehr scheint es »Sprünge« gegeben zu haben, aber wodurch diese Sprünge ausgelöst wurden, ist in den meisten Fällen völlig unklar.

Massensterben

Eines der großen lebensgeschichtlichen Ereignisse fand vor 65 Millionen Jahren statt. Das Ende der Saurierära wird heute mit dem Einschlag eines oder mehrerer großer Meteoriten oder Kometen in Verbindung gebracht,[27] eine Erkenntnis, die sich erst im Laufe der achziger Jahre durchsetzte und zu Beginn der neunziger Jahre durch die Entdeckung des vermutlichen Hauptkraters bestätigt wurde.[28] Er hat einen Durchmesser von etwa 300 Kilometern, und sein Zentrum liegt nahe der kleinen Ortschaft Chicxulub im äußersten Norden der mexikanischen Halbinsel Yukatan.

Damals führte das kosmisch-irdische Großereignis zu einem grundlegenden Wandel in der evolutionären Lebensentwicklung. Aber solche Meteoriteneinschläge kann man nicht immer für solche Wandel verantwortlich machen. Abrupte Klimaänderungen, Phasen mit verstärktem Vulkanismus, mit verstärkten tektonischen Aktivitäten usw. sind mögliche weitere Verursacher. Doch auch sie können nicht alles erklären. In den letzten 500 Millionen Jahren kam es mindestens fünfmal zu gewaltigen Massensterben, deren Ursachen bis heute nicht vollständig geklärt sind. Insbesondere für das größte von ihnen – am Ende des Erdaltertums, am Übergang vom Perm zur Trias[29] – fehlt bislang jede akzeptable Begründung. Damals entging die Erde nur knapp der totalen Ökokatastrophe. Schlagartig verschwanden 90 Prozent aller Lebewesen in den Meeren und 70 Prozent an Land. Theorien für die Gründe gibt es viele – sie reichen von einer Sauerstoffkrise in Atmosphäre und Ozean über intensive klimatische oder geochemische Veränderungen bis hin zu gewaltigen tektonischen Umbrüchen. Für keine dieser Hypothesen konnte bislang eine verifizierende Bestätigung gefunden werden. Sicher ist lediglich, daß das Leben danach 100 Millionen Jahre brauchte, um annähernd wieder das Niveau zu erreichen, das es vor der Katastrophe hatte. Weitaus länger also als von dem Meteoritenbombardement am Ende der Kreide bis heute.

Die kambrische »Lebensexplosion«

Noch rätselhafter ist das plötzliche und unerklärliche Auftreten von Lebewesen auf unserem Planeten. Insbesondere die kambrische Lebensexplosion vor 570 Millionen Jahren ist ein nach wie vor ein unverstandenes Phänomen.[30]
Damals endete nach unserem heutigen Verständnis die Erdfrühzeit, und das Erdaltertum begann. In den fossilen Ablagerungen des Präkambriums finden wir lediglich Algen und Weichtiere. Dann, mit einem Schlag, ändert sich alles. Nicht nur, daß plötzlich komplexe Lebewesen mit Schalen, Schuppen, Wirbeln und vollständigen Skeletten erschienen, sondern es waren auch sämtliche »Körperbaupläne« der Tiere, die man biologisch Phylae nennt, vorhanden. Das Phylum ist eine der höchsten biologischen Klassifizierungskategorien und wird als unverwechselbarer

Körperbauplan der Mitglieder einer Klasse verstanden. Wirbeltiere sind zum Beispiel im Phylum Chordata eingegliedert, Krebse hingegen in einem anderen, Muscheln wieder in einem anderen und Würmer oder Pilze ebenso. All diese Baupläne der verschiedenen Spezien erschienen gleichzeitig vor 570 Millionen Jahren, und das Rätsel wird um so größer, wenn man bedenkt, daß seither keine weiteren Phylae mehr hinzugekommen sind, daß also vor 570 Millionen Jahren die Entwicklung des Lebens auf unserem Planeten in groben Zügen festgelegt wurde und seither keine Änderung mehr daran erfolgte. Es gibt 26 verschiedene Phylae, und sie alle traten simultan am Beginn des Kambriums auf. Warum das so war und weshalb es seither keine Veränderung mehr gegeben hat, ist eines der größten Rätsel der Evolutionsbiologie.[31]

Was damals geschah, wissen wir nicht. Wir sehen nur, daß etwas geschah, das mit den klassischen neodarwinistischen Vorstellungen nur sehr schwer in Einklang zu bringen ist. Wir haben keine direkten Hinweise auf extraterrestrische Interventionen zu dieser Zeit, aber im Grunde ist ein solches Ereignis genau das, was man bei einem von außen kommenden, evolutionssteuernden Eingriff erwarten sollte: nach drei Milliarden Jahren des Dahindämmerns, in denen es zu nur sehr wenigen evolutionären Fortschritten kam, plötzlich und ohne ersichtlichen Grund das Auftreten aller späteren Lebensbaupläne und die erfolgreiche Einsetzung dieser Lebensformen.

Genetische Manipulationen

Sollte es solche sich hier andeutenden manipulativen Eingriffe wirklich gegeben haben, müßte man im irdischen Genpool Hinweise darauf finden. Seit Anfang der neunziger Jahre läuft das sogenannte Genom-Projekt, an dem Forschungsstätten in aller Welt beteiligt sind. Ziel ist es, das komplette Erbgut des Menschen erforschen und lesen zu können: ein Projekt, vergleichbar mit dem Apollo-Projekt und nach den bisherigen Vorstellungen im Jahr 2005 abgeschlossen. Parallel dazu werden bereits jetzt die

Pläne verschiedener Tiere und Pflanzen untersucht, und es ist gut vorstellbar, daß man bei zunehmender Erfahrung und technologischem Fortschritt in einigen Jahrzehnten eine Vielzahl der genetischen Baupläne der Lebewesen dieses Planeten kennt. Überraschenderweise hat sich gezeigt, daß ein Großteil der menschlichen DNS überhaupt keine Funktion zu besitzen scheint. Der Evolutionsbiologe Robert Shapiro schreibt dazu: »Solche Bereiche werden wenig schmeichelhaft als Schund, Unsinn oder Abfall bezeichnet ... Aber wir können uns nicht sicher sein. Möglicherweise stellen sie wichtige Informationen im Strukturcode oder in einer noch nicht erkannten genetischen Sprache dar.«[32] Bei diesem »Schund« handelt es sich gewissermaßen um die überflüssig gewordenen genetischen Entwürfe, die wir im Laufe der Jahrmilliarden unserer Entwicklung angehäuft haben. Manche Forscher meinen, man solle dieses Material, das etwa 95 Prozent unseres Genoms ausmacht, völlig ignorieren. Ich bin nicht dieser Auffassung, denn ich könnte mir vorstellen, daß im Falle von genetischen Manipulationen, also im Falle eines von außerhalb durchgeführten Genesis-Projekts – sei es bei unseren direkten Vorfahren, den Hominiden, sei es bei noch viel länger zurückliegenden Ereignissen –, die Spuren davon genau hier zu finden sein müßten.

Ein Ausblick

Am Schluß ihrer inzwischen klassischen Arbeit aus dem Jahr 1959, mit der die beiden Astrophysiker Giuseppe Cocconi und Philip Morrison das SETI-Projekt begründeten, schrieben sie: »Der Leser könnte all diese Spekulationen in den Bereich der Science-fiction verbannen. Wir hingegen glauben, daß die hier vorgestellte Argumentationskette deutlich macht, daß die Existenz interstellarer Signale gegen nichts verstößt, das wir kennen. Sollte es solche Signale geben, haben wir jetzt die Technologie an der Hand, sie zu entdecken. Nur wenige werden die unglaubliche praktische wie philosophische Bedeutung bestreiten, die die Entdeckung interstellarer Kommunikation haben würde.

Wir meinen daher, daß eine verhaltene Suche nach Signalen einen beträchtlichen Gewinn erbringen könnte. Die Wahrscheinlichkeit des Erfolgs selbst ist schwer abzuschätzen. Aber wenn wir niemals suchen, dann ist die Wahrscheinlichkeit Null.«[33]

Gleiches gilt in jedem Punkt für die Paläo-SETI-Hypothese, auch in bezug auf geologische Zeiträume, oder für die Suche nach extraterrestrischen Artefakten auf anderen Welten des Sonnensystems. Wir haben die Technologie dazu – und es liegt einzig und allein an uns, ob wir sie nutzbringend anwenden oder nicht. Mehr noch als die Entdeckung eines Signals von Tau Ceti oder Epsilon Eridani würde die Entdeckung von Spuren der einstigen Aktivität außerirdischer Intelligenzen in unserem Sonnensystem und auf unserer Erde langfristig gravierende Auswirkungen auf das weitere Schicksal der Menschheit haben. Ob positive oder negative, vermag ich nicht zu sagen. Aber wir sollten nicht zu pessimistisch sein – das Wissen, daß »die Anderen« hier waren und vielleicht sogar noch hier sind, mag zu völlig neuen innovativen wissenschaftlichen, technologischen, ökonomischen und philosophischen Anstrengungen und Ergebnissen führen. Wir sollten uns diese Chance nicht von vornherein durch unsere Ignoranz und den Glauben an unsere vermeintliche Einzigartigkeit verbauen.

RICHARD L. THOMPSON

Affen, Engel und virtuelle Realität: Eine Theorie über den Ursprung des Homo sapiens

Heute versuchen die meisten Wissenschaftler, den Ursprung des Homo sapiens mit Hilfe der neodarwinistischen Evolutionstheorie zu erklären, obwohl diese Theorie an etlichen gut bekannten Problemen leidet. Die Ancient-Astronaut-Theorie ist ein populärer alternativer Erklärungsansatz über die menschlichen Ursprünge, die einige dieser Probleme umgeht. Aber auch diese Theorie hat ihre ernsthaften Schwierigkeiten.

Die Nachteile des Neodarwinismus und der Ancient-Astronaut-Theorie sind allein auf unsere Vorstellung von den Naturgesetzen zurückzuführen. Wir müssen also zunächst unser Verständnis dieser Gesetze erweitern, um dann den Weg ebnen zu können für eine neue theoretische Betrachtungsweise. Dies führt zu einer modifizierten Form der Ancient-Astronaut-Theorie, die ich in den abschließenden Teilen dieser Abhandlung vorstellen werde.

Die neue Theorie basiert auf der Anwendung bestimmter Schlüsselprinzipien aus den Computerwissenschaften auf die Natur als Ganzes. Die Computerwissenschaft ist ein höchst reduktionistisches Gebiet, aber sie erweist sich als hilfreich, viele Phänomene, die von der Wissenschaft allgemein als physikalisch unmöglich zurückgewiesen werden, zu verstehen. Dies schließt auch übernatürliche Phänomene über mystische Wesen in alten religiösen Texten ein.

Durch die Kombination von Einblicken in die Computerwissenschaften mit alten und zeitgenössischen Beweisen über die Existenz paranormaler Phänomene und mystischer Wesen können wir die konzeptionelle und empirische Basis für eine neue Theorie der menschlichen Ursprünge legen.

Mängel der neodarwinistischen Evolutionstheorie

Die gegenwärtig anerkannte Version von Darwins Evolutionstheorie ist technisch bekannt als die »synthetische Theorie«, die in den späten vierziger Jahren aus Darwins ursprünglichen Ideen und den modernen genetischen Erkenntnissen zusammengefügt wurde. Obwohl die Theorie in der Tat viele Muster erklärt, die die Welt alles Lebenden ausmacht, krankt sie an einer Reihe von Schwachpunkten, auf die wiederholt von Kritikern hingewiesen wurde.
Drei davon beinhalten

1. den hohen Grad an Informationsinhalten lebender Organismen,
2. das Vorhandensein von Organen großer Perfektion und
3. das systematische Fehlen von Zwischenstufen unter den Arten.

Diese drei Erklärungsschwächen zeigen sich auch im Fall des Homo sapiens. Zuallererst würde es 786 000 Seiten bedürfen, den genetischen Code einer typischen Säugetierzelle im genetischen 4-Buchstaben-Code aufzuschreiben. Einige dieser Informationen mögen nutzloser »Ramsch« sein, aber selbst wenn 10 Prozent signifikant sind, stellt dies ein ernsthaftes Problem für die Evolutionstheorie dar.
Die Informationstheorie zeigt, daß die Natur unter Beachtung der bekannten physikalischen Gesetze große Mengen von Zufallsinformationen hervorbringen kann – allgemein bekannt als Zufallsrauschen (random noise). Aber für die Natur ist es höchst unwahrscheinlich, eine spezifische komplexe Struktur hohen Informationsgehalts hervorzubringen.[1]
Die Evolution nach Darwin wird oft dargestellt als ein progressiver Prozeß, der unweigerlich von niederen zu höheren Lebensformen führt, an deren Spitze wir selbst stehen. Aber die Informationstheorie zeigt, daß die Evolution des Homo sapiens mit Hilfe der neodarwinistischen Theorie nicht wahrscheinlicher ist als der Zufall, daß ein Affe, der auf einer Schreibmaschine herumhämmert, ein Shakespeare-Sonett schreiben wird.
Organe von großer Perfektion werfen ein ähnliches Problem

auf. Betrachten wir das menschliche Gehirn. Alfred Russell Wallace ist berühmt dafür, Charles Darwins Evolutionstheorie durch das Prinzip der natürlichen Auslese vorweggenommen zu haben. Aber Wallace wies darauf hin, daß »natürliche Selektion den Wilden nur mit einem Gehirn ausgestattet haben konnte, das dem des Affen lediglich um ein paar Grad überlegen war, wohingegen er tatsächlich über eines verfügt, das dem eines Philosophen nur geringfügig nachsteht.«[2] Wie war dies möglich? Wenn wir die Menge an Information in Betracht ziehen, die benötigt wird, um das menschliche Hirn zu definieren, und uns dann vergegenwärtigen, daß natürliche Prozesse diese Information nur durch Zufall produzieren, dann sehen wir, daß die neodarwinistische Theorie keine befriedigende Antwort auf diese Frage geben kann.

Der Mangel an Zwischenformen unter den Arten hat die Evolutionstheorie seit Darwins Zeiten verfolgt, und er zeigt sich auch wieder im Fall des Homo sapiens. Das Standardszenario der menschlichen Evolution beinhaltet verschiedene Arten, vom Australopithecus über den Homo habilis, den Homo erectus zum Homo sapiens neanderthalensis und den Homo sapiens sapiens. Diese Arten sind in ihrem physikalischen Aussehen und ihren vermuteten geistigen Fähigkeiten durch große Klüfte voneinander getrennt.

Insbesondere scheint es eine ungeheure Kluft zwischen den geistigen Fähigkeiten, der überbordenden künstlerischen und technologischen Kreativität des Homo sapiens sapiens und den statischen, groben und behelfsmäßigen kulturellen Errungenschaften seines vermuteten Vorgängers zu geben. Wie wurde diese Kluft überbrückt? Auch hier gibt die darwinistische Theorie keine Antwort.

Die Ancient-Astronaut-Theorie

Die Ancient-Astronaut-Theorie dagegen bietet eine Lösung dieser Probleme. In ihrer allgemeinen Form behauptet diese Theorie, daß die Evolution auf der Erde durch Handlungen intelligenter außerirdischer Wesen modifiziert oder gesteuert wurde.

Spontan mag man diese Theorie als Science-fiction-Phantasie von sich weisen. Die Mängel der herkömmlichen Evolutionstheorie sind jedoch schwerwiegend genug, etliche prominente Wissenschaftler mit einigen Versionen der Theorie eines außerirdischen Eingriffs liebäugeln zu lassen. Der mit dem Nobelpreis ausgezeichnete Biochemiker Frances Crick zum Beispiel vermutet, die ersten lebenden Zellen auf der Erde seien mit Bakterien aus einem Raumschiff von einem verwüsteten Planeten geimpft gewesen.[3]

Der Astrophysiker Fred Hoyle und sein Kollege Candra Wickramasinghe entwickelten 1981 die These, daß intelligent programmierte Bakterien andauernd aus dem Weltall auf uns herabregnen und den irdischen Genpool durch Gentransplantationen während Infektionen modifizieren.[4] Diese ET-Bakterien werden von einer höheren, kontrollierenden Intelligenz über das Weltall verteilt. Hoyle und Wickramasinghe behaupten, daß der gesamte Verlauf der irdischen Evolution über einen Zeitraum von mehreren 100 Millionen von Jahren durch andauernde Infusion mit außerirdischen Genen intelligent gelenkt wurde.

Die bekannteste Variante der Ancient-Astronaut-Theorie befaßt sich speziell mit dem Ursprung des modernen menschlichen Wesens. Im wesentlichen besagt sie, daß Außerirdische in Raumschiffen auf der Erde landeten und den Homo sapiens sapiens erschufen, indem sie eine existierende semihumane Spezies genetisch modifizierten. Die erweiterten Kapazitäten des modernen menschlichen Hirns wurden demnach durch einen intelligenten Eingriff herbeigeführt.

Der israelische Gelehrte Zecharia Sitchin ist bestens bekannt für eine Version dieser Theorie, die auf seiner Interpretation alter sumerischer und babylonischer Texte beruht.[5] Da Sitchins Theorie eine der populärsten Alternativen zur gängigen wissenschaftlichen Theorie der menschlichen Evolution darstellt, soll sie an dieser Stelle ausführlich diskutiert werden.

Sitchin nimmt an, daß menschenähnliche Wesen, »Nefilim« genannt, vor ca. 450 000 Jahren zum ersten Mal in Raumschiffen auf der Erde landeten. Sie beschäftigten sich mit dem Abbau von Mineralminen. Ihre Arbeiter aber meuterten schließlich aufgrund der harten Arbeitsbedingungen in den Minen. Die Führer der Nefilim beschlossen, dieses Problem durch Erschaffung einer Sklavenrasse zu lösen, die die Minenarbeit für sie erledigen sollte. Wie in einem alten Text ausgewiesen, versammelten sie sich und baten die Göttin, die Hebamme der Götter, die weise »Mami«:

»Du bist die Geburtsgöttin, erschaffe Arbeiter!
Erschaffe einen primitiven Arbeiter,
Damit er das Joch tragen möge!
Laß ihn das Joch tragen, zugewiesen von Enlil,
Laß den Arbeiter die Mühsal der Götter tragen!«[6]

Sitchin glaubt, daß dies durch eine genetische Modifizierung des Homo erectus vollzogen wurde. Durch die Kombination der Gene des Homo erectus mit ihren eigenen Genen banden die Nefilim das Angesicht der Götter auf den Affenmenschen und erschufen damit den Homo sapiens. Dies geschah laut Sitchin vor ca. 300 000 Jahren.

Der Prozeß der Genmanipulation beinhaltete logischerweise die physische Geburt von menschlichen Babys durch Nefilim-Mütter. Darüber hinaus stand die daraus resultierende menschliche Rasse genetisch den Nefilim nahe genug, daß menschliche Frauen von männlichen Nefilim geschwängert werden konnten.[7] Darüber wird in der berühmten Bibelpassage berichtet: Die Nefilim (in der König-Jakob-Version »Giganten« genannt) sind überzeugt davon, daß die Töchter der Menschen hold sind und in ihrem Schoß Nachkommen von großem Ansehen empfangen. Wie wurde eine irdische Kreatur den Außerirdischen so ähnlich geschaffen, daß sie sich paaren konnten und Nachkommen hervorbrachten? Sitchins Antwort lautet, daß der Planet der Nefilim (der »Zwölfte Planet«) einst mit einem Planeten im Orbit zwischen Mars und Jupiter kollidierte und dabei die Erde und den Asteroidengürtel schuf. Er argumentiert, daß »während des Zusammenstoßes ihr Planet sein Leben auf der Erde ausgesät hat. Deshalb war das Wesen, das vorhanden war, den Nefilim tatsächlich verwandt – wenngleich in einer weniger entwickelten Form.«[8]

Ein planetarischer Zusammenstoß hätte wahrscheinlich das Leben auf beiden Planeten zerstört. Wenn aber solch eine Kollision primitive Organismen von einem Planeten auf den anderen transferieren konnte, so macht es das Zufallselement in der neodarwinistischen Evolution äußerst unwahrscheinlich, daß sich menschenähnliche Wesen in der Folge auf beiden Planeten entwickelten.

Der prominente Evolutionstheoretiker Theodosius Dobhzhansky greift dieses Thema auf. Er fragt, ob der Homo sapiens sich wohl erneut entwickeln würde, wenn wir zu den Lebensformen auf der Erde unter exakt den Bedingungen von vor 55 Millionen Jahren zurückkehren und die Zeit dann wieder fortschreiten lassen könnten.

Dobhzhansky verneint dies, da er schätzt, daß Mutationen und andere Veränderungen in etwa 50 000 Genen für die Entwicklung der modernen Menschen von ihren Primatenvorfahren erforderlich wären.[9] Schon kleine Abweichungen in der Abfolge der Veränderungen könnten die Evolution prähumaner Geschöpfe auf dem Weg zum Menschsein völlig aus der Bahn werfen, ebenso Abweichungen in der Evolution anderer Pflanzen und Tiere im prähumanen Umfeld wie auch Abweichungen vom irdischen Klima in bezug auf seine gegenwärtige historische Klimakonstante. Da zudem jede genetische Veränderung nur eine von vielen möglichen Alternativen darstellt, ist die Wahrscheinlichkeit so gut wie Null, daß die Veränderungen in der gleichen Abfolge erscheinen und selektiert würden wie in der menschlichen Evolutionsgeschichte, daß es also jemals irgendeine menschenähnliche Art von Lebewesen gäbe.

Der berühmte Evulotionstheoretiker George Gaylord Simpson kam 1964 zu vergleichbaren Ergebnissen.[10]

Natürlich läßt sich argumentieren, daß ein Prozeß paralleler Evolution stattfinden kann. Zum Beispiel sind die Beutelwölfe Australiens den normalen Wölfen in gewisser Weise ähnlich, obwohl man annimmt, daß sie eine unabhängige geschichtliche Entwicklung genommen haben. Ihr Reproduktionssystem jedoch unterscheidet sich völlig von dem normaler Wölfe, und sie sind in keinster Weise genetisch kompatibel mit ihnen. Im Gegensatz dazu behaupten Genetiker, daß moderne humane Gene zu 99 Prozent denen von Schimpansen gleichen.[11] Wenn Außerirdische sich also mit Menschen paaren können, müssen auch die Gene der Nachkommen aus diesen Verbindungen denen von Schimpansen ziemlich ähnlich sein. Diese These steht aber im Gegensatz zu Dobhzhansky und Simpson, wenn wir annehmen, daß Schimpansen ein reines Produkt irdischer Evolution sind. Man könnte natürlich argumentieren, daß der Schimpanse ebenso durch Außerirdische genetisch manipuliert worden ist. Aber das gleiche könnte dann auch von anderen Tieren gesagt werden. Wo sollen wir dann die Linie ziehen? Wenn wir annehmen, daß alle lebenden Arten Produkt einer außerirdischen Manipulation sind, werden die ETs zu mehr als bloßen Raumreisenden mit fortgeschrittenen genetischen Kenntnissen. Ich werde auf diesen interessanten Punkt später zurückkommen. Zuerst sollten wir jedoch nachfragen, ob die alten Texte aus dem Nahen Osten wirklich von »genetischer Technologie durch Außerirdische« sprechen.

Probleme bei der Interpretation alter Texte

Die alten sumerischen und babylonischen Texte sind in lange vergessenen Sprachen geschrieben und schwierig zu übersetzen. Dabei ergeben sich viele Interpretationsmöglichkeiten. Fest steht: Die gängigen Gelehrtenübersetzungen dieser Texte erwähnen das alte Astronautenszenario nicht.
Selbst Befürworter der Ancient-Astronaut-Theorie weichen substantiell in ihren Textauslegungen voneinander ab. Zum Beispiel hat Christian O'Brien diese Texte zwar unter dem Gesichtspunkt der Existenz alter Astronauten interpretiert.[12] Er nimmt jedoch an, daß die außerirdischen Besucher sich eher 8196 v. Chr. mit dem Cromagnonmenschen kreuzten als 300 000 v. Chr. mit dem Homo erectus. Er stimmt mit Sitchin überein, daß die Kreuzung als Reaktion auf einen Aufstand unter den außerirdischen Arbeitern vorgenommen wurde, behauptet aber, diese Arbeiter seien eher Bauern als Minenarbeiter gewesen.

Auch O'Brien geht davon aus, daß Genmanipulation beim Kreuzungsvorgang eine Rolle spielte, aber weder er noch Sitchin führen explizit Zitate darüber aus den alten Texten an. Sitchin argumentiert lediglich:»Wenn der Lehm, auf den das göttliche Bestandteil gemischt wurde, ein irdisches Bestandteil war – wie alle Texte behaupten –, dann ist die einzig mögliche Folgerung, daß das männliche Sperma eines Gottes – sein genetisches Material – in das Ei einer Affenfrau eingebracht wurde!«[13] Leider ist es ein ziemlicher Sprung, von Lehm auf ein menschliches Ei zu schließen. Sowohl Sitchin als auch O'Brien beziehen ihre Ideen über Gene und die Entwicklung von Hominiden aus modernen wissenschaftlichen Theorien – nicht aus den alten Texten des Nahen Ostens.

Was geschieht nun mit der Ancient-Astronaut-Theorie? Der Schlüssel zu O'Briens und Sitchins Methode ist, die alten Texte zu entmythologisieren, indem man »übernatürliche Vorgänge, wie die Erschaffung aus Lehm, durch Vorstellungen ersetzt, die der Wissenschaft des 20. Jahrhunderts entlehnt sind. Immer definiert sich das Übernatürliche in Relation zu unserer Vorstellung der Natur. Was aus dem einen Betrachtungswinkel übernatürlich scheint, mag aus einem anderen ziemlich gewöhnlich erscheinen. Durch die genaue Überprüfung einiger neuer Entwicklungen in unserem Verständnis gegenüber den Naturgesetzen können wir einen neuen Weg finden, alte Texte zu betrachten, die wichtige Aspekte der Ancient-Astronaut-Theorie enthalten und zugleich ihre schwerwiegendsten Denkfehler vermeiden.

Die Naturgesetze

Darwins Vorstellung von der Natur basierte auf der klassischen Newtonschen Physik. Am Ende seines Werkes »Die Entstehung der Arten« schrieb er:»Es steckt Erhabenheit in dieser Sicht des Lebens … daß, während sich dieser Planet entsprechend den Gravitationsgesetzen weiter und weiter dreht, sich aus so einfachen Anfängen endlose, schönste und wunderbarste Formen entwickelt haben und weiterhin entwickeln werden.«[14]

Die klassische Physik schien Intelligenz und Zweck aus der Natur zu entfernen. Darwins Theorie kann als ein Bemühen verstanden werden, zu erklären, wie unintelligente physikalische Prozesse Lebewesen hervorbringen können. Wenn wir das mechanistische Weltbild der klassischen Physik akzeptieren, ist es in der Tat schwer, sich eine andere Erklärung über den Ursprung der Arten vorstellen zu wollen.

Im 20. Jahrhundert hat die Quantenmechanik die klassische Mechanik als die vorherrschende Physiktheorie ersetzt. Obwohl einige Wissenschaftler ein mystisches Element in die Quantenmechanik einzuführen versuchten,[15] geht diese Theorie im allgemeinen doch davon aus, der Intelligenz in der Natur eine führende Rolle abzuerkennen.

Aber mit dem Beginn der Computerwissenschaft wurde eine völlig neue Sicht der Natur möglich. Ironischerweise begann diese Entwicklung mit der Konstruktion von Computern, die eindeutig nach den klassischen Gesetzen des Elektromagnetismus arbeiteten. Dies führte zu zwei Vorstellungen – Simulation und künstliche Intelligenz –, die die Wiedereinführung von Intelligenz und Zweck in die Natur erlaubten.

Im Jahr 1950 stellte der britische Mathematiker Alan Turing einen Computer vor, der den Test, menschliches Verhalten zu simulieren, so gut bestand, daß er fortgesetzt menschliche Beurteiler täuschte.[16] Turing argumentierte, daß eine Maschine, die den »Turing-Test« bestand, die Essenz des menschlichen Denkens erfaßt hätte. Seine zugrundeliegende Idee war die, daß eine Computersimulation, wenn sie exakt ist, so gut ist wie das Original.

In den letzten Jahren hat die Vorstellung der »Virtuellen Realität« diese Idee um eine neue Variante bereichert. In einer virtuellen Realität wird eine Echt-Welt-Umgebung durch einen Computer simuliert, und die Sinne eines Beobachters/Teilnehmers sind mit der Simulation durch eine Art Interface-Apparatur verbunden.[17] Dieses Interface erlaubt es dem Beobachter, die virtuelle Realität durch die Sinne eines virtuellen Körpers, der in der simulierten Umgebung operiert, zu erleben.

Viele Beobachter können in eine virtuelle Realität eingespeist werden. Wenn es sich um eine ausreichend exakte Imitation der realen Welt handelt, haben die Beobachter in der virtuellen Realität die gleichen Erfahrungen, die sie auch in der realen Welt hätten. Nach Turings Argumentation ist solch eine virtuelle Realität ebenso gut wie die reale Welt. Gegenwärtig sind Simulationen der virtuellen Realität noch recht grob. Aber man kann sich eine perfektionierte virtuelle Realität vorstellen, in der Beobachter mit virtuellen Körpern verbunden sind, ausgestattet mit fortgeschrittener künstlicher Intelligenz, hoch entwickelten Sinnen und detaillierten Körperformen. Wir können noch weitergehen und uns die Simulation eines gesamten Universums von hoher Qualität vorstellen. Im Prinzip ist solch eine Simulation möglich – einen Computer mit ausreichenden Prozessorkapazitäten vorausgesetzt.

Diese Vorstellungen führen zu der Schlußfolgerung, daß die Welt, in der wir leben, eine Simulation sein könnte, die auf einem Computer mit universeller Prozessorkapazität und mit annähernd unbegrenzter »künstlicher« Intelligenz läuft. Obgleich diese Idee bizarr erscheinen mag, basiert sie fest auf den begründeten Prinzipien der Computerwissenschaft. Wenn dies stimmt, liegt der Natur eine Basis mit einer Intelligenz hohen Standards und hoher Informationsverarbeitung zugrunde.

Computer und Technologie

Der Astrophysiker Frank Tipler entwickelt in diesem Zusammenhang in einem Buch über die Physik Gottes, des Himmels und der Auferstehung der Toten ausgefeilte Vorstellungen.[18] Tipler argumentiert, daß in der Zukunft evolutionäre Prozesse alle Dinge im Universum dazu veranlassen werden, sich selbst in einem riesigen Computer zu organisieren, den er den Omega-Punkt nennt. In diesem Modell wird das Universum zu einem bestimmten, endlichen Zeitpunkt in einem »big crunch« (in etwa: »großes Knirschen«) enden. Von dem kollabierenden Universum wird, während es sich dem endgültigen Crunch nähert, Energie abgezogen. So ist der universelle Computer in der Lage, unendlich viele Berechnungsschritte auszuführen, bevor das Universum endet. (Zum Beispiel könnte er Schritte von der vorletzten zur letzten Sekunde vor dem Crunch ausführen, einen weiteren Schritt in der folgenden halben Sekunde, einen weiteren in der folgenden Viertelsekunde usw. ad infinitum.) Mit dieser unbegrenzten Computermacht ist der Omega-Punkt in der Lage, alle Personen, die je gelebt haben, durch Computersimulation auferstehen zu lassen und sie mit ewigem Leben zu versorgen. Tipler behauptet, daß der versprochene Himmel der christlichen Theologie mit der Entwicklung des ultimativen universellen Computers Realität wird.

Obwohl Tiplers Ideen höchst spekulativ sind, können einige nützliche Punkte herausgezogen werden. Seine Analyse basiert einerseits auf striktem Einhalten des physikalischen Reduktionismus und andererseits auf der These, daß der Geist von einem Computer simuliert werden kann. Er verwirft explizit jegliches Prinzip, das außerhalb des Bereiches der modernen Physik und der Computerwissenschaft liegt. Und doch zeigt er, daß das gesamte übernatürliche Szenario der christlichen Eschatologie innerhalb des reduktionistischen Rahmens logisch erstellt werden kann. So sollten wir wenigstens zweimal darüber nachdenken, ehe wir etwas als »übernatürlich« zurückweisen.

Tiplers Omega-Punkt beinhaltet Engel. Er sagt, »es wäre sicher nicht zu unangemessen, eines der Superprogramme des universellen Geistes in der fernen Zukunft, eines mit einem den Turing-Test bestehenden Unterprogramm, als einen ›Engel‹ zu betrachten«.[19] Er sieht solch ein Superprogramm als ein Interface, das der Omega-Punkt zur Kommunikation mit den auferstandenen Menschen der Zukunft verwenden kann.

Direkte Kommunikation zwischen einem Menschen und dem Omega-Punkt selbst wäre seiner Meinung nach unterhalb der menschlichen Kapazität. So würden die Superprogramme in seinem System die gleiche Rolle spielen wie die Engelsboten der jüdisch-christlichen Überlieferung.

Tipler zieht es vor, den Omega-Punkt in der entfernten Zukunft anzusiedeln. Er sagt:»Es gibt keinen Beweis, daß unser Level der Realität nicht der ultimate Level der Realität ist.«[20] Jedoch besteht eine der Hauptimplikationen der Idee der universellen

Computersimulation darin, daß wir die ultimative Basis der Realität nicht direkt beobachten können. Wenn eine perfekte Simulation unserer Welt möglich ist, folgt daraus, daß wir in einer solchen leben könnten. In diesem Fall können wir aber den Computer, über den die Simulation läuft, nicht beobachten. Abgesehen von der Schlußfolgerung, daß solch ein Computer riesige Rechnerkapazitäten haben muß, können wir nichts darüber aussagen.

Obwohl dies keine besonders ermutigende Aussage ist, sollten wir noch eine andere Möglichkeit in Betracht ziehen. Es könnte sein, daß wir in einer Simulation leben, die Kommunikations-Interfaces beinhaltet, ähnlich zu Tiplers Engel-Superprogrammen. Im normalen Alltagsleben verhält sich diese simulierte Welt nach den bekannten Gesetzen der Natur. Aber wenn der universelle Computer mit Personen interagieren möchte, die sich innerhalb der Simulation befinden, geschieht dies durch Zwischenschaltung eines Engel-Superprogramms. So scheint es, als geschähen Wunder, obwohl nach den Gesetzen des universellen Computers alles wie immer läuft.

Der Status von Wundern

Diese Bemerkungen erinnern an alte religiöse Texte, die von der Erschaffung irdischen Lebens durch machtvolle Wesen sprechen. Bevor wir zu diesem Punkt zurückkehren, sollten wir zuerst einige zeitgenössische Zeugnisse überprüfen, die solche Wesen anbelangen. Sie erwähnen oft augenscheinlich wundersame Ereignisse. Da für Tipler der Omega-Punkt in die Zukunft gehört, verwirft er strikt »Wunder«. Er zitiert in diesem Zusammenhang David Humes Geschichte von dem Türwächter einer Kathedrale, der behauptet, ihm sei wieder ein Bein gewachsen, nachdem er heiliges Öl auf den Stumpf gerieben habe, und widerspricht: »Weder der Kardinal (der die Geschichte erzählte), Hume noch ich glauben, daß sich dieses Wiederwachsen ereignete.«[21] Es gibt jedoch eindrucksvolle Beweise für die Existenz von zumindest einigen Ereignissen dieser Art. Ein Beispiel ist die Geschichte von Vittorio Michelli, der an Knochenkrebs litt, der die Kugelgelenksverbindung seiner linken Hüfte völlig zerstörte. Dies ist die Stelle, wo sich das obere Ende des Oberschenkelknochens mit der Hüfte verbindet. Michellis Verfassung wurde von Medizinern gut dokumentiert, die Röntgenstrahlen und aktuelle medizinische Tests für ihre Diagnosen verwendeten. 1963 besuchte Michelli den Altar der Jungfrau Maria in Lourdes, Südfrankreich, in der Hoffnung, geheilt zu werden. Er bezeugt, daß er, nachdem er in den heiligen Quellen beim Altar gebadet wurde, Gefühle von Hitze, die sich durch seinen Körper bewegte, erlebte, gefolgt von einem erstaunlichen Wiederaufleben von Energie. Innerhalb von zwei Monaten konnte er wieder gehen, und Ärzte bestätigten, daß sein Kugelgelenk nachgewachsen war. Ein Arzt notierte:»Eine bemerkenswerte Wiederherstellung des Darmbeines und des Hohlraumes hat stattgefunden. Die Röntgenaufnahmen, die 1964, 65, 68 und 69 gemacht wurden, bestätigen unmißverständlich und ohne Zweifel, daß eine unvorhergesehene und sogar überwältigende Knochenwiederherstellung in einer Weise stattgefunden hat, wie sie in der Annalen der Weltmedizin unbekannt ist. Wir selbst sind, nach einer Universitäts- und Krankenhauskarriere von über 45 Jahren, die weitgehendst dem Studium von Tumoren und Neoplasma aller Arten von Knochenstrukturen galt und der Behandlung von Hunderten solcher Fälle, niemals einer einzigen spontanen Wiederherstellung solcher Natur begegnet.«[22]

Es gibt viele gut belegte Heilungen dieser Art, und einige von ihnen enthalten plötzliche Genesung von schwerwiegenden körperlichen Zuständen. Ein anderes Beispiel betrifft Serge Perrin, der an einer chronischen neurologischen Funktionsstörung litt, die in regelmäßigen Anfällen in Blindheit des linken Auges und einer Unfähigkeit, gehen zu können, gipfelte.[23] Dieser Zustand wurde eher organisch als psychologisch diagnostiziert und hatte mit Defekten in den Arterien, die das Gehirn mit Blut versorgten, zu tun.

Perrins Zustand verschlechterte sich während etlicher Jahre stetig. 1970 war er an einen Rollstuhl gefesselt und bedurfte ständiger Betreuung. Während eines Besuchs in Lourdes aber, so berichtete Perrin, habe er plötzliches Gefühl der Wärme in seinen unteren Gliedmaßen gefühlt, als er an einer Messe teilnahm. Innerhalb weniger Minuten konnte er laufen. Auch seine Augen heilten umgehend. Die medizinische Untersuchung ergab, daß sein neurologischer Zustand völlig wiederhergestellt war. Der Mann verblieb über etliche Jahre bei guter Gesundheit. Verschiedene Mediziner, die mit Perrins Fall befaßt waren, gaben an, daß seine Heilung vom medizinischen Standpunkt aus unerklärlich sei.

Begegnungen mit scheinenden Wesen

Berichte über wundersame Heilungen erwähnen regelmäßig leuchtende Wesen. In Lourdes zum Beispiel erschien bekanntermaßen im Jahre 1858 die Jungfrau Maria. Sie wird normalerweise als hell strahlend beschrieben, und ihr Erscheinen wird oft mit wundersamen Heilungen in Zusammenhang gebracht. Sie enthülle denen, die sie sehen, eine wunderschöne menschliche Gestalt, so wird gesagt. Jedoch ist sie normalerweise nur auserwählten Personen sichtbar und kann urplötzlich wieder verschwinden. Im allgemeinen sieht man sie in der Luft schweben.

Andere zeitgenössische Fälle wundersamer Heilungen berichten von scheinenden Wesen, die nicht speziellen religiösen Traditionen zugeordnet werden können. Ein Beispiel ist der Fall von Hans Poulsen, einem britischen Musiker, der an Krebs zu sterben drohte. Poulsen bezeugte folgendes Erlebnis während einer Zeremonie, die von einem Heiler durchgeführt wurde:

»Zeitlosigkeit schien sich direkt um mich herabzusenken. Ich glaube, es war das mächtigste Erlebnis, das ich je in meinem Leben erfahren habe. ... Vor mir bildeten sich aus diesem hell strahlenden Licht – Licht durchflutete den Raum überall um mich herum – zwei strahlende Kreise aus Gold, einer im anderen, mit farbigem Licht, das von ihnen wegfloß. Eine stille und gelassene Erscheinung sprach zu mir. Es wurde viel gesagt, wovon ich mich nur an einiges bewußt erinnere. Doch ich fühle, was mir übermittelt wurde und was mein Leben noch heute leitet. Ja, mir wurde mitgeteilt: Ich gebe dir Erlaubnis. Welle für Welle strömte das erlesenste Gefühl von der Spitze meines Kopfes in mich, verbreitete sich kaskadenförmig durch meinen Körper und verließ mich durch die Sohlen meiner Füße. Das Wesen sprach ohne Worte ...«[24]

Nach diesem Erlebnis war Poulsen laut dem medizinischen Befund frei von Krebs. Natürlich verschwindet Krebs manchmal aus unbekannten Gründen. Dies ist als spontane Remission bekannt.[25] Aber welche Bedeutung hat Poulsens Erlebnis mit dem scheinenden Wesen zur Zeit seiner Heilung?

Ich stellte diese Frage Dr. Daniel Benor, einem amerikanischen Psychiater, der paranormale Heilung in England studiert. Benor bemerkte, daß solche Wesen regelmäßig mit ungewöhnlichen Heilungen in Verbindung stehen. Sie werden entweder direkt von den Patienten wahrgenommen, oder sie arbeiten über den Heiler. Auf die Frage, ob solche Wesen eingebildet seien oder real, stand er der Möglichkeit, daß sie real seien, sehr aufgeschlossen gegenüber.

Berichte über scheinende Wesen sind ebenso üblich bei Todes-Nähe-Erlebnissen. Per Definition ereignet sich ein Todes-Nähe-Erlebnis, wenn der Körper einer Person durch irgendwelche traumatischen Zustände ernsthaft beeinträchtigt ist. In vielen Fällen erlebt die Person eine Reise durch einen Tunnel, wobei sie aus ihrem Körper heraustritt. Danach betritt sie eine hell erleuchtete Landschaft, in der sich womöglich eine Begegnung mit einem scheinenden Wesen ereignet.[26] Wie in Poulsens Erlebnis berichten Zeugen oft darüber, Wissen zu empfangen, an das sie sich später nur teilweise erinnern. Dies ist ein allgemeines Merkmal bei Begegnungen mit scheinenden Wesen überhaupt.

Auch Berichte über nahe Begegnungen mit UFOs enthalten viele Hinweise auf Wesen, die als »Humanoide« bezeichnet werden und die oft von ungewöhnlichen Lichtmanifestationen begleitet werden.[27] Diese Wesen variieren in ihren Formen zwischen grotesken, großköpfigen Zwergen und völlig menschlichen Gestalten, die manchmal in ihrer Erscheinung als nordisch beschrieben werden. Wie die Wesen, die in religiösen Visionen erscheinen, wird auch von UFO-Humanoiden berichtet, daß sie schweben, durch feste Mauern dringen und abrupt erscheinen und verschwinden können. Sie benehmen sich in vielerlei Hinsicht, als wären sie eine Art Projektion. Allerdings scheinen sie, wenn sie anwesend sind, so stabil und physikalisch real zu sein wie ein menschlicher Körper.

Zeugen von nahen UFO-Begegnungen berichten regelmäßig darüber, Wissen erhalten zu haben, an das sie sich nicht vollständig erinnern können. Manchmal berichten sie, während dieser Begegnungen von verschiedenen Krankheiten geheilt worden zu sein. Es gibt auch Berichte von Zeugen, die verletzt oder mit ernsthaften Krankheiten infiziert wurden.

Scheinende Wesen in alten Texten

Es gibt viele Hinweise auf scheinende Wesen in alten religiösen Schriften. Die Halbgötter der vedischen Überlieferung in Indien werden »Devas« genannt, ein Wort, das »die Scheinenden« bedeutet. Christian O'Brien übersetzt das hebräische Wort »Elohim« ebenso. Er gibt auch viele Wortbeispiele aus anderen alten Sprachen in Verbindung mit »El«, die alle ein scheinendes Wesen bezeichnen.[28]

Um die alten Vorstellungen über die Erscheinung der Scheinenden zu illustrieren, zitiert O'Brien einen der apokryphischen Texte über den Patriarchen Enoch. Darin macht Lamech, der Vater von Noah, Enoch gegenüber Bemerkungen über Noahs Erscheinung, als er gerade geboren war: »Er ist nicht wie du und ich – seine Augen sind wie Strahlen der Sonne, und sein Gesicht leuchtet. Es scheint mir, als stamme er nicht von mir ab, sondern von den Engeln ...«[29]

Die scheinenden Wesen sumerischer Überlieferung wiederum erschienen Menschen in religiösen Visionen, ähnlich den Berichten heutzutage. So berichtete König Gudea aus Lagasch, daß er die Instruktionen, wie er einen Tempel zu bauen habe, von »einem Mann, der wie der Himmel leuchtete« erhalten habe.[30]

Solche Wesen pflegten oft plötzlich zu erscheinen. Zum Beispiel erzählt die Bibel die Geschichte eines Treffens zwischen Abraham und drei Engeln. Abraham »erhob seine Augen und siehe und erblicke, da standen drei Männer bei ihm«.[31] Obwohl zwei der Männer Engel waren (und einer erwies sich als der Herr selbst), aßen, tranken und schliefen sie in Abrahams Haus wie gewöhnliche Menschen. Geschichten wie diese erscheinen in vielen alten Überlieferungen, und sie sind besonders gebräuchlich in der vedischen Überlieferung Indiens.

Die Raumschiffe der Scheinenden spielen eine wichtige Rolle in der Ancient-Astronaut-Theorie. Auf sie wird in vielen alten Texten Bezug genommen. Die Vimanas des alten Indiens sind ein bemerkenswertes Beispiel dafür.[32] UFOs können als zeitgenössische Beispiele dieser Raumschiffe angesehen werden.[33] Es ist anzumerken, daß UFOs bekannt dafür sind, abrupt zu erscheinen und zu verschwinden und Manöver durchzuführen, die den Gesetzen der Physik Gewalt anzutun scheinen.

Der Prozeß der Schöpfung

Die Merkmale, die den Scheinenden in allen Kulturen zugeschrieben werden, beinhalten folgendes:

1. eine reale physische Anwesenheit,
2. die Fähigkeit der Gestaltveränderung,
3. die Macht, zu erscheinen und zu verschwinden,
4. eine leuchtende Erscheinung oder ungewöhnliches Aussenden von Licht,
5. die Fähigkeit, zu heilen und schwere Krankheiten zu verursachen,
6. die Macht über die Naturgewalten,
7. die Fähigkeit, sich mit Menschen zu paaren, und
8. die Fähigkeit, Arten zu erschaffen.

Da diese Wesen durchgängig in allen Kulturen der Welt beschrieben sind, ist es vernünftig, sie für real zu halten. Dennoch zeigen Argumente, die auf Merkmal 7 beruhen, daß sie sich nicht unabhängig auf einem anderen Planeten entwickelt haben können. Lassen Sie uns die Möglichkeit in Betracht ziehen, daß diese Wesen Teil einer Welt sein mögen, die von einem universellen Computer simuliert wird. Wie Tipler betont, sind die Eigenschaften 1–3 in einer simulierten Welt möglich. Das gleiche gilt für 4. Eigenschaften 5 und 6 können leicht erklärt werden, wenn die Scheinenden mit einem universellen Informations- und Kontrollsystem verbunden sind. In diesem Fall mag für sie das Wiederherstellen eines verletzten Organs oder das Herbeiführen eines Sturmes so einfach sein wie für uns das Anklicken eines Icons auf einem Word-Prozessor.

Eigenschaften 7 und 8 bringen uns zurück zur Ancient-Astronaut-Theorie. Wenn einige der Scheinenden mit der vollen Information bezüglich des menschlichen Körpers verbunden sind, könnten sie diese Information in großem Umfang nützen, um manifeste Körper zu produzieren. Dies wäre lediglich eine extremere Form des Prozesses, schwer verletzte Organe zu erneuern.

Die alten mesopotamischen Schöpfungserzählungen besagen alle, daß die Essenz der Götter auf Lehm aufgebracht wurde. Wir können das folgendermaßen ziemlich wörtlich verstehen: Information kann in vielen Formen ausgedrückt werden, handschriftlich, durch Radiosignale oder durch den DNA-Code. Lassen Sie uns annehmen, daß die Information, die die menschliche Form definiert, vom universellen Computer in die Sprache der gewöhnlichen irdischen Moleküle übersetzt wurde. Wir können die Sprache der Moleküle, bestehend aus dem, was wir Chemie nennen, als eine von vielen Sprachen betrachten, die vom universellen Computer verwendet werden. Bei diesem Modell sind Moleküle auch virtuell und somit Informationskonstrukte.

Wenn die Übersetzung in diese Sprache gemacht war, konnte das »Kompilieren« des sich ergebenden Codes zur Schaffung eines sichtbaren menschlichen Körper einfach mit dem universellen Computer vollzogen werden – unter Verwendung irdischen Materials oder »Lehms« als Molekülquelle. Die Rolle der Scheinenden wäre dann einfach die, als »intelligenter Anschluß«

zu fungieren, der Anweisungen ausführt, die vom universellen Kontrollsystem ausgehen. Da nun die Scheinenden mit großer Intelligenz ausgestattet sind, ist der Vergleich mit modernen Computeranschlüssen sicher ein bißchen irreführend. Immerhin vermittelt er die Vorstellung, daß die Scheinenden primär als Kanäle für Informationen fungieren, die von einer noch viel größeren Intelligenz erzeugt werden. Sie können auch verglichen werden mit menschlichen Propheten, die traditionell als Mittler für die Weiterleitung göttlicher Offenbarungen angesehen werden.

Wenn menschliche Körper und Genome von ausführender Standard-Software erschaffen wurden, könnte die gleiche Software die Scheinenden befähigen, sich mit Menschen zu paaren und lebensfähige Nachkommen zu erzeugen. Es ist lediglich eine Sache von systematischer Kontrolle über die genetische Information aus dem universellen Computer.

Wenn der menschliche genetische Code durch den universellen Computer erstellt wurde, sind wir natürlich noch immer mit der Frage konfrontiert, wie es kommt, daß Schimpansen den Menschen genetisch sehr ähnlich sind. Konsequenterweise müssen wir annehmen, daß alle irdischen genetischen Systeme ihren Ausgang vom universellen Computer genommen haben.

Dies führt zu einer Theorie über den Ursprung der Arten, die die drei Probleme bei Darwins Theorie, die ich zu Beginn dieses Textes erwähnte, überwindet. Diese neue Theorie kann die »universelle Form-Theorie« genannt werden, da sie davon ausgeht, daß alle biologischen Formen aus einem universellen Informationsreservoir unter intelligenter Kontrolle entstehen.

Hoher Informationsgehalt ist bei dieser Theorie kein Problem, da sie annimmt, daß Information aus dem universellen Computer in die Genome der irdischen Arten eingebracht wurde. Organe hoher Perfektion müssen erwartet werden, denn der universelle Computer könnte vermutlich optimale Organe für eine vorgegebene Aufgabe entwerfen. Natürlich bedeutet dies nicht, daß es keine unperfekten Organe geben könnte, da diese ebenso ihre Rolle in der Natur besitzen mögen. Schließlich kann das systematische Fehlen von Zwischenformen für die Tatsache sprechen, daß der universelle Computer abrupt neue Spezies einführen kann.

Bewußtsein und ultimative Ursprünge

Im Widerspruch zu der »universellen Form-Theorie« steht, daß es keine Erklärung für den universellen Computer gibt. Natürlich ist es möglich, daß wir uns bereits in Tiplers Zukunft befinden und der universelle Computer ein Produkt kosmischer Evolution ist. Eine andere Möglichkeit ist die, daß der universelle Computer Kenntnis über seinen eigenen Ursprung hat und den Menschen in der Vergangenheit etwas von diesem Wissen übermittelt worden ist. In dem Fall könnte sogenanntes offenbartes Wissen in einigen Fällen mehr sein als einfach nur ein Produkt des menschlichen Geistes.

Wenn wir verschiedene Körper offenbarten Wissens untersuchen, begegnen wir wiederholt der Vorstellung, daß die ultimative Ursache aller Phänomene ein Überlegenes-Bewußtseins-Wesen ist, das in materiellen Begriffen nicht erfaßt werden kann. Es ist nicht unvernünftig anzunehmen, daß ein »Universal-Computer« von den Gedanken eines solch überlegenen Wesens gemacht sein könnte. Obwohl diese Erklärung alles auf ein ultimatives Geheimnis zu reduzieren scheint, sollte man sich darüber klar sein, daß es in gewisser Weise gar nicht darauf ankommt, woraus ein Computer gemacht ist.

Unsere vertrauten heutigen Computer bestehen hauptsächlich aus Silikonchips mit integrierten Schaltkreisen. Aber das Wesen eines Computers besteht aus Logik und Informationen, also könnte ein Computer aus puren Gedanken bestehen ...

Es sollte auch klargestellt werden, daß in jeder Theorie über den menschlichen Ursprung mit dem Bewußtsein gerechnet werden muß. Bis jetzt habe ich zwei verschiedene Vorstellungen von Bewußtsein unter den Tisch fallen lassen. Die erste Vorstellung besagt, daß ein Computer, der mentale menschliche Funktionen dupliziert, auch mit menschlichem Bewußtsein ausgestattet ist, quasi durch die Tatsache der Duplizierung allein. Die zweite Vorstellung besteht darin, daß die individuellen Schritte, die von einem Computer ausgeführt werden, frei von Bewußtsein sind und somit auch die Gesamtsumme aller Schritte. Deshalb muß dem Computersystem Bewußtsein als Extraelement zugefügt werden.

Diese beiden Vorstellungen wurden von Philosophen und Wissenschaftlern ausführlichst diskutiert. Meiner Ansicht nach stellt das Bewußtsein ein Extraelement dar, das nicht auf Materie reduzierbar ist. Individuelles Bewußtsein ist mit dem (virtuellen) Körper und Geist in gleicher Weise verbunden, wie ein Beobachter/Teilnehmer mit einem virtuellen Körper in einem virtuellen Realitätssystem verbunden ist. Es ist auch denkbar, daß ein »Überlegenes Bewußtsein« mit einem universellen Computer auf ähnliche Weise als Ganzes verbunden ist. Im Gegensatz dazu hält Tipler es für möglich, daß ein gut organisierter Computer aus sich selbst heraus bewußt wird.

Wenn aber Bewußtsein ein zusätzliches Element darstellt, das der universellen Simulation zugefügt wird, kann der freie Wille als die Entscheidungen definiert werden, die vom bewußten Beobachter/Teilnehmer gemacht werden. Dies führt zu der Idee, daß einige bewußte Wesen dem universellen Kontrollsystem und dem »Überlegenen Bewußtsein« dahinter aus freiem Willen dienen, andere aber nicht. Diese, die dienen wollen, mögen bevorzugt werden, indem sie mit Software und Information, die vom universellen Computer zur Verfügung gestellt wird, verbunden werden. Jene, die nicht wollen, werden von dieser höheren Quelle abgeschnitten. Vorstellungen dieser Art zeigen sich wiederholt in alten Überlieferungen, die mit den Scheinenden in Zusammenhang gebracht werden. Zum Beispiel werden Engel in der jüdisch-christlichen Tradition als machtvolle Wesen dargestellt, die dem Erhabenen freiwillig dienen.

Eine andere Vorstellung, die man in Überlieferungen über scheinende Wesen findet, besagt, daß das individuelle bewußte Selbst in der Lage sein kann, Befreiung von materiellen Verstrickungen zu erlangen. Dieses Konzept ist teilweise in der vedischen Überlieferung Indiens gut entwickelt.[34] In dem Modell, das hier präsentiert wird, deckt sich dies mit der Situation eines Beobachters/Teilnehmers in einem System virtueller Realität, der sich von der virtuellen Realität abtrennt und zur »Tatsächlichen Realität« zurückkehrt. Viele alte Überlieferungen lehren, daß die virtuelle Welt von Maya (altind.-sanskr.) oder der Illusion – mit Hilfe von Techniken, die die Anhebung des Bewußtseins beinhalten – transzendiert werden kann.

Schlußfolgerung

Die Ancient-Astronaut-Theorie ist ein Erklärungsmodell über den menschlichen Ursprung, das auf alten Aufzeichnungen basiert, die mit Hilfe moderner technologischer Erklärungen gelesen werden. Die Theorie besagt, daß vor Tausenden von Jahren technisch fortgeschrittene Außerirdische die Erde in Raumschiffen besuchten und den Homo sapiens sapiens durch genetische Modifizierung an einer existierenden protohumanen Spezies schufen. Leider leidet diese Theorie an ernstzunehmenden Schwächen aufgrund ihrer Abhängigkeit von der neodarwinistischen Evolutionstheorie.

Die alternative Theorie, die hier vorgestellt wurde, umgeht diese Schwächen unter Beibehaltung des Wesens der Ancient-Astronaut-Theorie. Die Astronauten selbst werden als Angehörige einer größeren Kategorie von leuchtenden, menschenähnlichen Wesen gesehen, die wiederholt in alten Überlieferungen und modernen Erlebnissen beschrieben werden.

Gelehrte stören sich oft an den ungewöhnlichen Kräften, die diesen Wesen zugesprochen werden, weil sie nicht mit unseren technologischen Erwartungen in Einklang zu stehen scheinen. Eine direkte Ableitung moderner Computerwissenschaft bietet jedoch eine Möglichkeit, diese Kräfte zu verstehen.

Indem wir Grundlagen der Computerwissenschaft auf die Natur als Ganzes anwenden, können wir eine Theorie formulieren, die die Ancient Astronauts als Wesen betrachtet, die mit einem universellen Computer verbunden sind. Dies sei bezeichnet als die »Theorie der universellen Form«.

Diese Theorie ermöglicht es uns, die überlieferte Erschaffung des Menschen aus Lehm als den systematischen Aufbau irdischer Moleküle unter der Anleitung eines universellen Computersystems zu sehen, der der Natur zugrunde liegt. An modernen Wunderheilungen mag ein ähnlicher Prozeß beteiligt sein. Die Ancient Astronauts und ihre modernen Gegenstücke sind empfindungsfähige Wesen, die in dieses Computersystem eingreifen können und dabei Aktionen hervorbringen, die wundersam scheinen.

ROBERT G. BAUVAL

Das Orion-Geheimnis und die Große Pyramide: Tore zu den Sternen

Es scheint, als ob wir Menschen eine Spezies wären, die ein wenig an »Gedächtnisverlust« leidet: Wir haben etwas Wichtiges vergessen, das in der sehr frühen Vergangenheit geschehen ist. Die alten Ägypter, die jenen Ereignissen natürlich noch sehr viel näher standen, hatten keine Zweifel daran, was wirklich geschehen war: Sie wußten, daß die Sternengötter in einem goldenen Zeitalter vom Himmel gekommen waren.
Ich glaube, daß der Gise-Komplex eine Gedenkstätte für genau dieses Ereignis ist.
Die Ägyptologen sind sich natürlich längst einig und haben für uns entschieden, worum es sich bei dem Gise-Komplex handelt, nämlich um einen simplen Friedhof. Die Pyramiden werden in der Ägyptologie für Grabmäler gehalten, in denen die Körper der toten Könige für die Ewigkeit aufbewahrt wurden. Die Forscher sagen, daß die Große Pyramide von Gise das Ergebnis einer progressiven technologischen Evolution war, ursprünglich entstanden aus einer einfachen, netten Idee. Ihrer Meinung nach begruben die alten Ägypter nämlich ihre Toten zu Anfang unter Sandanhäufungen, die jedoch leicht vom Wind verweht wurden. Deshalb benutzten sie immer öfter Steine zum Bau ihrer Grabmäler. Zuerst kleinere und dann größere Steine, bis schließlich große Steinhaufen entstanden waren.
Die Große Pyramide von Gise ist aber sicherlich nicht bloß ein Steinhaufen. Sie ist auch kein Grabmal im konventionellen Sinn.
Die Große Pyramide von Gise ist ein 6,5 Millionen Tonnen schweres und 146 Meter hohes Wunder. Ein Wunder archaischer Hochtechnologie, geplant von einer höchst entwickelten Intelligenz.

Entlang eines 30 Kilometer langen Landstreifens südlich von Kairo finden wir am westlichen Nilufer die Überreste von 22 königlichen Pyramiden. Gemäß der konventionellen Weisheit der Ägyptologie begann das Pyramidenzeitalter ca. 2800 v. Chr. mit der 3. Dynastie. Diese Dynastie baute noch keine echten geometrischen Pyramiden, sondern das, was die Ägyptologen als Stufenpyramiden bezeichnen. Die berühmteste Stufenpyramide in Sakkara, etwa 15 Kilometer südlich des modernen Kairo, wird einem Pharao namens Djoser zugeschrieben. Diese Stufenpyramide ist etwa 60 Meter hoch, und man benötigte ca. 850 000 Tonnen Stein zu ihrer Erbauung. Ohne Zweifel handelt es sich hier um eine massive Konstruktion.

Unmittelbar nach Djoser und der 3. Dynastie geschah jedoch etwas Bemerkenswertes. Die 4. Dynastie begann unter der Herrschaft eines Pharaos mit Namen Snofru. Dieser Snofru war der Begründer einer ganz erstaunlichen Dynastie. Unter seiner Führung machte die gesamte zum Pyramidenbau benötigte Technologie eine gewaltige Entwicklung. Einen solch plötzlichen und gewaltigen Sprung nach vorn, daß man ihn mit den konventionellen und herkömmlichen Überlegungen und Weisheiten nur sehr schlecht erklären kann. Etwa 5 Kilometer südlich von Sakkara erbaute Snofru bei Dahschur zwei gigantische Pyramiden, die rote und die sogenannte Knick-Pyramide, die fast 100 Meter hoch waren. Zusammen wurden hier mehr als 9 Millionen Tonnen Steine bewegt. Und das war erst der Anfang. Cheops begann danach ein noch ehrgeizigeres Unternehmen, etwa 20 Kilometer nördlich von Dahschur auf der Hochebene von Gise.

Unter seiner Herrschaft wurde die Große Pyramide von Gise gebaut. Diese gigantische, 146 Meter hohe Pyramide besteht aus schätzungsweise 2,5 Millionen Steinblöcken. Die größten Steinblöcke wiegen bis zu 70 Tonnen. Cheops' Nachfolger Chephren erbaute eine weitere riesengroße Pyramide bei Gise, und schließlich ließ Mykerinos dort noch eine viel kleinere Pyramide errichten. Zusammen mit dem großen Sphinx und anderen Hilfsstrukturen und Gebäuden in Gise bilden diese drei Pyramiden einen Teil des Komplexes, den die Ägypter den Achet, den »Horizont«, nannten.

So außergewöhnlich die Bauwerke während der 4. Dynastie waren, so unscheinbar ging es weiter, wenn man die Pyramiden der 5. und 6. Dynastie betrachtet. Diese Bauwerke sind viel kleiner und viel ruinöser. Es scheint, als ob in Ägypten zu jener Zeit eine Art »Intelligenzverlust« stattgefunden habe. Eine Übersicht des verbauten Pyramidenmaterials verdeutlicht dies: Von den 30 Millionen Tonnen Material, die im Pyramidenzeitalter verbaut wurden, verarbeitete allein die 4. Dynastie etwa 26 Millionen Tonnen. Das entspricht ca. 85 Prozent des Gesamtmaterials. Fraglos unterscheidet sich also die 4. Dynastie wesentlich von den restlichen Dynastien.

Was aber die Gise-Pyramiden wirklich über die anderen Pyramiden erhebt, ist nicht nur ihr Maßstab, ihre Größe oder die Qualität ihrer Verarbeitung, sondern auch die Präzision, mit denen sie ausgerichtet sind. Diese Ausrichtungen konnten nur mit Hilfe genauer Beobachtung der Sterne erreicht werden. Die vier Seiten der Großen Pyramide von Gise sind auf die vier astronomischen Kardinalpunkte ausgerichtet: auf den geographischen Norden, Osten, Süden und Westen. Die Basis der Pyramide ist so genau auf die Meridianachse ausgerichtet – auf die Nordsüdachse –, daß die mittlere Abweichung nur 5 Prozent eines Grades beträgt. Es ist schwierig genug, eine Linie auf den Boden zu legen, die 230 Meter lang ist – das entspricht der Basislänge der Großen Pyramide. Diese Präzision jedoch auch noch aufrechtzuerhalten, wenn man schwere Steinblöcke bearbeitet, ist wirklich erstaunlich. Bisher wurde uns noch keine Erklärung angeboten, wie die Ägypter dies bewerkstelligt haben könnten. Die eigentliche Frage lautet aber nicht nur, wie es gemacht wurde, sondern auch, warum. Warum diese Besessenheit an Präzision? Warum diese präzise Ausrichtung mit Hilfe der Sterne? Das Interessante an den Strukturen im Inneren der Großen Pyramide ist insbesondere die Anordnung der Gänge, Kammern und Schächte, die auf die Nordsüdachse konzentriert wurde. Der Eingang der Pyramide befindet sich im Norden. Von diesem Eingang gelangt man zu den weiter südlich gelegenen Kammern. Alles zieht unsere Aufmerksamkeit auf die Meridianlinie – auf die Nordsüdachse. Warum ist das so?

Und noch etwas ist seltsam: Wenn die Pyramiden nur Grabmäler waren, warum mußte sich dann ein Pharao oder irgend jemand anderes darum kümmern, ob das Grabmal auch ganz genau ausgerichtet war? Die Antwort auf diese Frage finden wir erstaunlicherweise in den Sternen. Es ist auf den ersten Blick offensichtlich, daß der Gise-Komplex nach einem bestimmten Bauplan erstellt wurde. Dr. Kerisel aus Paris, Präsident der Französisch-Ägyptischen Gesellschaft, hat vor kurzem offiziell bestätigt, daß ein solcher Bauplan existiert haben muß und daß er – viel wichtiger noch – etwas mit Astronomie zu tun hatte.

Auch wenn ein möglicher Bauplan des Gise-Komplexes auf einer Ausrichtung auf die Meridianlinie beruht, so lassen sich doch gewisse Anomalien feststellen. Warum wurden zum Beispiel die drei Pyramiden auf einer Diagonalen von 45 Grad ausgerichtet? Und warum wurde die kleinste Pyramide auf dem Gise-Plateau nach links verschoben? Wenn es einen solchen Bauplan gab, was war die Grundlage, was waren die Ideen hinter diesem Plan?

Die dritte Pyramide ist natürlich kein kleines Denkmal – sie ist immerhin auch über 60 Meter hoch. Aber da sie neben zwei gigantischen Pyramiden steht, sieht sie natürlich sehr klein aus, beinahe »minderwertig«. Warum ließ sich ein mächtiger Pharao an dieser Stätte eine sehr viel kleinere Pyramide erbauen? Warum ließ er es zu, daß seine »Minderwertigkeit« der Nachwelt so klar vor Augen geführt wurde?

Bei der Suche nach der Antwort auf all diese Fragen müssen wir uns mit der verschleierten, aber faszinierenden Welt der Pyramidentexte befassen, die uns von der wahren Sternenfunktion des Gise-Komplexes ablenken. Erst wenn wir erkennen, daß diese Texte astronomisch bedeutungsvoll sind, können wir den Schleier lüften und den Gise-Komplex wirklich so erfassen, wie er gedacht wurde. Bis zum Jahr 1880 wurde allgemein angenommen, daß die ägyptischen Pyramiden keine schriftlichen Aufzeichnungen enthielten. 1881 aber gelang es Gaston Maspero, eine Gruppe von Pyramiden in Sakkara aus der 5. und 6. Dynastie zu erforschen. In diesen Pyramiden fand Maspero Wände vor, die mit Inschriften übersät waren.

Künstlerische Darstellung der Sternenlandschaft mit Osiris (Orion) und dem Schacht der großen Pyramide, der auf den Oriongürtel ausgerichtet ist (Quelle: Bauval, Robert G. und Gilbert, A.: Das Geheimnis des Orion, 1994)

Diese Pyramidentexte erzählen von der Zeit der mysteriösen Sternengötter. Wir erfahren, daß die alten Ägypter an eine Schöpfungsgeschichte glaubten, die am Himmel begann: Vor sehr langer Zeit, noch bevor die Pyramiden gebaut wurden, entsandte die Himmelsgöttin Nut ihre Kinder Osiris und Isis, Seth und Nephtis, die Sternenkinder waren, auf die Erde. Osiris und Isis waren das erste Königspaar Ägyptens. Die Geschichte besagt, daß Osiris von seinem Bruder Seth ermordet, sein Körper in viele Stücke zerteilt und über das Land Ägypten verstreut wurde. Isis, seine Frau, die kinderlos war, sammelte die Körperteile ein und brachte den toten Osiris durch die magischen Rituale der Mumifizierung ins Leben zurück. Dann nahm sie seinen Samen und wurde schwanger. Unterdessen verließ Osiris diese Welt und betrat die Himmelswelt, wo er ein Königreich gründete, das er »Duat« nannte. Dieses Königreich fand sich nahe des Sternbildes des Orion und lag am Ufer des Himmelsflusses. Offensichtlich ist damit die Milchstraße gemeint. Schließlich gebar Isis dem Osiris einen Sohn, Horus, der dann das irdische Königreich seines Vaters erbte.

Schauen wir uns diese Pyramidentexte noch etwas genauer an: Im Pyramidentext 466 wird uns mitgeteilt, daß König Horus ein Stern wird und sich Orion, also Osiris, am Himmel anschließt. In Text 610 erfahren wir interessanterweise, daß König Horus eine Treppe erklimmt, um den Ort zu erreichen, wo sich der Orion befindet. Dies ist eindeutig ein Verweis auf die Pyramide. Schließlich findet man in einem der sehr wichtigen Texte, Nr. 600, eine kleine Korrelation zwischen der tatsächlichen Pyramide und Osiris. Dort wird nämlich mitgeteilt, daß der König Osiris ist. Und daß auch die Pyramide Osiris ist. An anderer Stelle haben wir schon erfahren, daß Osiris Orion darstellt. Nun muß man wissen, daß die Pyramiden Sternen- und auch »Ba«-Namen erhielten. Ba bedeutet die Seele oder den Stern des jeweils verstorbenen Königs. Anhand all dieser Informationen scheint es ganz offensichtlich, daß die alten Ägypter eine Verbindung zwischen den Sternen des Orion und den Pyramidenstrukturen mit ihren Hieroglyphentexten beabsichtigten. Wie kann aber bei den Pyramiden von Gise diese Verbindung hergestellt werden, die doch keine Pyramidentexte enthalten?

Ein erster großer Durchbruch auf der Suche nach Antwort ergab sich, als die Astronomin Virginia Trimble die Ausrichtung der Schächte in der großen Pyramide auf die Sterne hin untersuchte. Trimble fand heraus, daß der südliche Schacht der Königskammer auf die Gürtelsterne des Orion, wie sie zur Zeit um 2600 v. Chr. zu sehen waren, ausgerichtet war. Außerdem konnte sie nachweisen, daß der nördliche Schacht der Königskammer auf den damaligen Polarstern zeigte. Es steht also außer Frage: Diese Schächte wurden auf die Sterne ausgerichtet.

Diese Schlußfolgerungen führten zwangsläufig zu noch gründlicheren Untersuchungen in den beiden Schächten der Königinnenkammer. Dabei fand ich damals heraus, daß der südliche Schacht der Königinnenkammer auf den Sirius ausgerichtet war. Der Münchner Techniker Rudolf Gantenbrink hat aber bewiesen, daß der südliche Schacht der Königinnenkammer nicht bis an die Außenseite der Pyramide reicht. Er wird durch eine rätselhafte kleine Tür blockiert.

Anhand Gantenbrinks Daten konnte ich nun berechnen, daß der südliche Schacht der Königskammer genau auf Al Nitak (Zeta Orionis), den unteren Stern des Oriongürtels, gerichtet war.

Schauen wir uns zudem die Lage der Gise-Pyramiden noch einmal genauer an: Die Gürtelsterne im Orion bilden eine Reihe, so wie die Pyramiden von Gise ebenfalls eine Reihe bilden. Lediglich die kleine Pyramide von Gise weicht ein wenig von dieser Reihe ab, ebenso wie der leuchtschwächere kleinere Stern im Oriongürtel. Eine Korrelation zwischen diesen »Mustern« ist ganz offensichtlich.

Zusammenfassend läßt sich also feststellen: Die Pyramidentexte sprechen vom Sternenschicksal der toten ägyptischen Könige im Orion. Die relative Ausrichtung der drei Gise-Pyramiden steht in Übereinstimmung mit den Gürtelsternen des Orion und zur Milchstraße (= Nil). Der südliche Schacht der Königskammer ist auf den Oriongürtel gerichtet. Die dritte, kleinere Pyramide des Gise-Komplexes liegt gleich und übereinstimmend versetzt zum dritten, kleineren Oriongürtelstern. Diese Korrelationen können kein Zufall sein!

Ich bin zu dem Schluß gekommen, daß die alten Planer des

Gise-Komplexes die drei Pyramiden von Gise übereinstimmend nach den drei Sternen des Oriongürtels ausgerichtet hatten. Die große Frage nach dem »Warum« ist bisher noch nicht gelöst worden. Es steht außer Frage, daß die Pyramiden im 3. Jahrtausend v. Chr. gebaut wurden. Aber wann ist die Idee zu solchem Pyramidenbau, die Ideologie dahinter entstanden? Ich vermute, daß die Ursprünge hierzu noch viel früher zu suchen sind. Die drei Pyramiden von Gise hängen zudem zusammen mit einem anderen Monument auf dem Gise-Komplex: dem großen Sphinx. Zusammen mit dem Sphinx bilden die Pyramiden eine Konzeption, die auf das 11. Jahrtausend – etwa 10 500 v. Chr. – zurückgeht. Deshalb muß man nicht nur fragen, warum unsere Aufmerksamkeit mit den Pyramiden von Gise auf die Sterne gelenkt wurde, sondern auch, warum uns die alten Ägypter aufgefordert haben, auch eine frühere Epoche zu beachten, in der etwas sehr Wichtiges passiert sein mußte. Wer aber war 10 500 v. Chr. da? Warum weisen diese Monumentalbauten in die noch weiter entfernte Vergangenheit? Wir bleiben auf der Suche nach den Antworten.

MICHAEL HAASE

Im Banne des Cheops

Die Pyramiden Ägyptens stellen ein kulturhistorisches Menschheitserbe ersten Ranges dar. Seit Beginn ihrer wissenschaftlichen Erforschung konzentrierte sich aber nicht nur das akademische, sondern auch das populäre und das grenzwissenschaftliche Hauptinteresse auf die Cheops-Pyramide (Cheops, altäg. Chufu, 4. Dynastie, um 2600 v. Chr.) in Gise. Sie bietet als größte Pyramide Ägyptens und als Relikt der antiken Weltwunderanschauung den notwendigen Stoff für Tatsachenberichte und Spekulationen. Dieses Bauwerk gilt heute in allen Kreisen als der Höhepunkt pyramidaler Architektur.

Über die allgemeine Bestimmung der Cheops-Pyramide ist sowohl in der Paläo-SETI-Literatur als auch in der populärwissenschaftlichen Literatur in den letzten Jahren viel diskutiert worden. Die klassische Ägyptologie ließ nie einen ernsthaften Zweifel daran aufkommen, daß die Pyramiden Grabmale und authentische Zeugnisse ihrer ägyptischen Epoche waren. Grenzwissenschaftler und Vertreter der Paläo-SETI-These hingegen sehen insbesondere in der Cheops-Pyramide zum Beispiel in erster Linie ein Vermächtnis einer oder mehrerer längst vergangener irdischer oder extraterrestrischer Kulturen, die irgendwann einmal vor der geschichtlich erfaßten ägyptischen Chronologie mit der Nilregion in Verbindung gestanden haben sollen.

Abgesehen davon, daß ein derartig singulärer Lösungsansatz sicherlich nicht methodisch die Rätsel und Probleme des gesamten Pyramidenbaus lösen kann, zeigen eingehende Studien, daß sich die pyramidale ägyptische Grabarchitektur relativ langsam, aber stetig und chronologisch überprüfbar entwickelt hat. Die

Pyramiden Ägyptens präsentieren sich weder als Werk einer spontanen »göttlichen Inspiration« noch als das einer einzigen Generation von Baumeistern. Detailanalysen zeigen, daß sich ihre architektonische Evolution an vielen Einzelphasen in der Entwicklung der Kammersysteme sowie an der Gesamtstruktur der Pyramidenkomplexe ablesen läßt. Auch die Cheops-Pyramide läßt sich in die Evolutionskette des Pyramidenbaus einordnen.

Wer alle pyramidalen Bauwerke und ihre Umgebungsbauten gleichberechtigt betrachten und ihre Entwicklungen in einem Gesamtverbund sehen und verstehen will, dem eröffnet sich ein umfangreiches Arbeitsfeld für die Zukunft: Aufgrund gewisser Unzulänglichkeiten und Lücken in der modernen Ägyptologie könnten nämlich detaillierte Analysen der pyramidalen Umgebungsbauten – wie Taltempel, Pyramidenstädte und Königsresidenzen – noch eine Reihe Aussagen und Bewertungen erbringen, die kaum noch Widersprüche in sich bergen.

Bei allen derartigen Analysen und Betrachtungen sollte jedoch die religiöse Komponente im Pyramidenbau und ihre Auswirkungen auf die Architektur nicht außer acht gelassen werden. Aufgrund der bekannten Forschungsergebnisse muß man heute davon ausgehen, daß die pyramidale ägyptische Monumentalarchitektur durch einen tiefen religiösen Glauben und Ritus initiiert war. Die Pyramiden waren nicht nur einfache riesige Grabmäler, die die Mumien der Könige für alle Ewigkeiten bewahren sollten. Sie stellten zudem ein symbolisches »Abbild« des toten Königs dar, der auch nach seinem Tode als Gott verehrt wurde. Auf dieser Anschauungsgrundlage entwickelten sich die Pyramidenanlagen zu religiösen und kulturpolitischen Mittelpunkten eines intensiven Verehrungskultes und spielten somit eine nicht zu unterschätzende ökonomische und sozialpolitische Rolle im alten Ägypten, so entstand ein »architektonischer Dualismus«: Pyramidenanlagen als Kultstätten und Symbole hatten viele Jahrhunderte Bestand.

Vieles ist heute in der Pyramidenforschung bekannt, aber dennoch bleiben Fragen offen. Nach jahrelangen Forschungen und Analysen bin ich zu der Auffassung gelangt, daß es keine signifikanten Aspekte im Pyramidenbau gibt, die mit den interpretativen Aspekten der Paläo-SETI-These in Einklang zu bringen sind. Vor dem Hintergrund interdisziplinärer und offener fachorientierter Forschungsarbeit akzeptiere ich trotzdem alle konstruktiven Ansätze, Analysen und weiterführenden Betrachtungen, mit denen die Vertreter der Paläo-SETI-These versuchen, die noch ungelösten archäologischen und architektonischen Gesichtspunkte der Pyramidenproblematik in den Vordergrund zu stellen. Auf die folgenden vier Fragen hat die zeitgenössische Forschung noch keine endgültigen Antworten gefunden.

Der Felskern der Cheops-Pyramide

Das theoretische Pyramidenvolumen wird in der Literatur oftmals mit etwa 2,5 bis 2,6 Millionen Kubikmeter angegeben. Mit einer »spezifischen« mittleren Kalksteindichte von 2,5 g/cm^3 ergibt sich ein Gesamtgewicht von etwa 6,5 Millionen Tonnen. In der Regel fußen derartige Ergebnisse auf Berechnungen, die von der Cheops-Pyramide als einer mathematisch »echten« Pyramide ausgehen. Dieser Ansatz ist jedoch nicht korrekt. Die Grundfläche der Pyramide ist nachweislich nicht ebenerdig. Das Plateau wurde für den Bau der Pyramide nicht nivelliert, sondern ein vorhandener Felskern in das Grabmal »integriert«. Die Kenntnis über den Felskern ist nicht neu. An drei Stellen der Pyramide ist er eindeutig nachweisbar. Unter der allgemeinen Voraussetzung, daß aus Symmetriegründen und bautechnisch vereinfachenden Maßnahmen eine Parallelität zwischen den Höhen der heute sichtbaren Außenstufen und den Höhen der hypothetischen Felsstufen besteht, wurden in älteren Arbeiten die hypothetischen Dimensionen des Felskerns näherungsweise berechnet. Dabei zeigte sich folgendes:
1. Die größten und schwersten Blöcke im Kernmauerwerk wurden in der untersten Lage verbaut. Die allgemeine Vorstellung, derart große Mengen der etwa 1,50 Meter hohen Kalksteinquader auf einer vermeintlichen Grundfläche von ca. 53000 Qua-

dratmetern bewegt und aneinandergelegt zu haben, rief oftmals ungläubiges Erstaunen vor. Auch wenn hier die Qualität dieser generellen Bauleistung nicht in Zweifel gezogen werden soll, so muß allerdings die Quantität dieser Aktion unter Berücksichtigung des zentralen Felskerns relativiert werden. Vergleicht man die errechnete Felskerngrundfläche mit der theoretischen Pyramidenbasis, so zeigt sich, daß die Ägypter in dieser Bauphase lediglich etwa 7,14 Prozent (ca. 3800 m^2) der Gesamtpyramidengrundfläche verlegen mußten!

2. Der Felskern nimmt fast 94 Prozent des Volumens der Pyramide bis zur zweiten Steinlage in Anspruch! Die Ägypter mußten bis zu dieser Höhe lediglich etwa 8800 Kubikmeter verlegen.

3. Realistische Berechnungsmodelle führten zu einem relativen Felskernvolumen (bis zur siebenten Stufe = ca. 7,90 m Höhe) von etwa 205 400 Kubikmeter (etwa 8 Prozent des gesamten Pyramidenvolumens).

Die Existenz eines »zentralen« Felskerns unter der Cheops-Pyramide stellt die Pyramidenforscher zudem vor das meßtechnische Problem, zu erklären, wie denn die eigentliche »Einmessung der Pyramide« vonstatten ging, da die korrigierenden linearen Messungen über die Diagonalen nicht so ohne weiteres mehr möglich waren. Dieser Umstand kann für die damaligen Baumeister kein Problem dargestellt haben, da der Höhenunterschied der Pyramidenbasis lediglich eine maximale Differenz von nur 0,021 Metern zwischen der Mitte der Nordseite und der Südostecke der Pyramide aufweist. Das Fundamentpflaster um den Felskern herum war somit selbst für moderne Vermessungstechniken unwahrscheinlich exakt gelegt worden. Auch die vier Seitenlängen der Pyramide weichen nur wenig voneinander ab und weisen erstaunlich genaue rechte Winkel auf. Die Nordseite differiert vom Basislängenmittel von 230,38 Metern (ca. 440 Ellen) um 0,13 Meter, die Südseite sogar um lediglich 0,07 Meter. Diese exakten Werte zeugen von einem hohen Niveau der altägyptischen Vermessungs- und Baupraktiken.

Cheops-Pyramide: Der Zahn der Zeit und die Zerstörungsgewalt der Menschen haben auch in Gise ihre Spuren hinterlassen: Heute, etwa 4500 Jahre nach der Fertigstellung der Pyramidenanlage, bietet der sakrale Kernbereich der Nekropole einen weitgehend zerstörten Anblick. Von den Umgebungsbauten der Pyramidenanlage, die den Namen Achet-Chufu (»Horizont des Cheops« oder »Der westliche Horizont des Cheops«) trug, sind kaum noch Spuren erhalten geblieben. Der Totentempel von Cheops ist – bis auf gewisse Fundamentierungen – fast vollständig verschwunden, ebenso der Aufweg und die Verkleidung der Pyramide. Der Taltempel schließlich, der meines Erachtens nach seiner Ergrabung so manches Rätsel um den ägyptischen König Cheops lösen könnte, schlummert noch unter einem Vorstadtdorf Kairos östlich der Pyramidenanlage. Im Hintergrund: Die Westseite der Cheops-Pyramide. Im Vordergrund: Mastabas des Westfriedhofs (Quelle: Michael Haase)

Felskern der Cheops-Pyramide: An der Nordostecke der Cheops-Pyramide kann man den Felskern deutlich erkennen. Die Fundamentsohle sowie die erste Stufe des Kernmauerwerks bestehen an dieser Stelle aus natürlich gewachsenem Felsgestein. Oberhalb der ersten Lage wurden die lokalen Kalksteinblöcke verlegt (Quelle: Michael Haase)

Einige Bemerkungen zur Bauleistung

Es gibt zur Zeit keine ernstzunehmenden Einwände dagegen, daß eine »symbolisch-religiöse Weltanschauung« der altägyptischen Kultur die Ägypter dazu motivierte, aufwendige Pyramidenbauten zu errichten. Zudem muß man davon ausgehen, daß zu jener Zeit die wirtschaftliche, organisatorische und infrastrukturelle Situation Ägyptens derart gut war, daß sich die Könige der 4. Dynastie – insbesondere aber Snofru, Cheops und Chephren – pyramidale Großbaustellen leisten konnten.

Es ist durchaus denkbar, daß bei einem Langzeitprojekt, wie zum Beispiel dem Bau der Cheops-Pyramide, Aufzeichnungen auf Papyrus, Holz oder Stein gemacht wurden, die die spezifischen Lagen, Höhenverhältnisse und Winkelmaße enthielten und wahrscheinlich für die Dauer des Projektes als Vorlage dienten. Indirekte Beweise für die Existenz dieser maßgeblichen Baupläne lassen sich belegen. Außerdem war so etwas wie ein »Projektzeitplan« notwendig, der gewährleistete, daß der geplante Baufortschritt überprüfbar blieb. Schließlich mußte man die Verarbeitung und Rücklagen der zur Verfügung stehenden Ressourcen optimal berücksichtigen sowie die jeweiligen geplanten Arbeitsdienste und die Versorgung der Bauarbeiter koordinieren. Da zudem während jedes Pyramidenbaus von einer unbekannten Lebens- und Regierungsdauer des Bauherrn und Regenten auszugehen war, wurde ein solcher Plan vermutlich in einer sehr flexiblen, anpassungsfähig und allgemeinen Form gestaltet. Die Arbeiten standen vermutlich bei jeder pyramidalen Baustelle unter großem Zeitdruck. Schon aus diesem Grunde muß den damaligen Baumeistern im Fall der Cheops-Pyramide ein massiver Felskern, den es zu umbauen galt, sehr gelegen gekommen sein.

Welche Auswirkungen hatte der Felskern auf die effektive Bauleistung an der Cheops-Pyramide? Zieht man vom theoretischen Volumen dieses Grabmals das Volumen des Felskerns und die Verfüllungen (Mörtel und sonstige Hohlräume: etwa 5 Prozent) ab, so liegt das theoretische Volumen der verbauten Steinblöcke bei etwa 2,27 Millionen Kubikmeter.

Steinbrüche auf dem Gise-Plateau: Südlich der Cheops-Pyramide finden sich die Hauptsteinbruchareale des Plateaus. Nach dem Abbau der Kalksteinblöcke wurden in dieser Region diverse Felsengräber angelegt (Quelle: Michael Haase)

Gegenstände aus der Pyramide: Die wiedergefundenen Gegenstände aus dem nördlichen Schacht der Königinnenkammer befinden sich heute im Britischen Museum, Raum 64, Vitrine 14 (Quelle: Michael Haase)

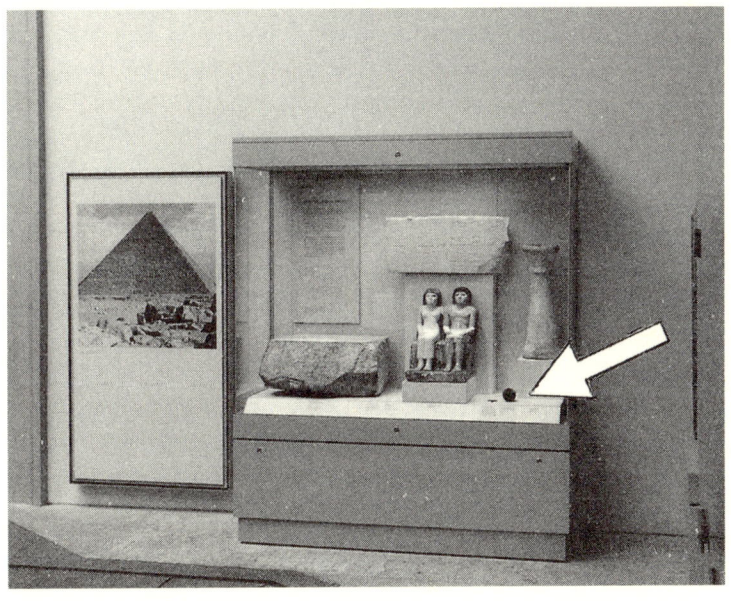

Nach dem Turiner Königspapyrus hat Cheops 23 Jahre lang regiert. Auf einigen Steinen der Prinzenmastabas des Ostfriedhofes wurden Graffiti entdeckt, die Jahresangaben enthalten, die auf das 23. und 24. Regierungsjahr Cheops' hindeuten. Bei einer maximalen Bauzeit (= Regierungszeit) von 24 Jahren errechnet sich für die Cheops-Pyramide eine effektive Bauleistung von ca. 26,3 Kubikmeter pro Stunde. Einige ägyptologische Studien und Arbeitshypothesen der letzten Jahre gehen allerdings von einer längeren Regierungszeit des Cheops aus, nämlich von 30 bis 32 Jahren. In diesem Falle wären in einer Stunde 19,7 Kubikmeter verbaut worden. Diese relativierten Bauleistungen an der Cheops-Pyramide aber unterscheiden sich kaum noch von den Bauleistungen anderer Könige der 4. Dynastie.

Einige Bemerkungen zum Rampenproblem

Die moderne Pyramidenforschung hat in den letzten Jahrzehnten eine Reihe neuer Ansätze und Erkenntnisse über die Bauausführung hervorgebracht. Bisher wurde allerdings keine der Arbeitshypothesen durch signifikante Funde in situ bestätigt oder widerlegt. Insbesondere ist die Frage, wie das Steinmaterial bis zur Höhe der Pyramidenspitze transportiert wurde, noch nicht zufriedenstellend beantwortet worden.

Es ist unter den Ägyptologen heute unstrittig, daß man beim Pyramidenbau keine Rampen verwendete, die aus größerer Entfernung direkt bis zur Spitze der Pyramide hinaufreichten. Die Abmaße der bisher entdeckten Transportwege an den Pyramidenanlagen von Dahschur, Medurn und Sakkara-Süd zeigen dies sehr deutlich. Auch im Falle der Cheops-Pyramide in Gise kann die Existenz einer »überdimensionierten« Baurampe schnell ausgeschlossen werden, wenn man gewisse Aspekte im »theoretischen« und topographischen Umfeld der Pyramide berücksichtigt.

Es läßt sich zum Beispiel eindeutig zeigen, daß der theoretische Bau- und Arbeitsverlauf an der Cheops-Pyramide nicht linear vor sich ging. Setzt man das höhenabhängige Volumen eines Pyramidenstumpfes zum Gesamtvolumen einer Pyramide in Rela-

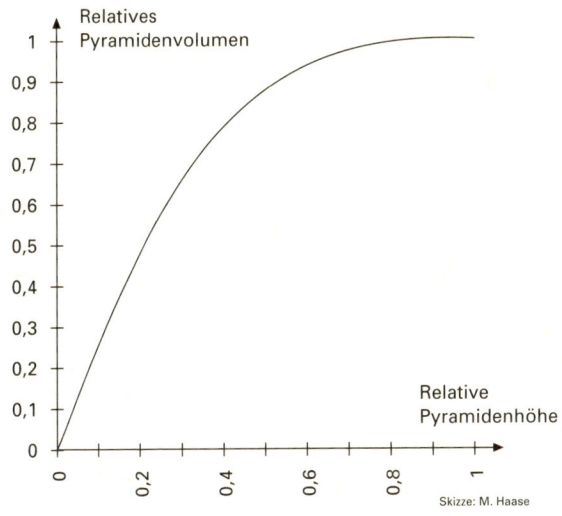

Relatives Pyramidenvolumen

Relative Pyramidenhöhe

Skizze: M. Haase

tion und stellt die korrespondierenden Größen in einer Graphik dar, so erhält man einen deutlichen Eindruck vom Zuwachs des Pyramidenvolumens in Abhängigkeit zu seiner Höhe. Diese höhenabhängige »Baumassenverteilung« relativiert die Frage nach der Höhe hypothetischer Baurampen. Beim Bau der Cheops-Pyramide hatten die Bauarbeiter zum Beispiel bei einer Höhe von 100 Meter des Pyramidenstumpfes schon fast 97 Prozent des gesamten Pyramidenvolumens verbaut. Die restlichen 3 Prozent bildete die etwa 48 Meter hohe »Pyramidenspitze«. Schon aufgrund dieser Zahlenwerte läßt sich die These von der Verwendung einer bis zur Pyramidenspitze führenden Baurampe (unabhängig von ihrem enormen Eigenvolumen) nicht halten! Neben diesen theoretischen Überlegungen gibt es übrigens noch einen topographisch-geologischen Grund, warum ein Großteil des lokalen Kalksteins, der für das Kernmauerwerk der Cheops-Pyramide benötigt wurde, gar nicht weit transportiert werden mußte: die Lage der lokalen Steinbrüche. Der geologische Aufbau des Gise-Plateaus besteht aus Schichten harten Kalksteins und ist durchsetzt von dünnen Ablagerungen von weichem Mergel. Somit waren optimale Voraussetzungen zum Abbau des Gesteins für den Bau der Cheops-Pyramide vorhanden. Südlich und südöstlich der Cheops-Pyramide befinden sich die wichtigsten lokalen Steinbruchareale. Dorther stammt das Kernmaterial der Pyramide, wie Analysen eindeutig belegen. Begrenzt durch den späteren Chephren-Aufweg reichen sie bis zum Sphinx hinab. Die lokalen Steinbrüche liegen somit alle in der unmittelbaren Umgebung, ca. 300 bis 500 Meter von der Pyramide entfernt.

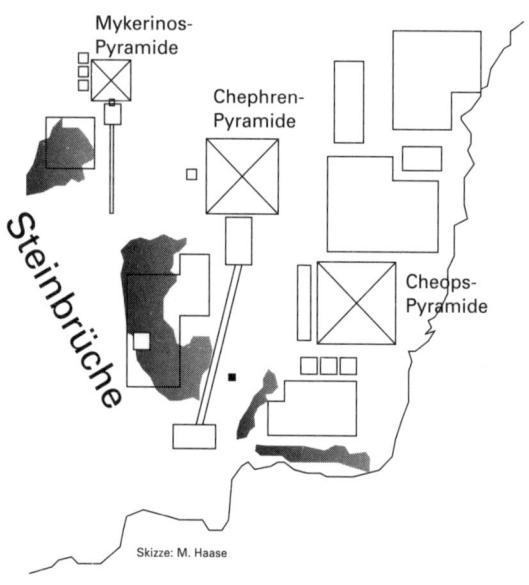

Skizze: M. Haase

So waren lediglich kleinere Rampen vonnöten, die von Südosten oder Süden an die Baustelle heranführten. Der Standort des Grabmals ist bewußt in der Nähe der Steinbrüche gewählt worden. Wie hoch konnten diese Rampen an die Pyramide herangeführt werden? Berechnungen ergaben, daß eine ca. 400 Meter lange und 12 Prozent (6,8°) steile Rampe maximal eine Pyramidenstumpfhöhe von etwa 33 Meter erreicht hätte. Ein Pyramidenstumpf dieser Höhe beinhaltet maximal 54 Prozent des gesamten Pyramidenvolumens. Durch die Verwendung einer an die westliche Pyramidenflanke tangential herangeführten Baurampe erhöht sich deren Länge auf etwa 550 Meter. Bei wiederum einer

12-Prozent-Steigung hätte eine solche Rampe eine Pyramidenstumpfhöhe von ca. 51 Meter erreicht. 72 Prozent des Pyramidenvolumens hätte man somit verbauen können. Damit waren die Möglichkeiten für den Einsatz zentral angelegter und linear geführter Rampen vorerst erschöpft. Für die letzten x-Meter bis zur Spitze wurden mit Sicherheit andere Verfahren und Praktiken des Steintransports angewandt.

Auf den Spuren des Upuaut

Bei den Untersuchungen der Schachtsysteme in der Cheops-Pyramide im Frühjahr 1993 hat der Münchner Archäotechniker Rudolf Gantenbrink mittels eines kleinen selbstkonstruierten Roboters namens Upuaut nachweisen können, daß der südliche Schacht der sogenannten Königinnenkammer länger ist, als man bisher vermutete. Die Gesamtlänge des südlichen Schachtes der Königinnenkammer beträgt 9,84 Meter bei einer Steigung von 39,60 Grad. Zudem entdeckte er am Ende dieses Schachtes eine in der Ägyptologie bislang unbekannte architektonische Struktur. Hierbei handelt es sich um eine Art »Blockierung«, die vermutlich von oben in den Schacht eingelassen wurde.
Bei den Auswertungen des Videomaterials zeigte sich, daß diese Blockierung markante Oberflächenstrukturen aufweist, deren Betrachtungen und Interpretationen eine mögliche Analyse ihrer funktionalen Bedeutung gestatten. Man fand zwei vertikal angebrachte, vermutlich kupferne, »Beschläge«, von denen der linke nur noch fragmentiert vorhanden ist. In Verbindung mit diesen »Beschlägen« an der Blockierung deutet vieles auf die Verwendung von Bitumen und »Gipsmörtel« zu ihrer Befestigung hin. Nach dem derzeitigen optischen Befund erweckten die Metallstücke den Eindruck, als ob es sich bei ihnen um »Stifte« handeln könnte, die mit »irgend etwas« auf der anderen Seite der Blockierung in Verbindung stehen. Diese »Stifte« scheinen durch Bohrlöcher mit einem Durchmesser von bis zu 0,7 Zentimeter gesteckt und an der sichtbaren Seite der Blockierung »gebogen« und befestigt worden zu sein.

In diesem Zusammenhang tun sich einige wichtige Fragen auf: Welche Seite der Blockierung ist sichtbar, die Rück- oder die Vorderseite? Falls es die Rückseite der Blockierung ist: Was könnte mit den Stiften an der Vorderseite befestigt worden sein? Gibt es einen unbekannten Hohlraum jenseits der Blockierung? Wie muß man sich einen hypothetischen Hohlraum hinter der Blockierung vorstellen?

Rudolf Gantenbrink legte im Jahr 1995 eine Reihe signifikanter Indizien vor, die insgesamt für die Existenz eines solchen Hohlraumes hinter der Blockierung sprechen könnten:

- Eine starke Bodenbeschädigung, die vermutlich aufgrund einer konzentrierten Druckbelastung entstand, befindet sich vor der Blockierung im Schacht.
- Es existieren Sägespuren auf dem Boden vor der Blockierung. Bis auf den unmittelbaren Bereich der bekannten Kammern und an der Außenwand der Pyramide treten sonst keinerlei derartige Spuren auf.
- Der letzte Block vor der Blockierung wurde im Unterschied zu allen anderen Blöcken im Schacht nach dem Meißeln poliert. Er besteht aus Tura-Kalkstein. Derartig präzise Blockbearbeitungen findet man in der Pyramide ansonsten nur im Bereich des Kammersystems.
- Die Blockierungsplatte wurde sehr präzise bearbeitet und mörtelfrei »eingesetzt«.
- In unmittelbarer Umgebung vor der Blockierung sind weder Sand noch umfangreiche Staubspuren zu erkennen.

Es ist meines Erachtens aufgrund der Befunde und der Architektur eindeutig auszuschließen, daß sich in diesem Bereich der Pyramide ein begehbares Kammer- bzw. Hohlraumsystem befindet. Die vorgelegten Indizien schließen allerdings nicht aus, daß man es trotzalledem mit einer noch unbekannten, aber kleineren isolierten Hohlraumstruktur oberhalb oder hinter der Schachtblockierung zu tun haben könnte. Der flugsandfreie Bereich vor der Blockierung sowie die starke, vermutlich durch kompakte Druckeinwirkung entstandene Beschädigung im südlichen Schacht der Königinnenkammer könnten dafür sprechen.

Meinen Berechnungen zufolge sind die Dimensionen zwischen der Blockierung und der Pyramidenaußenwand in der Größenordnung von etwa 16 Metern.

Falls es einen Hohlraum in diesem Bereich gibt, stellt sich die Frage, welchem Zweck er diente. Handelt es sich um einen bautechnisch relevanten Strukturbereich, der womöglich konstruktionsbedingt entstand?

Auf jeden Fall zeugen die Lage und Struktur des südlichen Schachtes der Königinnenkammer davon, daß die Blockierung und der hypothetische Hohlraum dahinter von langer Hand geplant und nicht zufällig angelegt wurden. Wollte man womöglich etwas dort oben im Pyramidenmassiv deponieren oder verbergen?

Vielleicht erfüllte ein Hohlraum hinter der Blockierung einen religiösen Zweck, der zum Beispiel auf die Person des toten Königs ausgerichtet war. Geben die erst kürzlich wiedergefundenen Gegenstände, die der Brite Wayman Dixon 1872 im nördlichen Schacht der Königinnenkammer entdeckte, einen Hinweis? Zwei der drei Objekte, eine kleine Steinkugel und ein kupferner Gegenstand in Form eines »Doppelhakens«, liegen zur Zeit in der Ausstellung des Britischen Museums in London.

Es ist durchaus denkbar, daß sich hinter der Blockierung ein oder mehrere kultorientierte Gegenstände befinden. Nur weitere Forschungen können dies zeigen.

Zum Schluß sei noch einmal Rudolf Gantenbrink zitiert: »Was aber muß sich ändern, damit wir endlich neues Wissen schaffen, das Jahrtausendrätsel lösen? Die Pyramidenforschung muß sich vom Ballast der Vergangenheit befreien, muß offener werden, interdisziplinärer. Sie muß den Mut haben, sich selbst zu widerlegen, Unerwartetes nicht als lästiges Hindernis, sondern als Geschenk nehmen. Vor allem aber muß sie erkennen, daß nicht mehr viel Zeit bleibt, bevor auch das letzte Indiz zum Opfer von Erosion und Verfall wird, daß es fünf vor zwölf ist und daß die Uhr in der Wüste tickt und nicht im klimatisierten Büro. Werden wir dann mehr wissen? Vielleicht, vielleicht auch nicht, aber wir geben uns zumindest eine Chance dazu.«

ALGUND EENBOM
PETER BELTING

Antike Flugtechniken

D as überzeugendste Element der Paläo-SETI-Hypothese sind die nahezu identischen Inhalte weltweiter Überlieferungen über den Anbeginn der Menschheit: Götter kamen vom Himmel geflogen und gesellten sich zu den Menschen. Sie unterwiesen ihre Schützlinge in unterschiedlichen Wissensbereichen und schafften per Dekret ethische und moralische Grundsätze für die ersten Gesellschaftsordnungen.

In diesem Zusammenhang ist von den sogenannten Auserwählten die Rede: Menschen mit herausragenden Eigenschaften, die eng mit den himmlischen Lehrmeistern kooperieren durften und von ihnen besonderes Wissen und Fähigkeiten erwarben. Diese Urväter, wie zum Beispiel Henoch, berichten unter anderem von regelrechten »Passagierflügen« in den Himmelsschiffen ihrer Götter.

Von solcher Art des Flugverkehrs wird in nahezu allen großen Menschheitsüberlieferungen rund um den Globus erzählt. Sie ist mit Sicherheit weder irdischen Ursprungs noch den damaligen Menschen verständlich oder vermittelbar gewesen. Beim genauen Studium alter Schriften wird jedoch offenkundig, daß es scheinbar unterschiedliche Arten der Fliegerei gab: Zum einen ist von göttlichen Himmelsschiffen die Rede, die bei Start und Landung Lärm wie ein Heerlager erzeugten und Berge erzittern ließen; zum anderen ist von Himmelsbarken die Rede, welche einer Wolke gleich am Himmel dahinschwebten, oder von Wagen, die leicht wie ein Adler auf dem Winde dahinflogen. Letztere waren offensichtlich recht harmlose Luftfahrzeuge. Bezeichnenderweise wurden diese deutlich langsameren Fluggeräte fast ausschließlich von Menschen bedient – göttliche Piloten wurden nur vereinzelt erwähnt. Daraus ergibt sich die brisante Frage: Ist es überhaupt möglich, daß den Menschen vor etwa 4000 Jahren eine für sie begreifbare und eigenständig praktikable Flugtechnik vermittelt werden konnte? Eine Technologie, die auf eigenständig hergestellten Materialien der jeweiligen Kulturstufe basierte, allen flugtechnischen Konstruktionsmerkmalen und -anforderungen genügte und von Menschen selbständig gewartet und erhalten werden konnte?

Diese Fragen stehen im engen Zusammenhang mit der von Johannes Fiebag formulierten Mimikry-Hypothese, die besagt, daß sich außerirdische Intelligenzen den Menschen auf der Ebene ihrer jeweiligen Kulturstufe gezeigt und vermittelt hätten. Auch Erich von Däniken befaßt sich mit diesen Fragen. In seinem Buch »Die Steinzeit war ganz anders« berichtet er, daß alten Schriften zufolge Apollo einmal im Jahr zu den Hyperboreern entschwebte, die jenseits des Nordwindes lebten. Vermutlich benutzte der Göttersohn ein einfaches Fluggerät, vielleicht eine Kombination von steuerbaren und durch Propeller angetriebenen Heißluftballonen. Eine ähnliche Konstruktion vermutet er bei dem im »Kebra Negest« – der »Äthiopischen Bibel« – beschriebenen »fliegenden Wagen des Königs Salomon«.

Der Amerikaner Jim Woodman nahm sich der Frage an, ob vergleichbare Ballone bereits vor 2000 Jahren auf der Ebene von Nazca an der Küste Perus zum Einsatz gekommen sein könnten. Unter den Indianerstämmen Zentral- und Südamerikas hat sich immerhin die Kunst der Heißluftmodellballonherstellung bis heute erhalten. Von Guatemala bis Nordchile wurden Zeremonialballons für kultische Handlungen gefunden, die aus den unterschiedlichsten Materialien angefertigt worden waren: vom modernen Seidenpapier bis zu tierischen Eingeweiden, welche bekanntlich auch schon vor Tausenden von Jahren zu Verfügung standen. Im Zuge der Recherchen stießen Woodmans Mitarbeiter auf die Spur des brasilianischen Jesuitenpaters Bartolemeu de Gusmao, der nachweislich bereits im April 1709 ein Heißluftballonmodell am Hofe des Königs von Portugal in Lissabon vorführte. König Johann V. war von diesem Experiment sehr beein-

druckt und erteilte umgehend den Auftrag zum Bau eines Groß-
modells. Dieser Ballon hatte die Form einer dreieckigen Pyramide, also eines Tetraeders. Nach Augenzeugenberichten flog Gusmao im Oktober 1709 mit dieser Konstruktion in einer Höhe
von 20 Metern ungefähr einen Kilometer über Lissabon. Die
von ihm angefertigten Konstruktionen weisen große Ähnlichkeit mit den alten indianischen Abbildungen auf Tonscherben
und Textilien auf. Es gilt als sicher, daß der Pater die Grundidee
des Ballonfliegens auf seinen Exkursionen ins Landesinnere von
den einheimischen Indianerstämmen übernommen hat. Umfangreiche Dokumentationen über das Leben dieses vergessenen
Luftfahrtpioniers, der 74 Jahre vor den Gebrüdern Montgolfiere
erfolgreich Heißluftballonflüge nach Konstruktionsvorlagen
südamerikanischer Indianer durchführte, befinden sich wohl-
behütet in der Landesbibliothek in Bern.

Doch zurück zu den Indianern Perus.

Der Theorie Woodmans zufolge spielte sich das ursprüngliche
Inka-Zeremoniell mit einem Heißluftballon wie folgt ab: Stoffe,
vergleichbar denen von Mumiensäcken, wurden über einer
Rauchgrube gefüllt, wobei die Rauchpartikel die Gewebestruk-
tur zusätzlich verdichteten. (Heutige labortechnische Untersuchungen von 1500 Jahre alten Mumiensäcken haben übrigens
ergeben, daß deren Webdichte von 75 mal 40 Fäden pro Qua-
dratzentimeter die Webstruktur moderner Sportballons übertrifft!) Ohne Erhaltungsenergie erreichte der Ballon mit einer
Gondel in Form eines Binsenbootes innerhalb von 45 Sekunden
eine Höhe von 130 Metern. Die erhitzte Luft trug den Ballon
mit dem Leichnam eines Inkafürsten aufwärts zur Sonne. Nach
einer gewissen Zeit und in größerer Höhe erhitzte die Sonne
den dunklen Ballon so sehr, daß er tagsüber nicht mehr sank. Er
geriet außer Sicht, wurde zum Ozean abgetrieben und ging dort
in der Nacht nieder. Der Inka war zur Sonne zurückgekehrt.

Der hier geschilderte physikalische Effekt, einen Heißluftballon
ohne zusätzliche Energie auf Dauer flugfähig zu halten, ist jedem
Ballonpiloten als »Solarverstärkung« bekannt und wird besonders auf Langstreckenflügen kontrolliert genutzt. Die Möglichkeit derartiger Flüge, unter welchen religiösen oder kultischen

Technische Daten des Luftschiffmodelles »Salomon« (Quelle: Algund Eenbom)

Aspekten und zu welcher Zeit auch immer, ist von flug- und materialtechnischen Voraussetzungen her als durchaus realistisch einzuschätzen.

Wie aber sieht es mit Hinweisen auf frühesten Luftverkehr in unserem Kulturkreis aus?

In mehreren Büchern über die Anfänge der Luftfahrt werden folgende Angaben inhaltlich nahezu identisch gemacht: In »Kampf um das Luftmeer« von Paul Kettel wird der griechische Geograph Strabon zitiert, der von einer geheimnisvollen Sekte der Hyperboreer, den Kapnobaten (»die mit Hilfe des Rauches sich Erhebenden«), berichtet.

Hans Jörg Schmitthenner bestätigt in seinem Buch »Die Luftfahrer«, daß diese heilige Sekte der Kapnobaten die Eigenschaft des Rauches als Warmluftauftrieb bereits gekannt haben muß.

Noch deutlicher berichtet der griechische Dichter Lukian im Zusammenhang mit dem Orakel von Delphi von Frauen in Thessalien, die von den Bergen geschwebt seien. Sie bedienten sich eines Gerätes, das aus zwei mit Rauch gefüllten Säcken bestand. Ferner schreibt Lukian, er habe mit eigenen Augen gesehen, wie die Priester zu Hieropolis das Orakel erhoben hätten und wie dieses sich plötzlich von ihnen losgemacht hätte und in die Luft entschwebt sei.

Die Parallelen sind wirklich nicht zu ignorieren. Der griechischen Mythologie zufolge entschwebt der göttliche Lehrmeister und Wohltäter Apollon vermutlich in einem Fluggerät irdischer Technologie während der Wintermonate zum Volk der Hyperboreer, das im Norden Europas ansässig gewesen ist. »Ganz zufällig« gibt es dort eine Sekte von Auserwählten, den Kapnobaten, die in der Lage sind, sich mit Hilfe des Rauches zu erheben, und deshalb als heilig gelten.

Liest man dazu die eben zitierten Geschichten von Lukian und hält sich die zeremoniellen Ballonflüge der Inkas vor Augen, so wird deutlich, daß Volksstämme verschiedener Kontinente identische Flugtechniken zu ähnlichen kultischen Handlungen genutzt haben. Damit ist das Thema Luftfahrt im Altertum jedoch noch nicht umfassend erörtert. Zeremonielle Ballonflüge – ob bemannt oder unbemannt – waren wohl kaum manövrierbar, die Flugrichtung abhängig von den jeweiligen Luftströmungen. Das Bewältigen vorgegebener Flugrouten war also mit den oben beschriebenen Techniken praktisch unmöglich.

Gibt es also in alten Schriften auch noch Hinweise auf eine wesentlich umfangreichere, perfektere Flugtechnik?

Ist die Manövrierbarkeit eines ballonähnlichen Luftfahrzeuges vielleicht auf denkbar einfache Art und Weise zu realisieren? Konnte man den Menschen vor ca. 4000 Jahren diese Technologie begreifbar machen? Ging es eventuell auch ohne dampfgetriebene Propeller oder ähnliche Aggregate? Haben wir vielleicht einen kleinen Geniestreich der Natur übersehen oder vergessen?

Es muß Techniken gegeben haben, deren physikalische Prinzipien auch schon Menschen vor vielen tausend Jahren rein empirisch geläufig bzw. vermittelbar waren. Interpretationsfähige Texte sind zumindest in ausreichender Zahl vorhanden. Wir sollten uns ihnen nicht verschließen, sondern mit ihrer Hilfe neue Denkansätze schaffen, die der Paläo-SETI-Hypothese nur von Nutzen sein können.

Die konkreteste und ausführlichste Abhandlung zu diesem Thema finden wir im »Kebra Negest«, der »Äthiopischen Bibel«. Salomon schenkte der Königin Makeda unter anderem einen Wagen, der durch die Lüfte fuhr, »den er gemäß der ihm von Gott verliehenen Weisheit angefertigt hatte«. Dieses eigentümliche Gerät war also von einer Technologie, die begabten Menschen vor ca. 3000 Jahren begreifbar und mit eigenen Materialien von ihnen produzierbar war. Zusätzlich muß dieses Gefährt denkbar einfach in der Wartung und Handhabung gewesen sein, da es sich sogar für Fremde als Geschenk eignete. Über die Flugeigenschaften kann man nur staunen: Mensch, Tier und Gepäck werden auf einer Plattform verladen, die sich beim Startvorgang um eine »Mannesspanne« erhebt. »... und alles eilte auf dem Wagen dahin wie ein Schiff auf dem Meere, wenn es der Wind hebt, und wie ein Adler, wenn er auf dem Winde leicht dahinfliegt.«

Wir finden im Text auch den Hinweis, daß bei diesem Gefährt das lästige Hin- und Herschwanken – wie auf den damaligen Straßen üblich – entfällt. In der Tat ein präziser Bericht mit äußerst aufschlußreichen Vergleichen, die ausnahmslos für ein Luftschiff zutreffend sind. Auch dieses verhält sich ähnlich wie ein Schiff auf dem Meer, wenn es der Wind hebt. Und seine Geschwindigkeit ist nicht als »pfeilschnell« zu bezeichnen, sondern wesentlich treffender mit der eines auf dem Winde leicht dahinfliegenden Adlers mit 80 bis 100 Stundenkilometern beschrieben! Von lautstarken, qualmenden Aggregaten wird hier nichts berichtet, ebensowenig von einem göttlichen Piloten! Trotzdem geht aus dem Text klar hervor, daß dieses Gerät benutzt wurde, um eine vorgegebene Flugroute zu bewältigen. Es hat sich also nicht um ein zielloses Dahintreiben in einem Ballon gehandelt!

Theorie – oder Praxis? Mit Hilfe dieser vielen, eindeutigen Hinweise in antiken Überlieferungen sind wir heute technisch in der Lage, solche Luftfahrzeuge zu konstruieren. Luftschiffpioniere wie Dr. S. Andrews und andere erkannten, daß die Differenz zwischen der spezifischen Schwere eines Ballons und der Schwere der Atmosphäre als Antriebskraft genutzt werden kann.

Ein motorloses Manövrieren ist also möglich – dies wurde nicht nur im November 1995 von der Technischen Universität Aachen bestätigt. Vielmehr hat es auch unsere Modellkonstruktion bewiesen, die wir beim Weltkongreß der Ancient Astronaut Society 1995 vorstellten.

Es bleiben aber Fragen offen: Wer stand hinter den Konstrukteuren der Vorzeit? Wieso ging das Wissen verloren? Und vor allem: Ist es unsere Zivilisation denn nicht wert, daß hier investiert wird, um die alten Luftschifftechniken erneut zu nutzen?

ROBERTO PINOTTI

SETI und Paläo-SETI im alten Indien

Fliegende Luftfahrzeuge aus den Mythen, »Vimanas« genannt, werden in der indischen Literatur oft erwähnt – in klassischen Texten wie den Veden, dem Ramayana und Mahabharata bis hin zu den traditionellen und beschreibenden Texten, wie dem Samrangana Sutradhara und Vimanika Shastra, dessen detaillierter Inhalt eher technischer Natur ist. Solche uralten Beschreibungen überzeugten einige Bestsellerautoren, daß es sich dabei um Manifestationen von Außerirdischen in der Hindu-Frühgeschichte handelte, obwohl kein wissenschaftlicher Beweis mit diesen Überlieferungen in Verbindung gebracht werden konnte. Heute aber legt eine genauere Überprüfung dieser Texte, sowohl vom Studium des Menschen als auch von der technischen Annäherung her, nahe, daß einige dieser Schriften sich sowohl auf klare wissenschaftliche Fakten und auf eine detaillierte Charakterisierung von Elementen, Metallen und Legierungen beziehen als auch auf mögliche neue Antriebssysteme. Im speziellen identifizierte Dr. Corrado Malanga von der chemischen Fakultät der Universität Pisa interessante Aspekte in diesem Sinne und bestätigte damit einige der Theorien des verstorbenen Sir David Davenport über die Mohenjo-Daro-Zivilisation und ihre Zerstörung. Die Aufzeichnungen untersuchen seine technischen Folgerungen im Licht der SETI und paläo-astronautischen Theorie im alten Indien und ihre möglichen Konsequenzen auf die heutige Wissenschaft.

Die Vimanas

Indiens Überlieferung über geheimnisvolle Flüge und Luftkriege der alten Götter in ferner Vergangenheit ist eindeutig klar: Diese übermenschlichen Wesen wie auch die Helden der Hindu-Mythologie kämpfen in den Himmeln nicht mit Hilfe von Drachen oder Vögeln. Sie verwenden etwas ganz anderes, nämlich bemannte Luftfahrzeuge mit schrecklichen Waffen, »Vimanas« genannt.

James Churchward war 1931 der erste westliche Autor, der alte indische Texte darüber zitierte. Im »Ramayana«, dem Klassiker indischer Literatur, können wir folgende Beschreibung eines großen Vimanas beim Start lesen:»Als der Morgen dämmerte, war Rama bereit zur Abreise und nahm den Himmelswagen (Vimana), das Puspaka ihm von Vivpishand geschickt hatte. Dieses Fahrzeug war mit einem selbsttätigen Antrieb ausgestattet. Es war groß und fein bemalt. Es hatte zwei Stockwerke und viele Zimmer mit Fenstern und war mit Flaggen und Bannern drapiert. Es gab einen melodischen Klang von sich, wenn es so in der Luft dahinflog.« Darüber hinaus können wir lesen, daß »der Puspaka Wagen, der der Sonne ähnelt und meinem Bruder gehört, vom mächtigen Ravan gebracht wurde; dieses sich in der Luft bewegende und ausgezeichnete Fahrzeug, das dahin geht, wo man will, steht bereit für Dich. Dieses Fahrzeug, das einer hellen Wolke am Himmel gleicht, befindet sich in der Stadt Lanka.«

Im Ramayana entführt Ravan Ramas Frau, Sita, und schleppt sie in sein eigenes Vimana. Aber Rama verfolgt ihn, bekämpft den Bösewicht in einem Luftkrieg, und es gibt ein Happy-End: Ravan wird niedergeschossen und Sita zu ihrem Ehemann zurückgebracht. Im speziellen war dafür eine mysteriöse Waffe, »Indras Wurfpfeil« genannt, verantwortlich:»Umhüllt von Rauch und flammenden Blitzen, beschleunigt vom kreisförmigen Bogen (Indras Wurfpfeil), durchbohrte er das eiserne Herz Ravans, legte er den leblosen Held darnieder.«

Vimanas dürfen nicht mit den normalen Kampfwagen oder Wagen, die von Pferden gezogen wurden, verwechselt werden.

Der Unterschied zwischen ihnen ist im Sanskrit so groß wie der zwischen Karren und Flugzeugen in unserer westlichen Literatur. Es gibt ein gutes Beispiel dafür in der Samsaptakabadha:»Als der Kampfwagen von diesen weißen Pferden in den Krieg gezogen wurde, sah dieser Wagen außerordentlich strahlend aus, wie ein Himmelswagen, der am Himmel entlangfährt. Und wie Cukras Himmelswagen konnte dieser Kampfwagen sich in einer kreisförmigen Bahn bewegen, oder vorwärts, rückwärts und auf verschiedenen Arten fahren.« Es ist unmöglich, diesen Text mißzuverstehen. Der Hinduschreiber kannte den Unterschied zwischen Kriegswagen und Vimanas so wie wir heute den Unterschied zwischen Panzern und Flugzeugen.

Immer wieder wird beschrieben, daß Vimanas während ihrer Flüge leuchten. Das Ramayana beschreibt:»... das mächtige Vimana Ravans kommt auf mich zu und brennt wie Feuer.« Und sein Leuchten und seine Schönheit wird auch im klassischen Nationalepos der Hindus, dem Mahabharata, erwähnt:

»Wie ein Komet am Himmel«;

»Der ganze Himmel stand in Flammen, als er darin aufstieg ... es schien, als stünden zwei Sonnen am Firmament«;

»Mit einem mächtigen Glanz brennend, wie eine Flamme in einer Sommernacht«;

»Wie ein Meteor, umhüllt von einer mächtigen Wolke«;

»Der wunderschöne Himmelswagen hatte den Glanz von Feuer«;

»Das glänzende Vimana brachte ein heftiges Feuer hervor«;

»Das voll ausgestattete Vimana glänzte strahlend.«

Des weiteren heißt es:»... wenn es aufbrach, füllte sein Grollen alle vier Himmelsrichtungen«; und»Bhima fuhr in diesem Vimana von sonnengleicher Helligkeit, dessen Geräusch wie das Grollen der Gewitterwolken war ...«

Es ist unnötig zu sagen, daß diese Beschreibungen denen von modernen, düsenangetriebenen Flugzeugen sehr ähnlich sind. Und daß auch die Waffen, die von den Vimana-Piloten verwendet wurden, eine überlegene Technik, vergleichbar mit der unseren, vermuten lassen.

In den Rig-Vedas, die auf 10 000 v. Chr. zurückgehen, rast Indra (der Gott der Kriege) in einem Luftwagen wie ein Blitz über die

Himmel und führt Krieg gegen die Asuren (die Nicht-Götter), wirft Waffen vom Himmel und zerstört die unten liegenden Städte. Indra wurde sehr oft mit den Maruts (den Sturmgöttern) gleichgesetzt, die auch Vimanas fuhren. Andere Götter, die auch als Vimana fahrend dargestellt wurden, sind Varuna, Krishna und Pushan, der als »der beste Pilot der Luft« bezeichnet wird. Im Drona Parva aus dem Mahabharata finden wir Augenzeugenberichte über die schrecklichen Zerstörungswaffen, die von Vimanas abgeworfen wurden: die Agneya-Waffe und die Brahma-Waffe.

»Ein flammender Flugkörper mit der Strahlung von rauchlosem Feuer wurde abgefeuert. Eine dicke Dunkelheit umgab plötzlich die Feinde. Alle Himmelsrichtungen wurden plötzlich von Dunkelheit eingehüllt, Winde, die Übles heranbrachten, begannen zu blasen. Wolken grollten in den höheren Luftschichten und regneten Blut. Die Elemente selbst schienen in Unordnung geraten. Die Sonne schien sich um sich zu drehen. Die Welt, versengt von der Hitze dieser Waffe, schien im Fieber zu sein. Elefanten, von der Energie dieser Waffe versengt, rannten in Panik umher und suchten Schutz vor dieser schrecklichen Kraft. Das Wasser erhitzte sich, und die Geschöpfe im Wasser schienen zu brennen. Die Feinde fielen wie Bäume, die von einem wütenden Feuer niederbrannten. Riesige Elefanten, die von dieser Waffe verbrannt wurden, lagen überall. Andere, angesengt, rannten hierhin und dorthin und brüllten furchtvoll inmitten des lodernden Waldes. Die Pferde und Wagen, die durch die Energie dieser Waffe verbrannten, glichen den Stümpfen jener Bäume, die das Opfer eines Waldbrandes geworden waren. Tausende von Wagen fielen von allen Seiten hernieder. Dann versteckte die Dunkelheit die gesamte Armee . . .«

»Kühle Winde begannen zu wehen. Alle Himmelsrichtungen wurden klar und hell. Dann erhielten wir eine wunderbare Sicht. Verbrannt von der schrecklichen Macht dieser Waffe, konnten nicht einmal die Gestalten der Getöteten unterschieden werden. Wir haben nie vorher von einer ähnlichen Waffe gehört oder gesehen . . .« All dies erinnert sicherlich an ein Hiroshima ähnliches Inferno, nur Tausende von Jahren zuvor. Kann man dies als schieren Zufall ansehen? Soweit es die Brahma-Waffe (auch als Indras Wurfpfeil bezeichnet) betrifft, wurde sie durch einen kreisförmigen, reflektierenden Mechanismus gesteuert, der offenbar nach einem Vibrationsprinzip arbeitete. Sie konnte nur von einer anderen Brahma-Waffe mit gegenläufiger Energie oder durch die sogenannte Varuna-Waffe neutralisiert werden. Die Auswirkungen sind im Drona Parva beschrieben: »Dronas Sohn berührte Wasser und entlud den ›Narayana‹ (eine Art Erdung?). Heftige Winde begannen zu wehen, es regnete. Man hörte dröhnenden Donner, obwohl der Himmel wolkenlos war. Die Erde bebte. Die Meere schwollen in ihrem Durcheinander an. Die Bergspitzen brachen auf. Dunkelheit setzte ein ... Die Brahma-Waffe suchte Partha und alle Wesen heim. Die Erde und all ihre Berge zitterten. Schreckliche Winde begannen zu wehen. Die Meere schwollen an durch die heftige Bewegung ...« Bloß ein Mythos?

Wir müssen uns daran erinnern, daß die alten Hinduschreiber eine klare Unterscheidung machten zwischen »Daiva« (oder Mythos) und »Manusa« (das heißt einem Tatsachenbericht). Und in den »Manusa« finden wir ausführliche Details über den Bau von Vimanas. Zum Beispiel hat das Samarangana Sutradhara 230 Strophen, die den Prinzipien, Vimanas zu bauen, und ihrer Verwendung in Friedens- und Kriegszeiten gewidmet sind. Laut diesem Text werden »Bauweisungsdetails der Vimanas nicht aufgrund von Ignoranz, sondern aus Geheimhaltungsgründen zurückgehalten. Die Einzelheiten der Konstruktion sind nicht erwähnt, denn man sollte wissen, daß, würden sie öffentlich bekannt, die Geräte zweckentfremdet würden ...«

In jedem Fall wußten die alten Aryaner sehr gut, wie das Element Feuer im Krieg benutzt werden konnte. Das sehen wir an ihren »Astra-Waffen«, die – außer einer Liste von Projektilen (oder »Suposamhara«) wie Sikharastra (ein flammenausstoßender Flugkörper), Avidyastra (ein Flugkörper mit Kräften der Illusion), das Prasvapana (das Schlaf verursachte) und der »Pfeil des Schlafes« (eine Art Gasprojektil?), Gandharvastra (eine Waffe Vishnus, des Zerstörers), Samvarla (ein Rauchschild oder Nebelmacher), Gaura (ein Flugkörper des Sonnengottes) – auch vier Arten von Agni Astras (feurige Flugkörper, die in Tüchern aus

Flammen reisen und Donner hervorbringen) und eine Zahl von »magischen« Waffen (die durch den Willen oder Töne kontrolliert wurden) enthielten. Sie waren das Satyakiril, das Kamarupaka (das auf den Willen hin Form annahm), das Kamaruci (das auf Wunsch handelte), Valra, der Blitz (zu dessen Funktionieren man Mantras oder Ton brauchte) und Viruci (eine feurige Waffe). All diese oben erwähnten Waffen werden in einem berühmten indischen Geschichtsbuch von Ramachandra Dikshittar (1944) aufgelistet. Von den Vimanas sagt Dikshittar, daß »diesen Maschinen üblicherweise drei Bewegungen zugeschrieben werden: Aufstieg, die Fähigkeit, Tausende von Meilen in verschiedenen Richtungen in der Atmosphäre umherzustreifen und später niederzugehen. Es wird gesagt, daß man in einem Luftwagen zur Suryamandala oder der ›Solaren Region‹ (das heißt dem Solarsystem) aufsteigen kann und dem Naksatramandala oder der ›Stellaren Region‹ (das heißt anderen Sternensystemen) und ebenso durch die Teile der Luft oberhalb des Meeres und der Erde reisen kann. Diese Wagen, wird gesagt, bewegen sich zu schnell, um ein Geräusch zu machen, das man auch nur annähernd auf dem Boden hören könnte.«

»Mit Hilfe dieser Maschinen«, so können wir im Samar (einem Text, der als »Manusa« oder Tatsachenbericht gilt) lesen, »können menschliche Wesen in der Luft fliegen und Himmelswesen auf die Erde kommen ... «

Darstellungen von Raumreisen, Luftangriffen, völliger Zerstörung, die durch unglaubliche Waffen und angebliche Besuche aus dem All verursacht wurden, und die Tatsache, daß die Charakteristika der Vimanas mit den angeblichen Charakteristika der modernen UFOs identisch sind, veranlaßte verschiedene Autoren zu schlußfolgern, daß die Erde wirklich von Außerirdischen besucht wurde und daß bestimmte Mythen und Religionen durch einen Fremdeingriff in der Geschichte der Menschheit begründet wurden. Im Licht der oben erwähnten Texte kann diese Ansicht nicht ausgeschlossen werden. Aber sicher ist eine engere Annäherung aus wissenschaftlicher und technischer Sicht interessanter.

In der hinduistischen Architektur, wie bei diesem Beispiel aus Maha-
balipuram, dokumentieren sich mythologische Traditionen. Im Zentrum stehen die Geschichten um die Vimanas, die fliegenden Wagen
der Götter (Quelle: Erich v. Däniken)

Die Technologie der Vimanas

Die konkreten Beschreibungen sind zu detailliert und »technisch«, als daß man sie als bloße Bestandteile eines allgemeinen Mythos abtun könnte. Laut dem SAMAR sind die Unterarten der Vimanabewegungen: schräger vertikaler Aufstieg; vertikaler Abstieg; vorwärts; rückwärts; normaler Aufstieg; normaler Abstieg; Fahrt über lange Distanzen durch richtige Anpassung der Arbeitsteile auf Dauerbewegung.

»Die Stärke und Dauerhaftigkeit dieser Maschinen ist abhängig vom verwendeten Material. Es folgen einige der Hauptqualitäten des Luftfahrzeugs: Es kann unsichtbar sein; es kann Passagiere befördern; es kann auch klein und kompakt gemacht werden; es kann sich leise fortbewegen; wenn Ton verwendet werden soll, müssen alle beweglichen Teile sehr flexibel gefertigt sein, was fehlerlose Handwerkerarbeit erfordert; es muß lange haltbar sein; es muß gut geschützt sein; es darf nicht zu heiß, zu starr oder zu weich werden; es kann durch Melodien und Rhythmen bewegt werden.«

Das oben geschilderte Fluggerät übertrifft einen Helikopter und einen »Sea Harrier« in Manövrierfähigkeit und Charakteristiken.

In den vedischen Brahmanas wird eine Beschreibung vom Agnihotra-Vimana gegeben, mit seinen zwei Antriebsfeuern, dem Ahavanlya und dem Garhapatya. Aus technischer Sicht ein sehr merkwürdiges Detail. Die ausführliche Beschreibung ist für einen heutigen Luftfahrtingenieur äußerst interessant.

Darüber hinaus sagt das Samarangana Sutradhara:

»Stark und dauerhaft muß der Körper (des Vimana) gemacht sein, wie ein großer fliegender Vogel, aus leichtem Material; innen muß man die Quecksilber-Maschine unterbringen mit ihren eisernen Heizapparaturen unten. Mittels der latenten Kraft aus dem Quecksilber, das den Antriebswirbelwind in Bewegung bringt, kann ein Mensch, der darin sitzt, über große Entfernungen in wunderbarere Weise durch den Himmel reisen.

Indem man genau den gleichen beschriebenen Prozeß verwendet, kann man ein Vimana bauen, das so groß ist wie der Tempel des Gottes-In-Bewegung. Vier starke Quecksilber-Behälter müssen in das Innere gebaut werden. Wenn diese durch ein kontrolliertes Feuer aus Eisenbehältern erhitzt werden, entwickelt das Vimana Donnerkräfte durch das Quecksilber. Und sofort wird es zu einer Perle am Himmel.«

Laut dem Samar entwickelt die Maschine Kraft durch das Brüllen eines Löwen, wenn sie mit ihren gut haltenden Verbindungen mit Quecksilber gefüllt wird und das Feuer in die oberen Teile geleitet wird.

Natürlich klingt dies alles wie Unsinn, denn die Verwendung von Quecksilber in dieser Situation hat nichts mit Wissenschaft, wie wir sie verstehen, zu tun. So wurde vorgeschlagen, daß diese Beschreibung eine Art symbolische Bedeutung haben könnte und alchemistisch gesehen werden müßte. Nichtsdestotrotz weist solch eine Interpretation eine Parallele zum Trojanischen Krieg in Homers »Ilias« auf, von dem man auch dachte, es handle sich nur um einen Mythos.

»Wie steht es mit der Möglichkeit, die quecksilbergetriebene Maschine der Vimanas hätte wirklich etwas mit Quecksilber zu tun?« fragt Dr. Corrado Malanga von der Chemischen Fakultät der Universität Pisa. »Die heutige Raumfahrtforschung sucht nach neuen möglichen Antriebsformen, und in diesem neuen technischen Szenario wird auch ein Antrieb, der sich mit Energie durch Quecksilberionen beschäftigt, in Betracht gezogen.«

»Eine andere Technologie, welchen Ursprungs auch immer, mag auf wissenschaftlichen Prinzipien beruhen, die unterschiedliche Konzepte beinhaltet«, unterstreicht Malanga. Und er hat recht. Das Drona Parva zum Beispiel gibt uns eine wunderbare, wenn auch verschleierte Beschreibung, wie Töne, die von den Handlungsträgern in bestimmter Weise willentlich vorgebracht wurden, die Bewegungsenergie des Cukra-Vimanas, eines der größten Vimanas, das je gebaut wurde, produzierten. »Wir werden ein Vimana von großer Kraft bauen. Der Geist werde die Basis, die das Vimana unterstütze. Sprache werde zu den Spuren, auf denen es sich fortbewege. Alle Sprachen und Wissenschaften seien darin versammelt, alle Hymnen und der vedische Ton ›Vashat‹ ebenso. Und die Silbe ›Om‹ (die ›fünfte Silbe‹ des ›unaussprechlichen

Namens‹, die in Asien noch immer für Mantras verwendet wird), vor den Wagen gesetzt, macht es außerordentlich wunderschön. Wenn es eingesetzt wird, fülle sein Donnern alle Himmelsrichtungen.«

All dies bezieht sich auf ein Antriebssystem, das aus der Kombination von Harmonie und mentaler Kraft resultiert und wie schiere Phantasie anmutet. Trotzdem, diese Ante-litteram-Version des Firefox-Kriegsflugzeugs aus einem populären Sciencefiction-Film der achtziger Jahre scheint doch mehr zu sein als lediglich eine poetische Beschreibung. Das Samar sagt: »Ein Vimana kann von Melodien und Rhythmen bewegt werden.« Und selbst wenn wir nicht in der Lage sind zu verstehen, wie solch ein Antrieb arbeiten sollte, ist offensichtlich, daß diese und andere Beschreibungen der inneren Teile und Mechanismen eines Vimanas zu detailliert und zu speziell sind, um als komische Zufälle angesehen und nicht als Versuche, klare Teilbereiche technologischer Natur zu beschreiben, betrachtet werden müssen. 1979 veröffentlichte der inzwischen verstorbene Lord David W. Davenport mit dem Reporter Ettore Vincenti in Italien das Buch »2000 A.C.: Distruzione Atomica«. Es ist ein ausführlicher Bericht seiner Studien der Sanskrit-Literatur und seiner direkten Nachforschungen in Indien und Pakistan. Dieses Buch ist eine verständliche Analyse der physiologischen und technologischen Ansichten zum Problem der Vimanas. Abgesehen von den oben erwähnten Texten konzentrierte sich seine Forschung auf das Vymanika Shastra, das seiner Meinung nach nichts mit den indischen Göttern und Mythen zu tun hatte. Es ist nur eine detaillierte Beschreibung von Vimanas – nicht in erzählendem Stil, sondern eher eine Art Abhandlung oder technisches Handbuch (die Bezeichnung »Vymanika Shastra« kann mit Wissenschaft der Luftfahrt übersetzt werden). Der Originaltext – von Maharishi Bharadwaja »inspiriert« – wurde in seiner gegenwärtigen Sanskrit-Form von Subbaraya Sastry zwischen 1918 und 1923 dank der Hilfe von Ventakachaka Sarma geschrieben, der es übernahm, nach Diktat zu schreiben und Subbaraya Sastrys Worte zu notieren. Das Manuskript wurde als seltene Gelegenheit betrachtet, alte Konzepte, die mündlich von einer Generation von

Hindu-Brahmanen an die nächste weitergegeben wurden, zu bewahren. So war die Internationale Akademie der Sanskrit-Forschung von Mysore Stolz, sie zu erhalten und ihre Inhalte studieren zu können. Ich konnte 1988 in Mysore dasselbe tun.

Dieses indische Wissenschaft-der-Luftfahrt-Buch beginnt mit einer Definition des Begriffs Vimana: »Experten der Wissenschaft der Luftfahrt sagen, daß das, was von einem Ort zu einem anderen durch die Luft fliegen kann, ein Vimana ist.« Dann werden 32 Geheimnisse, die ein Pilot über das Funktionieren eines Vimanas lernen muß, in drei Kategorien erwähnt: die Bauweise des Luftfahrzeugs, das Starten und Landen und die Manövrierfähigkeit. Unter den 32 Geheimnissen beschreibt der Text eines, das heute als fotografische Fähigkeit bezeichnet werden könnte: Radar, Dunkelheitshilfen, Flügelvergrößerung und -verkleinerung, Lichtprojektion und den Gebrauch solarer Energie sowie das Gegenstück zu wärmeerkennenden Luft-Luft-Flugkörpern und Giftgas. Nach dem Erörtern notwendiger Kleidung und Diätvorschriften für Vimanapiloten behandelt der Text Fragen der Metallurgie. Anders als viele Beschreibungen, die Vimanas als aus Holz gemacht oder tierähnlich darstellen, besteht das Vymanika Shastra auf der metallenen Konstruktion dieser Flugzeuge und unterstreicht, daß nur Spezialmetalle mit hitzeabsorbierenden Merkmalen geeignet sind. Drei Arten von Metallen namens Somaka, Soundalika und Mourthwika werden erwähnt. Durch Mischungen untereinander können 16 verschiedene Sorten von hitzeabsorbierenden Legierungen geschaffen werden. Klare Abbau- und Schmelzinstruktionen folgen, einschließlich der Notwendigkeit für 407 verschiedene Schmelztiegel. Dann gibt es eine Erörterung von sieben Sorten von Spiegeln und Linsen, die an Bord installiert werden sollen. Und ihre Charakteristiken reichen vom einfachen visuellen Gebrauch bis zu Defensiv- und Offensivgebrauch. Der sogenannte »Pinjulas Spiegel« zum Beispiel liefert eine Art visuellen Schutzschild, der die Augen der Piloten vor Erblindung durch »üble Strahlen« schützt. Und eine andere Beschreibung erwähnt die Erschaffung einer üblen Waffe namens Marika, die zum Abschießen feindlicher Flugzeuge verwendet wird. Ihre Art und Weise und ihre Wirkung scheinen sich von dem, was wir heute Lasertechnologie nennen, nicht sehr zu unterscheiden. Danach wird die Art der Kraftquelle der Vimanas erörtert: Die sieben Arten von Energie, die von den Vimanas benötigt werden, werden von sieben Motoren produziert. Sie müssen mit Drähten, Federn und Rädern installiert werden. Die Prinzipien des Antriebs scheinen auf Elektrizität und Chemie zu beruhen, aber auch Solarenergie war beteiligt. Der folgende Absatz verdeutlicht die wissenschaftliche Strenge des Vymanika Shastra: »Das Surya Mani (Surya bedeutet Sonne im Sanskrit) muß an den Fuß des Zentralmastes des Vimanas plaziert werden ... Drähte sollen vom Zentrum in alle Richtungen führen. Dann sollen die Dreifachräder in drehende Bewegung versetzt werden, was die zwei Glaskugeln im Inneren des Glasgehäuses veranlassen wird, sich mit wachsender Geschwindigkeit zu drehen und sich dabei aneinander zu reiben, was eine Kraft von 100 Grad ergibt. Die Kraft sollte mittels Drähten zum Sanjanika Mani geleitet werden. Bei Kontakt der Kraft darin wird die Energie in fünf Ströme unterteilt. Jeder der fünf Kraftströme soll mit einer der Manis verbunden werden. Vermischt man die Energie in jedem Mani, bildet sie fünf neue Kraftströme. Diese sollten durch Drähte zum Säurebehälter geführt werden ... Der daraus resultierende Strom sollte dann mittels Drähten zum weit geöffneten kugelförmigen Glasbehälter geführt werden. Solarenergie angefüllt mit ätherischer Kraft sollte ... in den Behälter geleitet werden.« All dies ist nur ein Beispiel für den Hauptteil des Textes, mit der eindeutigen Darstellung einer unbekannten vergessenen Technologie. Das Vymanika Shastra erwähnt vier Arten von Vimanas: Es sind dies das Rukma-Vimana, das Sundara-Vimana, das Tripura-Vimana und das Shakuna-Vimana. Jedes von ihnen wird differenziert beschrieben, von der äußeren Konstruktion zur ausgeklügelten Arbeitsweise seiner inneren Maschinerie (Yantras im Sanskrit). Sowohl das Rukma-Vimana als auch das Sundara-Vimana hatten eine konische Form. Das Rukma-Vimana hatte drei Stockwerke, mit Elektromotoren im ersten Geschoß, Passagierkabinen im zweiten Stock und einem dritten Stock, versehen mit Elektromagnetismus. Das Sundara-Vimana ist in seinem Aussehen sehr ähnlich, aber eher stromlinienförmig.

Das Tripura-Vimana ist eine größere Maschine. Wie die anderen wird es betrieben durch die Bewegungsenergie, die von Sonnenstrahlung erzeugt wird (Surya). Seine verlängerte Form entspricht sicher mehr der eines flexiblen Kleinluftschiffs oder lenkbaren Luftschiffs und es würde sich unzweifelhaft langsamer fortbewegen als die anderen Vimanas. Ein wichtiges, bemerkenswertes Detail ist die Tatsache, daß das Tripura-Vimana eine Art Mehrzweckflugzeug war, das sowohl Land- als auch Wasserreisen angepaßt werden konnte, wie dies auf viele UFOs, über die heutzutage berichtet wird, auch zutrifft.

Bleibt noch das Shakuna-Vimana. Dieses riesige Flugzeug könnte die Kreuzung zwischen einem Flugzeug und einer Rakete unserer Zeit sein, und sein Aussehen erinnert an den heutigen Space Shuttle. Sicherlich repräsentiert es die komplexeste und fortgeschrittenste Entwicklung des Luftfahrzeugs unter all den Viamanas, die im Vymanika Shastra erwähnt werden.

Natürlich ist es einfach, alle Vimana-Beschreibungen und Überlieferungen als bloße Mythen abzulehnen, solange man sie nicht gelesen hat. Besonders im Fall des letzten, des Vymanika Shastra, dessen Konzepte und Vorstellungen sehr vom heutigen geschichtlichen Kontext abweichen. Diese Abhandlung versucht eine fortgeschrittene Technologie zu erklären und liefert dabei unerwartete Unterschiede zu unseren Raumfahrtkenntnissen. Denn die Prinzipien, die die Vimanas in der Luft hielten, hatten nichts mit Flügeln oder Aufwinden zu tun. Sie wurden tatsächlich allein von der Kraft erbracht, die sie ausstießen, und sie waren flügellos. Es ist offensichtlich, daß die Prinzipien, die im Vymanika Shastra zum Ausdruck kommen, sich nicht sehr von heutigen Raumfahrtkonzepten unterschieden, wären sie nicht von alten Hindu-Brahmanen, sondern in dem Moment verfaßt worden, als das Vymanika Shastra niedergeschrieben wurde (1918). Im Text wird eine fortgeschrittene, aber unterschiedliche Technologie dargestellt. Und auch die Bezugnahme auf die Chemie hätte nicht auf kryptische Art ausgedrückt werden müssen, sondern statt dessen in der Terminologie der Chemie des 20.

Jahrhunderts. In diesem Sinne scheint die mündliche Überlieferung, bekannt als Vymanika Shastra, »inspiriert« oder nicht, nichts mit Phantasie zu tun zu haben und kann nicht als fiktiver literarischer Text angesehen werden.

Wie es der indische Forscher Kanishk Nathan 1987 ausdrückte, müssen wir »weitere Untersuchungen des Textes nahelegen einschließlich der Überprüfung des Materials durch professionelle Ingenieure und Physiker. Das Vymanika Shastra erlaubt es uns, von der Ebene wilder Spekulation über mythologische Texte, zu wissenschaftlich genauerer Prüfung der ausgefeilten Modelle und Methoden der Ancient Astronauts zu gelangen.«

Die Wichtigkeit solcher Studien und Untersuchungen ist bedeutend und könnte sich als schockierend für den Menschen von heute erweisen. Denn die Existenz von fortgeschrittenem Wissen und von Flugzeugen im prähistorischen Indien, jenseits von Mythologie, kann nicht nur mit einer vergessenen überlegenen Zivilisation auf Erden, sondern muß auch mit möglichen Kontakten zu außerirdischen Besuchern erklärt werden.

LUTZ GENTES

Die Wirklichkeit der Götter – Luft- und Raumfahrt im frühen Indien

Die im frühen Indien mit hochtechnischen Waffen bestrittene Kriegsführung hat eine immense historische Bedeutung. Wenn man das epische Schrifttum Indiens gründlich analysiert, erfährt man von Ereignissen, die es dem herrschenden Geschichtsbild zufolge nicht gegeben haben kann und die zunächst auch nicht zu den bekannten historischen Gegebenheiten zu passen scheinen. Diese Ereignisse haben mit einem breiten Spektrum hochtechnischer Waffen zu tun, in erster Linie mit fortgeschrittenen Raketenwaffen und raumflugfähigen Kampfflugkörpern. Die kulturhistorischen Auswirkungen jener Ereignisse, die vor Jahrtausenden stattgefunden haben und die damaligen Möglichkeiten der Menschheit weit überschritten, sind gravierend. Die kriegführenden Parteien werden als sogenannte Götter und sogenannte Dämonen außerirdischer Herkunft beschrieben, wenngleich jene hochtechnischen Waffen im Widerspruch dazu zuallermeist von irdischen »Superhelden« eingesetzt worden sein sollen. Drei fundamentale Fragen ergaben sich zu Beginn meiner Arbeit an den altindischen Texten. Um deren Beantwortung mußte ich lange Jahre ringen:
Erstens: Läßt sich der aus den Aussagen der epischen Literatur resultierende Anfangsverdacht erhärten, wonach neben den im Altertum üblichen Waffen auch Hochtechnologiewaffen verwendet wurden? Oder handelt es sich hier ausschließlich um ins Episch-Überdimensionale erdichtete konventionelle Waffen, wie Pfeil, Lanze, Keule, Kriegswagen usw.? Letzteres entspräche der in der Indologie überwiegend und mit der größten Selbstverständlichkeit vertretenen konservativen Auffassung.

Zweitens: Wer waren eigentlich diese »Götter« und »Dämonen«, von denen die irdischen Parteien jene Waffen erhalten haben sollten? Waren es zwei miteinander verfeindete irdische Supermächte, die – wie wir es ja auch heute kennen – Stellvertreterkriege führten, indem sie ihre überlegenen Waffen weniger entwickelten Völkern zur Verfügung stellten, so daß diese mal mit den altertümlichen, mal mit Hochtechnologiewaffen kämpften? Oder handelte es sich bei den »Göttern« und »Dämonen« um außerirdische Kontrahenten, die ihre Konflikte sogar bis auf den Planeten Erde trugen?

Drittens: Wann genau und wo fanden jene Kämpfe und andere damit zusammenhängende Ereignisse statt? Und, gesetzt den Fall, es waren außerirdische Kontrahenten: Welche Folgewirkungen hatte dieses Geschehen auf die vor Jahrtausenden lebenden Erdbewohner?

Die ergiebigsten Aussagen über jene Geschehnisse finden sich in den klassischen, spätestens seit ca. 400 n.Chr. unverändert überlieferten Epen Mahâbhârata und Râmâyana und teilweise auch in dem wenige Jahrhunderte später abgeschlossenen Bhâgavata-Purâna, das ich für unsere Zwecke entgegen dem indologischen Brauch ebenfalls zur epischen Literatur zählen möchte. Eine wichtige Ergänzung bilden die überlieferten technischen Handbücher Vaimânika-Prakarana und Samarângang-Sûtradhâra, in denen wertvolle Informationen über Handhabung, Konstruktion und Fähigkeiten von Flugmaschinen enthalten sind, deren eingehende technische Analyse aber leider immer noch aussteht. Die in sachlich-nüchterner Sprache formulierten Handbücher lassen uns jedoch über das historische Geschehen selbst, in dessen Verlauf die beschriebenen Flugkörper und Waffen eingesetzt wurden, im unklaren, während sich dagegen die Epen als Geschichtswerke verstehen und auf Tausenden von Seiten über Ereignisabläufe berichten, dafür aber nur an sehr wenigen, flüchtigen Stellen technologisch relevante Angaben machen. Beide Literaturgattungen müssen daher parallel herangezogen werden, so daß sie sich gegenseitig ergänzen.

Was sagen uns die technischen Handbücher?

Samarângana-Sûtradhâra: In dem erstmals 1944 erschienenen Standardwerk von Ramachandra Dikshitar, »War in Ancient India«, ist in einem speziell der Luftkriegsführung gewidmeten Kapitel unter anderen zu lesen:

»In dem unlängst (Baroda 1924) veröffentlichten Samarângana Sûtradhâra von Bhoja ist ein ganzes Kapitel von rund 230 Versen den Konstruktionsprinzipien gewidmet, die den verschiedensten Flugmaschinen und weiteren Geräten, die für militärische und andere Zwecke benutzt wurden, zugrunde liegen. Die vielfältigen Vorteile der Verwendung von Maschinen, vornehmlich fliegenden, werden bis ins einzelne angegeben. Besonders erwähnt wird ihre Fähigkeit zum Angriff sowohl sichtbarer als auch unsichtbarer Objekte, ihre Benutzbarkeit nach Gutdünken, ihr störungsfreier Betrieb, ihre Leistungskraft und Lebensdauer, kurz, ihre Fähigkeit, in der Luft alles das zu leisten, was auch auf der Erde möglich ist. Nach Aufzählung und Erklärung einer Reihe weiterer Vorteile folgert der Autor, daß sogar (sonst) unmögliche Dinge durch sie ausgeführt werden könnten. Zu drei Flugbewegungen seien diese Maschinen gewöhnlich fähig: Aufstieg, Flug in der Atmosphäre über Tausende von Meilen in verschiedenen Richtungen und schließlich Landung. Es heißt, daß man in einem Luftwagen zur Sûryamandala (›Sonnenregion‹) und zur Nakshatramandala (›Sternenregion‹) aufsteigen und auch durch den Luftraum über dem Meer und der Erde reisen könne. Über diese Wagen verlautet, sie bewegten sich derart schnell, daß sie einen Lärm machten, den man noch vom Boden aus schwach hören könne. Noch bringen einige Autoren ihre Zweifel zum Ausdruck und fragen: ›Gab es das wirklich?‹, aber die Hinweise dafür sind überwältigend.«[1]

Soweit die Zusammenfassung des Indologen Dikshitar, die, so sollte man doch meinen, Indologen wie Historiker hätte aufschrecken und zu Nachforschungen, Übersetzungen, Publikationen und Tagungen anregen müssen. Aber nichts dergleichen ist bis heute geschehen, jedenfalls nicht von seiten der offiziellen Wissenschaft.

Was die Einzelheiten zur Technik und Konstruktion der Flugkörper betrifft, so äußert sich das ausschließlich diesem Gegenstand gewidmete Vaimânika-Prakarana noch ausführlicher. Es enthält auch die spektakulärsten Aussagen. So geht es dort unter anderem um Kampfkraft und Bordelektronik der Maschinen, um deren Antrieb und Geschwindigkeit, um einen Schutzschirm zur Erhöhung der Flugsicherheit, um die zum Bau der Maschinen verwendeten leichten und hitzeresistenten Metalle, und schließlich kommt sogar die Pilotennahrung zur Sprache.

Indischen Presseberichten zufolge fand der erste neuzeitliche Motorflug nicht, wie es üblicherweise gelehrt wird, 1903 durch die Gebrüder Wright in den USA statt, sondern bereits im Jahre 1895 bei einem Ort nahe Bombay. Erbauer und Pilot sei ein Lehrer der Kunstschule von Bombay namens Babuji Talpule gewesen, der die Maschine vor allem nach den Angaben des Vaimânika-Shâstra (= Vaimânika-Prakarana) konstruiert habe! Unter Rauchentwicklung, unerträglichem Lärm und starker Beschleunigung soll sie am Boden angerollt sein und nach dem Abheben auf Anhieb eine Höhe von 1500 Fuß (457 m) erreicht haben. Danach habe das vogelartig aussehende, über dreieckige Flügel, hohe Schwanzflossen, eine spitze Nase und ein Cockpit auf der Rumpfoberseite verfügende Gerät einen weiten Kreis gezogen und sei gelandet. Nach dem Tod seiner Frau – einer Sanskritgelehrten, die für ihn eine unersetzliche Hilfe gewesen sei –, habe Talpule jedoch das Interesse an Flugapparaten verloren, und nach seinem eigenen Tod im Jahre 1917 hätten die Erben sein einzig gebautes Exemplar an eine englische Firma verkauft. Die Authentizität dieser Geschichte wurde von Talpule selbst in einem Buch mit dem Titel »Vimâna, Kalechâ Shoda«, erschienen im Jahre 1907, bestätigt.

Die Auswertung der epischen Literatur

Was nun die Aussagen der epischen Literatur anbelangt, so konnten nur durch genaueste Satz-für-Satz-Einzelanalysen tragfähige Informationen über die einstige historische Realität zu gewin-

nen sein. Nur eine solche streng gehandhabte Verfahrenstechnik ermöglichte den entscheidenden Schritt über die spekulativen Mutmaßungen und Schnellschüsse hinaus, in denen sich die einschlägige Literatur bis heute beinahe erschöpft. Dabei stellten sich allerdings die historischen Verhältnisse als sehr viel komplexer heraus, als aufgrund des allgemein akzeptierten Geschichtsbildes zu erwarten war. Das gilt sowohl in textgeschichtlicher Hinsicht als auch hinsichtlich der Ereignisse, was beides aufs engste miteinander verzahnt ist. Entgegen anfänglicher Schätzungen benötigte ich ganze fünfzehn Jahre für meine Auswertungen, die nun auch in Buchform vorliegen und im folgenden zusammenfassend dargestellt werden sollen.[2]
Zunächst gilt es aufzuzählen, auf welche Tatbestände sich ein Teil der betreffenden Eposaussagen mit hoher Wahrscheinlichkeit bezieht. Es handelt sich um

- Luftangriffe und deren Abwehr, nämlich um Bombenabwürfe
- und/oder Einsätze von Luft-Boden- bzw. Boden-Luft-Raketen und – wenn nicht alles trügt – auch
- um Laserwaffen.
- Um den Luftkampf zweier Maschinen, bei dem eine der beiden abgeschossen wurde.
- Um den Einsatz von Gefechtsfeldwaffen für den Nahbereich; dazu zählen »einfache« Raketen, Lenkwaffen, Submunitionsraketen, Kanonen sowie Schallwaffen.

Außerdem werden wir informiert über Raumschifflandungen auf der Erde und über die Mitnahme eines Menschen ins All sowie über gigantische, auf erdnahen Umlaufbahnen schwebende Raumstationen, von wo aus die Flugmaschinen eingesetzt wurden, wenn sie nicht von den ebenfalls existierenden irdischen Stützpunkten aus operierten.
Die Texte beziehen sich jedoch nicht auf Einsätze von Atomwaffen oder die Verwendung von Flugmaschinen nach Art der in unserer Zeit gesichteten UFOs! Für beides habe ich nach sorgfältiger Prüfung keine hinlänglichen Anhaltspunkte entdecken können. Sofern sie als historisch glaubwürdig anzusehen sind,

entsprechen sowohl die Aussagen zur Waffen- als auch zur Flug-
körpertechnologie samt und sonders der uns heute geläufigen
oder für die nahe Zukunft absehbaren Hochtechnologie, basierend auf der herkömmlichen Physik einer vierdimensionalen
Raum-Zeit-Struktur des Universums.

Das Verfahren bei der Textinterpretation

Alle vorangegangenen Interpretationsversuche, sowohl von wis-
senschaftlich-indologischer Seite als auch von Autoren der spekulativen Populärliteratur, konnten scheinbar die Texte nicht
wirklich durchdringen, blieben nur allzuoft im Spekulativen
oder Vorurteilsverhafteten oder erfaßten lediglich einen kleinen
Bruchteil des Gesamtspektrums.
Die maßgeblichen Teile der Aussagen, um die es uns geht, dürfen
nämlich zumeist nicht in ihrer wörtlich oberflächlichen Bedeutung verstanden werden. Da sie ja nicht in einer uns heute geläufigen sprachlichen Gestalt formuliert sind und sich deshalb auch
nicht durchs bloße Lesen vollständig erschließen, bedürfen sie
zwingend der kompetenten Interpretation. Gerade hier aber liegen die Probleme bei der Deutung von Texten wie den indischen Epen und Purânas, deren heute vorliegender Wortlaut das
Endresultat eines Jahrtausende währenden, von ständigen verfäl-
schenden Eingriffen begleiteten Entstehungsprozesses ist. Die
Verfälschungen sind dermaßen zahlreich und oft nur überaus
schwer festzumachen, daß man, um der Wahrheit nahezukom-
men, jede Einzelaussage, ja bisweilen jedes einzelne Wort zuerst
einmal in Zweifel ziehen muß. Es ist nur dann als historisch zutreffend zu akzeptieren, wenn unabhängige Kriterien bzw. Fakten es bestätigen oder nahelegen.
Aber auch die im Laufe vieler Jahrzehnte in der Indologie und
anderen akademischen Sparten entwickelten reflektierteren Ansätze haben speziell zur Klärung der hier in Rede stehenden
Textaussagen nichts oder nur Unzureichendes beizutragen ver-
mocht. Ihre einseitig an den herrschenden historischen und so-
ziologischen Paradigmen orientierten Fragestellungen ließen das

Problem der historischen Wahrheit unberührt, wobei die Autoren an einer Klärung meist auch gar nicht interessiert waren oder ihr starres Weltbild sie daran hinderte, die einstige Existenz fortgeschrittener Feuerwaffen anzuerkennen oder zumindest in Erwägung zu ziehen. Von Fluggeräten ganz zu schweigen. Immerhin aber gab es bereits in der Frühzeit der Indologie einige wenige Gelehrte (wie zum Beispiel Halhed, Elliot oder Oppert), die sich auf der schmalen Basis des Wissens ihrer Epoche der besseren Einsicht nicht verweigerten – auch wenn sich dies nur auf einen winzigen Bruchteil des gesamten Aussagenspektrums erstreckt. Leider sind es auch in unserem Jahrhundert nur verschwindend wenige Indologen, die erkannt haben oder zugeben, daß hier überhaupt ein Problem vorliegt, und die jene Eposaussagen nicht sogleich zum Produkt einer ausschweifenden Poesie oder mit der allzu bequemen Zauberformel »Science-fiction« erklären. Zu nennen sind hier vor allem Dikshitar, Shukla, Raghavan und – neuerdings – auch Kanjilal. So sehr sich diese indischen Sanskrit-Gelehrten in ihren Ansätzen, Schwerpunkten und Auffassungen auch unterscheiden: Die alten Textaussagen werden von ihnen endlich ernst genommen, wenn auch noch nicht im Detail analysiert.

Das zentrale Kriterium meiner Textinterpretation – der phänomenologische und begriffliche Vergleich der in den Texten beschriebenen »nichtkonventionellen« Kampfszenen und Flugkörper mit den entsprechenden modernen Waffen und Flugkörpern – hat sich als äußerst fruchtbar erwiesen. Ich habe zudem Erkenntnisse aus den melanesischen Cargo-Kulten mit einbezogen, da zahlreiche Aussagen nur dann hinlänglich verstanden werden können.

Unter dem Oberbegriff »Cargo-Kult« sind die durch imitationsmagische Praktiken und scharfe sozioökonomische Umbrüche gekennzeichneten Kultbewegungen der auf steinzeitlicher Stufe stehenden Bewohner Melanesiens bekannt geworden. Melanesien ist eine nördlich von Australien gelegene Inselgruppe im Pazifik mit der größten Insel Neu-Guinea. Diese Kultbewegungen resultieren ausschließlich aus dem Kontakt mit den Europäern, Amerikanern und Japanern, die plötzlich mit Flugzeugen und großen Schiffen, Fahrzeugen, Radio- und Funkgeräten, Waffen und einer Überfülle weiterer Güter in jene Region einfielen.

Die deutlichste Parallele zu jenen frühindischen Götter-/Dämonen-Kriegen bilden dabei die im Zweiten Weltkrieg auch auf diesen Inseln ausgetragenen erbitterten Schlachten zwischen den USA und Japan. In der Umgebung der seinerzeit noch ganz oder weitgehend unbeeinflußten archaischen Stämme kam es zur Errichtung von Militärbasen und zu lärmenden Kampfhandlungen, auch zu Luftkämpfen mit Flugzeugabstürzen. Wie in anderen Kontaktsituationen, so konnten von den Eingeborenen auch diese für sie beängstigenden Vorgänge nur in den ihnen traditionell vorgegebenen mythisch-religiösen Bezügen begriffen werden – nicht besser als von den Jahrtausende zuvor betroffenen alten Indern. Was die Menschen hier wie dort beobachten und beschreiben konnten, waren die äußerlich sicht- und hörbaren Einzelheiten der sich abspielenden Geschehnisse. Sie prägten sich tief ein und wurden bis in entfernte Gebiete weitererzählt, so daß es dann auch dort zu entsprechenden Kultaktivitäten kam.

Diese Praxis der magisch-rituellen Imitation erstreckte sich auf die Nachahmung der äußerlichen Gestalt der gesehenen Flugzeuge und deren Landebahnen, auf Funkstationen und Waffen, bis hin zu Gebäuden, Straßen und Einrichtungen auf den von den Amerikanern errichteten und später wieder geräumten Militärcamps. Imitiert wurde hier das gesamte vormalige Geschehen, einschließlich der rituellen Identifizierung mit den äußerlich erkennbaren Funktionen der einzelnen militärischen Dienstgrade. Das alles geschah in dem festen Glauben, dadurch mit magischer Gewalt erzwingen zu können, daß jene mit Gütern (Cargo!) beladenen Flugzeuge und Schiffe zurückkehrten und fortan eine Zeit absolut paradiesischer Glückseligkeit herrsche. Die imitierten Flugzeuge, Funkstationen und anderes mehr sollten dabei als Speicher für den erwarteten Gütersegen dienen bei gleichzeitiger Funktion als heilige Räume: ein Paradigma für die Entstehung von Altären und Tempeln!

Insgesamt gesehen haben wir es bei den Cargo-Kulten mit einem in mehreren Phasen und geradezu gesetzmäßig ablaufenden Kontaktverhalten zu tun, das sich dadurch auszeichnet, daß prinzipiell gleiche Ereignisse von Menschen vergleichbaren historischen Entwicklungsniveaus auch auf prinzipiell gleichartige Weise erfaßt und verarbeitet werden. Daraus aber folgt auch hier wiederum: Je höher das Maß an Deckungsgleichheit mit den überlieferten Textaussagen, desto höher ist auch das Maß an historischer Treue eines Textes und umgekehrt. In einer meiner früheren Abhandlungen habe ich einen knapp gefaßten systematischen Abriß der Cargo-Kult-Phänomenologie vorgenommen einschließlich einer synoptischen Gegenüberstellung deckungsgleicher, aus den verschiedensten Kulturkreisen stammender altüberlieferter Aussagen.[3] Hierbei handelt es sich um ein von mir entwickeltes »Verhaltenspsychologisches Vergleichsverfahren«, dessen Durchführung eine unerwartete überfällig hohe Bestätigung der Hypothese ehemaliger extraterrestrischer Eingriffe erbrachte.

Was speziell den indischen Raum anbelangt, so beziehen sich die Übereinstimmungen mit den Cargo-Kulten zunächst auf die zur Beschreibung von Waffeneinsätzen gewählten Formulierungen sowie auf die verschiedentliche Einstufung der hochtechnischen Waffen und Flugmaschinen als »magisch« funktionierende. Sodann beziehen sie sich auf das Phänomen der magischen Imitation der zuvor anwesenden fremden Flugmaschinen, wobei namentlich der Hindu-Tempel von den Indern selbst als Nachbildung jener »göttlichen« Vimâna-Flugkörper begriffen wird. Außerdem können die Cargo-Kulte entscheidend zu einem zutreffenden Verständnis des Prozesses der Entstehung der ersten Hochkulturen der Menschheit beitragen.

Einige einschlägige Beispiele aus der epischen Literatur

Das erste Beispiel ist dem Bhâgavata-Purâna entnommen und bezieht sich auf einen massiven Luftangriff eines als »Dämon« bezeichneten Königs namens Shâlva auf die altindische Stadt Dvârakâ, dem Sitz des als Gott verehrten Stammesführers Krishna. (Diese Stadt befand sich einst nahe dem Südzipfel der am Arabischen Meer gelegenen und heute zum indischen Unionsstaat Gujarât gehörenden Kâthiâwâr-Halbinsel. Sie versank später im Meer und darf nicht mit der im Westen der Halbinsel gelegenen heutigen Stadt gleichen Namens verwechselt werden.) Der vorliegende Text markiert den Beginn einer Kette dramatischer Kampfhandlungen, bei denen es noch zu zwei weiteren Luftangriffen und deren Abwehr durch Boden-Luft-Raketen kommt. Die Verse lauten:

»(9) Shâlva belagerte Dvârakâ mit einer gewaltigen Armee, o berühmter Bhârata. Er machte die Parks der Stadt und die Gärten völlig dem Erdboden gleich.
(9.A) Er verlegte seine Basis in die Luft über der Stadt und kämpfte.
(10) Er zerstörte die Stadt mit ihren Türmen, Toren, Villen, Galerien, Terrassen und Ruheplätzen noch weiter. Vernichtende Waffen regneten aus diesem schrecklichen Luftwagen [vimâna] herab.
(11) Riesige Steine, Bäume, Donnerkeile, Schlangen und ein Regen aus Kies fielen heftig (auf Dvârakâ) herab. Fürchterliche Wirbelstürme fegten (durch die Stadt); die Himmelsrichtungen wurden von dickem Staub verfinstert.
(12) So wie die Erde (einst) unter die Geißel von Tripura gezwungen worden war, so wurde die Stadt Krishnas durch Saubha einer extremen Verwüstung unterworfen, ohne jeden Aufschub und ohne Aussicht auf Hilfe.«
(Skandha X, Kap. 76; Tagare, Teil IV, S. 1731)

Soweit dieser Text, dessen genaue Analyse den Beleg dafür liefert, daß es sich hier mit hoher Wahrscheinlichkeit um einen historisch realen Luftangriff handelt und nicht etwa um die ausufernde Phantasie einer mythenbildenden Psyche oder um eine Frühform von Science-ficton. Wenngleich – und das hat sich als ein ganz entscheidender Aspekt herausgestellt – weder die Person des Krishna noch die des Shâlva, noch deren Streitkräfte die tatsächlichen Akteure dieser hochtechnologischen Kriegsführung waren, sondern es vielmehr Außerirdische gewesen sein mußten. Doch dazu später.

Die Textanalyse hat erbracht, daß die Aussagen über das Bombardement und seine vernichtenden Folgen exakt dem entsprechen, was wir aus dem Zweiten Weltkrieg und aus späteren Kriegen unseres Jahrhunderts her kennen. Dies bezieht sich sowohl auf die Art des abgeworfenen Bombenmaterials und die physikalischen Folgewirkungen am Boden als auch darauf, daß tatsächlich eine einzige Maschine in der Lage ist, solch gewaltige Zerstörungen hervorzurufen, wie sie in dem Purâna-Text beschrieben werden, und zwar ohne daß hierzu atomare Sprengkörper erforderlich sind.

Die vielleicht beeindruckendste Übereinstimmung mit den leidvollen Erfahrungen unserer Epoche betrifft das nach den Bombenabwürfen am Boden ablaufende Geschehen, nämlich die »durch die Stadt fegenden fürchterlichen Wirbelstürme« und daß »die Himmelsrichtungen von dickem Staub verfinstert wurden«, wie es in Vers 11 des Textes heißt.

Diese Formulierungen beziehen sich eindeutig auf den nach den Bombenexplosionen einsetzenden sogenannten Feuersturm, der von dem Temperaturunterschied der Brandherde zu der sie umgebenden Luft hervorgerufen wird und bei dem orkangleiche Stürme und windhosenartige Feuerwirbel durch die Straßen einer brennenden Stadt rasen und alles Leben vernichten. Dabei verfinstern sich die betroffenen Gebiete durch die äußerst dichten Rauchschwaden, die Flugasche und durch die hochgewirbelten Staubmassen der zusammengestürzten oder geborstenen Häuser so sehr, daß man lange Zeit nichts mehr sehen und kaum noch atmen kann. In Hamburg zum Beispiel erlitten während der berüchtigten Feuersturmnacht vom 27. auf den 28. Juli 1943 Tausende allein auf den Straßen den Hitzetod, weil sie »im Staubsturm und Funkenregen nach wenigen Schritten blind wurden und regelrecht in ihr Verderben rannten oder sich apathisch hinsetzten«, so der ehemalige Hamburger Brandschutzdirektor Brunswig in seiner Dokumentation.[4] Sie sehen also, die altindische Aussage erweist sich als höchst realitätsgerecht!

Zum Bombenmaterial sei bemerkt, daß es sich bei den dafür gewählten Bezeichnungen entweder um eine spezielle Terminologie handelt, wie wir sie ja auch heute auch nur allzu gut kennen – man denke an Namen wie »Tornado«, »Leopard«, »Mosquito«, »Sidewinder« (Klapperschlange) oder »Mace« (Keule) –, oder wir haben es mit Verlegenheitsbenennungen seitens der beobachtenden Zeugen oder später Lebenden zu tun, denen – ganz analog zu den Verhältnissen beim melanesischen Cargo-Kult – nichts anderes übrigblieb, als von »riesigen Steinen, Bäumen, Donnerkeilen, Schlangen und einem Regen aus Kies«, zu sprechen, weil es ihr vormoderner Wissenshorizont nicht anders gestattete, als nach solchen Analogien zu greifen.

Grundsätzlich darf man in solchen und ähnlichen Fällen nie aus den Augen verlieren, daß die Logik des Geschehenszusammenhangs es verbietet, die überlieferten Bezeichnungen in ihrem unmittelbar wörtlichen Sinn aufzufassen, daß wir es hier also nicht etwa mit gewöhnlichen Steinen, Schlangen oder Bäumen zu tun haben. Dies wird noch unterstrichen durch die Tatsache, daß sowohl im weiteren Verlauf der Handlung als auch in den übrigen epischen Texten Raketenangriffe phänomenologisch eindeutig beschrieben und dabei für »Rakete« meist die herkömmlichen Begriffe »Pfeil« oder »Lanze« verwendet werden. Manchmal wird auch von einer »Keule« oder von einem »Speer« gesprochen. Auch dies wird an einem vergleichbaren Beispiel aus dem Zweiten Weltkrieg verständlicher.

Als die Bomberpulks der Alliierten ihre Nachteinsätze gegen deutsche Städte flogen, sahen sie sich wegen der Verdunklung gezwungen, sich durch Leuchtzielmarkierungen zu orientieren, bevor sie ihre tödliche Fracht entluden. Die betroffene Bevölkerung fand für die dazu abgeworfenen, traubenförmig zusammenstehenden Magnesium-Leuchtbomben die überaus treffende Bezeichnung »Christbäume«![5]

In den folgenden Beispielen nun geht es nicht um Bombenangriffe, sondern um Kampfszenen, die sich auf dem Schlachtfeld abspielten, um den Einsatz von Boden-Boden-, Boden-Luft- und Luft-Boden-Raketen. Das Kriterium für die Auswahl gerade dieser Texte war deren Kürze und ihre leichte Zugänglichkeit, wobei der übergreifende Kontext auch hier außer Betracht bleiben muß. Der erste Fall stammt aus dem Mahâbhârata:

Südindischer Tempel in Kauchipuram – eine Stein gewordene Vimana? (Quelle: Erich v. Däniken)

»Dann nahm der kühne Sohn von Bhîmasena (Ghatotkaca)/den Sohn Dronas (Ashvatthâman)/mit vielen wütenden Pfeilen in die Mangel/die mit dem Krachen des Donners durch die Luft rasten/...

Dronas Sohn ... zerstörte, o König/mit seinem eigenen schrecklichen Pfeil .../diesen unerträglichen und einzigartigen Regen aus Waffen/deren Schall dem Krachen des Donners glich/und die unablässig auf ihn niederstürzten/...

Durch die Funken ringsumher/erzeugt vom Aufeinanderprallen der Waffen/die von jenen beiden Kriegern abgeschossen wurden/sah der Himmel prächtig aus/als wäre er erleuchtet von Myriaden von abendlichen Leuchtkäfern.«
(Buch 7, Dronaparva, Kap. 166; Roy, Neuausg., S. 383)

Der zweite Text ist dem Râmâyana entnommen und hat folgenden Wortlaut,

»Jene scharfen/von den Bogen abgeschossenen Pfeile (Râmas und Indrajits)/erleuchteten den Himmel/stießen mit gewaltiger Wucht aufeinander/und die Stärke des Aufpralls/mit der diese furchtbaren Waffen aufeinanderstießen/ließ sie in Flammen aufgehen, Funken und Rauch aussendend.
Wie wenn zwei große Planeten zusammenstoßen/fielen sie, in hundert Stücke zertrümmert, auf das Schlachtfeld.«
(Buch 6, Yuddha-Kândam, Kap. 91; Shastri, S. 264)

Das dritte Beispiel bezieht sich wiederum auf den im Bhâgavata-Purâna dargestellten Krieg Krishna/Shâlva, und zwar auf eine von der Flugmaschine aus eingesetzte Waffe:

»(12) Shâlva, dessen Streitkräfte praktisch ausgelöscht waren, sah, daß Krishna in die Schlacht eingriff. Auf Krishnas Wagenlenker schoß er eine Lanze ab (die durch die Luft raste) und die einen donnerartigen Schall von sich gab.

(13) Krishna beobachtete die mit hoher Geschwindigkeit durch

160

die Luft jagende und alle Himmelsrichtungen wie ein großer
Meteor erleuchtende Lanze und zersplitterte sie mit seinen Pfei-
len in hundert Bruchstücke.«
(Skandha X, Kap. 77; Tagare, a.a.O., S. 1735 f.)

Eine weitere Kampfszene aus dem Mahâbhârata lautet wie folgt:

»(Bei einer Gelegenheit) schleuderte Jarâsandha/von Baladeva
angegriffen/zornerregt zu unserer Vernichtung/eine alle Lebewesen zu töten fähige Keule.

Mit dem Glanz des Feuers versehen, raste diese Keule uns entge-
gen/den Himmel spaltend wie der Scheitel auf dem Kopf/der
das Haar einer Frau auseinanderteilt/und wie die Heftigkeit des
von Shakra [Indra] geschleuderten Donners.

Diese Keule erblickend, wie sie auf uns zuraste/schleuderte der
Sohn der Rohinî [Baladeva]/die Sthûnâkarna genannte Waffe/
um jene [andere] zu verwirren [to baffle].

Ihre Macht gebrochen durch die Energie der Waffe Baladevas,
fiel jene Keule auf die Erde herab/diese (durch die Wucht) zer-
spaltend/und selbst die Berge erzittern lassend.«
(Buch 7, Dronaparvan, Abschn. 181; Roy, a.a.O., S. 423)

Alle vier Beispiele beziehen sich, daran läßt die genaue Analyse
kaum Zweifel, auf den Einsatz von Kampfraketen für den Nahbereich. Das ohrenbetäubende, donnergleiche Dröhnen des Rake-
tenmotors und der den Himmel erleuchtende, grelle Abgasstrahl
des Triebwerks werden hier ebenso knapp wie treffend beschrieben. Es handelt sich sowohl um Angriffs- als auch um Abwehr-
waffen, wobei die angreifenden Raketen in den ersten drei Fällen
noch während ihres Anflugs durch Abwehrprojektile vernichtet
werden und, worüber uns der zweite Text informiert, als bren-
nende und rauchende Bruchstücke auf das Schlachtfeld niederge-
hen. In Fall vier wird die angreifende Waffe hingegen nicht von
dem Abwehrprojektil vernichtet, sondern von ihrem Anflugkurs

abgelenkt (vermutlich durch Aussenden elektronischer oder sonstiger Störimpulse oder durch den Ausstoß von Störkörpern), so daß sie, verwirrt, auf den Boden zurast, sich sodann mit ihrer hohen kinetischen Energie ein Stück weit ins Erdreich bohrt und dabei ein leichtes Beben auslöst! Diese Abwehrleistungen erscheinen um so beeindruckender, als eine solche Waffe sowohl extrem schnell sein als auch eine extrem hohe Treffsicherheit besitzen muß, wenn sie die gegnerische Rakete nicht verfehlen will. Dabei dürfen wir unterstellen, daß es sich um Lenkwaffen handelte, also um solche, die in der Lage waren, den Angreifer auch dann abzufangen, wenn dieser dem Abwehrprojektil durch Kursänderungen auszuweichen versuchte. Andernfalls wäre die Trefferwahrscheinlichkeit entschieden zu gering gewesen.

Diese Aussagen der epischen Literatur, von denen es noch eine ganze Reihe vergleichbarer gibt, setzen allemal eine entsprechend hoch entwickelte Technologie voraus, wie sie in unserer Epoche erst seit wenigen Jahrzehnten zur Verfügung steht. Ich nenne nur das Stichwort »elektronische Kriegsführung«. Andere Texte unterrichten uns auch noch über die durch die enorm hohe Geschwindigkeit der Raketen hervorgerufene Wirbelschleppe sowie über die Explosion des Sprengkopfes am Zielpunkt (wobei die in den Beispielen 1 bis 3 genannten Auswirkungen des Aufeinanderprallens der Waffen zunächst zwar als Folge von deren kinetischer Energie erscheinen mögen, darüber hinaus jedoch auch Explosionen anzunehmen sind).

Noch ein letztes Beispiel. Es geht dabei um den Versuch Krishnas, den ständig angreifenden Kampfflugkörper Saubha des Dämonenkönigs Shâlva endlich abzuschießen. Dieser Versuch erfolgt unmittelbar nach der soeben angeführten Raketenangriffs- und Abwehrszene. Der Text lautet:

»(14) Shâlva mit sechzehn Pfeilen treffend, durchdrang er den Luftwagen Saubha, der sich durch den Himmel bewegte, mit einer Salve von Pfeilen, so, wie die Sonne den Himmelsraum mit ihren Strahlen erfüllt.«
(Skandha 10, Kap. 77; Tagare, a.a.O.)

Doch diese Raketensalve bringt die Flugmaschine ebensowenig zum Absturz wie in einigen Fällen des Zweiten Weltkriegs oder des Golfkriegs von 1991, wo es durchaus vorkam, daß Maschinen, von Treffern durchsiebt, trotzdem noch zu ihrem Stützpunkt zurückfliegen konnten. (Später gelingt es dann, den Angreifer tatsächlich abzuschießen, womit die Erzählung ihren dramatischen Höhepunkt und Abschluß findet.) Nun fragt man sich hier natürlich sofort: Welche Reichweite besaßen jene 16 Raketen eigentlich? Über diesen entscheidenden Punkt liefert uns die im Mahâbhhârata enthaltene Fassung der Saubha-Erzählung eine höchst aufschlußreiche Information. Dort heißt es nämlich:

»Kauravya, ich [Krishna] schoß von meinem Bogen/viele Myriaden von Pfeilen ab/die mit einem göttlichen Spruch bezaubert waren/aber ich und meine Truppen hatten kein Ziel, Bhârata/denn sein [Shâlvas] Saubha hing in einer Meile [einem Krosha]/Entfernung am Himmel.«
(Mbh. 3 [31] 21, Vers 25; van Buitenen, S. 262)

Mit anderen Worten: Da ein Krosha, wie ich zuverlässig ermitteln konnte, einer Strecke von rund 3658 Metern entspricht, so bedeutet dies, daß die verfügbaren Abwehrraketen der Gegenseite eine Reichweite von vielleicht 3000 oder höchstens 3500 Metern besaßen, denn andernfalls hätte ja die Chance zu neuerlichen Treffern bestanden. Und das heißt wiederum, daß es sich bei diesen Boden-Luft-Raketen prinzipiell um eine uns heute wohlbekannte Art gehandelt haben muß: nämlich kleine Luftabwehr-Lenkflugkörper, die von einem oder von zwei Mann zu Fuß transportiert und abgefeuert werden können und deren Reichweite genau in jenem Entfernungsbereich liegt! Namen wie »Redeye« (Rotauge), »Blowpipe« (Blasrohr) und vor allem »Stinger« (Stechmücke oder Stachel) dürften inzwischen auch einer breiteren Öffentlichkeit nicht ganz unbekannt sein, spätestens seit dem Afghanistankrieg der achtziger Jahre, als die Mudschaheddin-Rebellen mit der schultergefeuerten »Stinger« dutzendweise russische Kampfflugzeuge abschossen und damit diesen schmutzigen Krieg für sich entscheiden konnten.
Soviel also zu den ausgewählten Beispielen. Hinzufügen möchte

ich noch, daß es sich auch bei all den anderen Raketen, über deren Einsatz uns die Epen in glaubwürdiger Weise informieren, wohl um solch kleine, leicht transportierbare und in großen Stückzahlen billig herstellbare Waffen handelt, gleichviel ob in der Einsatzrolle als Boden-Boden-Gefechtsfeldwaffe, als Boden-Luft- oder als Luft-Boden-Rakete. Für Mittelstrecken- oder gar Langstreckenraketen habe ich dagegen keinerlei Hinweis in den Schriften gefunden.

Neben den – offenkundig stark dominierenden – Raketen kamen nun aber auch noch andere hochtechnische Waffen zum Einsatz, darunter Schallwaffen und Kanonen. Ich habe mich vor allem mit einer Tulagudâ genannten Waffe befaßt, dabei den Sanskrit-Wortlaut jenes Eposverses genauestens seziert und mich mit den kontroversen Standpunkten der Indologen auseinandergesetzt. Der betreffende Teil des Verses muß demgemäß lauten:

»(5) ... mit Rädern versehene Tulagudâs, die
Luftdruckwellen, Windwirbel (oder Wirbelwinde) und
das Getöse großer Wolken hervorbringen.«
(Mbh. 3 [32] 43)

Daß sich diese Aussage eindeutig auf den Einsatz von Kanonen bezieht, wurde ausnahmsweise und sogar schon sehr früh von einigen wenigen Indologen zugegeben, wenngleich es völlig folgenlos blieb und bald wieder zugunsten des herrschenden Geschichtsbildes in Vergessenheit geriet. Darüber hinaus ist an der Aussage aber noch etwas ganz anderes bemerkenswert – und das anzuerkennen, läge der herrschenden Indologie noch weitaus ferner –, nämlich der Umstand, daß diese Waffe, zusammen mit noch weiteren, sehr hoch entwickelten, laut Mahâbhârata ausgerechnet zur Ausrüstung eines Raumschiffs gehörte! Wir erfahren dies anläßlich der Landung der Maschine des »Gottes« Indra, als dieser den Superhelden Arjuna zu seiner im erdnahen Weltraum schwebenden Raumstation abholt, um ihn in der Handhabung hochüberlegener Waffen auszubilden, damit er mit diesen und dem Raumschiff einen Stützpunkt von der Indra feindlich gesonnen »Dämonen« vernichtet. Hier eröffnet sich uns ein ebenso grandioses wie düsteres Szenario, das an dieser Stelle jedoch nicht weiter interpretiert werden soll.

Nur soviel: Jener Dämonenstützpunkt, zu dessen Vernichtung Arjuna von Indra entsandt wurde, befand sich, wie ich herausgefunden habe, hier auf der Erde, und zwar in einem bestimmten Gebiet des heute zu Südpakistan gehörenden Indus-Unterlaufs. Diese »Dämonen« trugen den höchst aufschlußreichen Namen Nivâtakavacas, das heißt wörtlich »gekleidet in luftdichte Rüstungen«, und in der Tat kann es sich dabei nur um Raumanzüge oder zumindest um luftundurchlässige, hermetisch abgeschlossene Kampfanzüge gehandelt haben. Das wird selbst von dem führenden Übersetzer dieses Eposbandes, dem Indologen van Buitenen, ausdrücklich, wenn auch widerstrebend, zugegeben. Wie sich weiter herausgestellt hat, fand im Umkreis dieses Stützpunktes außerdem auch der Endkampf Krishnas gegen den Dämonen-Flugkörper Saubha statt. Der Aggressor sah sich nämlich zur Flucht hierher gezwungen, weil ihn nach seinem erfolgreichen Bombenangriff auf Dvârakâ heftig einsetzende Abwehrmaßnahmen in starke Bedrängnis gebracht hatten.

Was ferner die beiden Landungen des Raumschiffes Indras anbelangt (bei denen Arjana ins All abgeholt und später wieder zurückgebracht wurde), so gehört deren Beschreibung mit zum Überzeugendsten, was das Mahâbhârata zu bieten hat: Sowohl die optischen als auch die akustischen Begleiterscheinungen einer solchen Landung, nämlich der grelle, die Wolken und die Umgebung taghell erleuchtende Abgasstrahl sowie das ohrenbetäubende, donnergleiche Brüllen des Raketentriebwerks, werden ausgezeichnet erfaßt, und es wird angemerkt, wie die im Umkreis lebenden Tiere in Panik flüchteten.[6]

Der Ablauf des Geschehens, so wie ihn das Epos darstellt, sah also folgendermaßen aus: Arjuna fliegt insgesamt zweimal von der Erde aus in den Weltraum und wieder zurück: zuerst vom Himalaya aus nach Indraloka, der Raumstation des als »Gott« apostrophierten außerirdischen Befehlshabers, und von dort kurz auf die Erde nach Pâtâla (Südpakistan) zur Dämonenvernichtung; dann fliegt er nochmals nach Indraloka und schließlich endgültig auf die Erde zurück, wiederum in den Himalaja. Ein wahrlich grandioses Szenario! Es könnte von einem heutigen Science-fiction-Schriftsteller stammen. Das Faszinierende, ja Ungeheuerliche ist aber, daß es sich hier um versprengte Detailinformationen über Ereignisse handelt, die vor vielen Jahrtausenden Wirklichkeit gewesen sein müssen, wenn diese auch den epischen Sängern selbst nicht mehr in voller Tragweite bewußt waren und begriffen werden konnten. Für sie handelte es sich vielmehr um Material, das sie ihrer vorgegebenen Ideologie entsprechend zur Verherrlichung ihrer Protagonisten heranzogen und umfunktionierten.

Zur Neueinteilung indischer Geschichtsepochen

Damit sind wir bei einem weiteren entscheidenden Punkt angelangt: Die Epochen der indischen Geschichte, wie sie sich aus der Entschlüsselung der epischen Ideologie sowie aus den archäologischen Fakten ergeben, mußten neu eingeteilt werden. Zur Erläuterung: Die epische Ideologie zeigt sich insbesondere an der Rolle der jeweiligen Heldengestalten. Nehmen wir zum Beispiel Krishna und Shâlva: Krishna tritt in den Saubha-Erzählungen als Führer seines Volkes (des Vrishni-Stammes der Yâdavas) auf und agiert dabei wie ein mit göttlichen Kräften ausgestatteter Superheld, der auch auf seiten der »Götter« steht. Der ebenfalls als Supermann vorgestellte Shâlva hingegen tritt als König eines dem Krishna feindlich gesonnenen Volkes auf, das gleichzeitig als Gegner der Götter erscheint und zu den »Dämonen« gerechnet wird. Diese Doppelfunktion ist das Resultat einer gigantischen Geschichtsfälschung, bei der die Sänger an Königshöfen zwei Überlieferungskreise miteinander verschmolzen, die aus ganz verschiedenen Zeitaltern stammen. Und zwar geschah dies so, daß man die hochtechnische Art der Kriegsführung, wie sie bei den weiter zurückliegenden Kämpfen der außerirdischen »Götter« und »Dämonen« praktiziert wurde, auf Kriege zwischen altindischen Volksgruppen übertrug, die sehr viel später stattfanden und mit archaischen Primitivwaffen geführt wurden. So ließ man die Helden nicht einfach nur mit den Pfeilen, Lanzen, Keulen und

Streitwagen ihrer Zeit kämpfen. Sie mußten vielmehr ebenso mit jenen hochtechnischen Waffen und Flugmaschinen antreten.

Das führte wiederum dazu, daß es auch dann heißt, die Helden hätten »Pfeile«, »Lanzen« oder »Keulen« eingesetzt, wenn deren Erscheinungsweise und Wirkung sich in Wirklichkeit auf fortgeschrittene Kampfraketen beziehet, darunter Lenkwaffen und Submunitionsprojektile. Oder aber die irdischen Primitivwaffen wurden durch Fusion mit den hochtechnischen zu »göttlichen« aufgebläht, wenn nicht gar zu kosmischer Größenordnung gesteigert, ungeachtet des daraus resultierenden Widerspruchs.

Dies alles erklärt sich daraus, daß die epische Ideologie in den späteren indischen Kriegen nicht bloß einfache irdische Machtkämpfe sieht, sondern gleichartige Wiederholungen jener vormaligen Kriege der außerirdischen »Götter« und »Dämonen«, die als zeitlos gültiges Urbild eines kosmischen Antagonismus des Guten und Bösen begriffen wurden. Dabei definierte sich die eine der späteren irdischen Parteien – nämlich die am Ende siegreiche – als Reinkarnation der einstigen Götter, während die Gegenseite zur Wiedergeburt der einstigen »Dämonen« herabgesetzt wurde.

Der epischen Ideologie und dem Unverständnis der Nachgeborenen entsprechend mußte diese gewaltsame Fusion der beiden Epochen zu erheblichen Informationsverlusten, Entstellungen und zu einer Vielzahl gravierender Widersprüche führen. Verwertet wurde nur das, was zur Verherrlichung der nachmaligen »göttlichen« Superhelden und der Verteufelung von deren »dämonischen« Widersachern brauchbar erschien. Was sich dem nicht fügen wollte oder was man als Ballast empfand, weil man sich nichts mehr darunter vorstellen konnte, wurde fortgelassen und damit der Kenntnis der Nachwelt entzogen.

Diesem Fusionsprozeß wurden sämtliche der von mir untersuchten Überlieferungen unterworfen, mögen die Protagonisten heißen, wie sie wollen. In der eingearbeiteten älteren Überlieferungsschicht aber waren es ursprünglich nicht Krishna, Shâlva, Arjuna, Râma oder Indrajit und deren Truppen bzw. die Heere der Pândavas und Kauravas, sondern ebenjene miteinander verfeindeten Gruppen außerirdischer Intelligenzen, die ihren

Machtkampf unter anderem auch auf unserem Planeten und in dessen Umkreis austrugen.

Bezogen zum Beispiel auf den vorhin besprochenen Luftangriff bedeutet dies, daß es in Wirklichkeit weder Shâlva und seine Truppen gewesen sein konnten, die das Bombardement durchführten, noch daß der Angriff Dvârakâ, der Stadt Krishnas, galt. Es muß sich vielmehr um einen zeitlich vor der Stadt Dvârakâ anzusiedelnden, städtische Eigenschaften besitzenden Stützpunkt der außerirdischen »Dämonen« gehandelt haben. Die epischen Sänger oder Redakteure griffen später dann die dort umlaufenden Lokalsagen auf und projizierten den Bombenangriff und seine verheerenden Folgen einfach auf das Dvârakâ Krishnas.

Vergleichbares gilt für den Arjuna/Indra-Komplex: Weder war es der irdische Superheld Arjuna, der zu einem Raumflug abgeholt wurde, noch geschah dies durch einen Gott Indra. Es war auch nicht Arjuna, der die in Südpakistan stationierten »Dämonen« vernichtete. Angemesen erscheint mir hingegen die Hypothese, daß bei der ersten Landung der Maschine ein Erdenmensch X in eine Raumstation der Außerirdischen mitgenommen und bei der später erfolgten zweiten Landung wieder zurückgebracht wurde. Vielleicht war es auch dieser Mensch, der zum Zeugen des Kommandounternehmens »Dämonenvernichtung« wurde. Über den wahren Grund für die Mitnahme des Erdbewohners ins All läßt sich hingegen nur spekulieren, ebenso wie über die Rolle, die ihm die Außerirdischen zugedacht haben mochten.

Welche Konsequenzen ergeben sich nun aber aus all dem für die indische Geschichte? Nicht nur die Chronologie der Geschehnisse selbst, sondern auch die epischen Texte, die darüber berichten, und die archäologischen Tatbestände zwingen uns dazu, von nun an drei höchst unterschiedliche Epochen zu unterscheiden:

- Während der ersten waren außerirdische als »Götter« und »Dämonen« bezeichnete Intelligenzen anwesend. Sie fällt, soweit ich bis jetzt sehe, in die 2. Hälfte des 4. Jahrtausends v. Chr.
- Während der zweiten fand der große Bhârata-Krieg mit seinen Superhelden Arjuna, Krishna, Karna, Ghatotkaca usw. statt. Sie läßt sich heute auf rund 1400 v. Chr. fixieren und bil-

det den historischen Rahmen, in dem sich das gesamte epische Geschehen abspielt.
– Während einer dritten Epoche schließlich, bis höchstens 400 n. Chr., entstanden die beiden großen Epen.

Der geographische Raum, in dem sich jene neu gedeuteten Ereignisse abspielten, umfaßt Teile Nordindiens, Südpakistans, des indisch/tibetischen Himalajas, Sri Lankâs sowie, last not least, des erdnahen Weltraums.

Zu nennen ist hier im einzelnen der im südpakistanischen Sind gelegene Dämonenstützpunkt Pâtâla. Dieser befand sich offenkundig an der seinerzeitigen Mündung des Indus-Flusses, und zwar im Umkreis der zur späteren Harappa- oder Indus-Kultur gehörenden Stadt Chanhu-Daro. Dank einer langwierigen und geradezu kriminalistischen Spurensuche gelangen speziell hier unerwartete neue und auch unter konventionellen historischen Gesichtspunkten höchst bemerkenswerte Erkenntnisse. Eine genaue Lokalisation ergab sich auch für das Gebiet der einst auf der Halbinsel Kâthiâwâr gelegenen Stadt Dvârakâ sowie für das nahe gelegene Prâgjyotisha, während die Landeplätze des Raumschiffs Indras, die sich ja im Himalaja befunden haben sollen, bisher nur sehr grob abgesteckt werden können.

Ein letztes. Die Folgewirkungen der einstigen Anwesenheit von sogenannten Göttern und Dämonen dürften von extremer Vielfalt sein und lassen sich bis jetzt noch in keiner Weise überblicken. Auf jeden Fall aber steht etwas Wesentliches fest, das auch von den Untersuchungen Josef F. Blumrichs, Hans Herbert Beiers und Robert K. G. Temples bestätigt wird: Von einem ausschließlich irdisch-autonom verlaufenen Geschichtsprozeß kann nicht länger mehr gesprochen werden.[7]

Am Ende möchte ich folgender Überzeugung Ausdruck verleihen: Ginge es in Wissenschaft und öffentlicher Meinung nur rational und ehrlich genug zu, so müßten all diese oben ausgeführten Erkenntnisse zu einem revolutionären Pradigmenwechsel der historischen Wissenschaften wie des allgemeinen Geschichtsbewußtseins schlechthin führen. Immerhin ist das Beschriebene nicht mehr als die Spitze eines Eisberges.

Pyramiden in Chinas verbotenen Zonen

Ein trüber und kalter Morgen liegt über China, irgendwann gegen Ende des Winters im Jahre 1945. Auch in diesem Teil von Asien sind die letzten Wochen des Zweiten Weltkrieges angebrochen, und die dort stationierten amerikanischen Militäreinheiten stoßen im Reich der Mitte nur noch vereinzelt auf japanischen Widerstand.

An diesem Morgen besteigt der US-Air-Force-Flieger James Gaussman seine Maschine, um zu einem routinemäßigen Aufklärungsflug zu starten. Sein Befehl führt ihn in das Qin-Ling-Shan-Gebirge südwestlich der Stadt Xian, Hauptstadt der zentralchinesischen Provinz Shaanxi. Dies sollte der aufregendste Tag in seinem Leben werden – denn er entdeckt etwas geradezu Unglaubliches.

Beim Anflug auf ein abgelegenes Seitental bemerkt er plötzlich ein phantastisches Bauwerk, das auf keiner seiner Karten verzeichnet ist. Mehrere Male kreist er um diese Stelle, Landen wäre in dem unbekannten Areal ein zu großes Risiko. Aber er macht ein Foto. Eine Aufnahme, auf der später eine riesige Pyramide zu erkennen ist, deren Ausmaße mit 300 Metern Höhe und fast einem halben Kilometer Seitenlänge an ihrer Basis angegeben werden.

Sofort nach seiner Rückkehr wird das Foto unter Verschluß genommen, verschwindet in den »Top-Secret«-Akten des Militärgeheimdienstes. Doch in den folgenden fünfzig Jahren verstummen die Gerüchte nicht mehr. Gerüchte von riesigen Pyramiden im Reich der Mitte.

Wir schreiben das Jahr 1994. Das Foto, von dem hier die Rede war, ist in meinem Buch »Die Weiße Pyramide« veröffentlicht.[1]

Pyramiden in China – eine bisher kaum beachtete archäologische Tatsache zeigt Parallelen zu Kulturen in anderen Teilen der Welt auf (Quelle: Hartwig Hausdorf)

Im Detail ihrer Architektur – und auch in ihren Dimensionen! – erinnern manche der chinesischen Pyramiden an diejenigen Mexikos oder an die Mounds Nordamerikas (Quelle: Hartwig Hausdorf)

Kurz darauf erhielten Peter Krassa und ich die offizielle Erlaubnis der chinesischen Behörden, zu einigen jener geheimnisvollen Plätze zu reisen, an denen in China Pyramiden stehen. Pyramiden, die es nach offizieller archäologischer Lesart gar nicht gibt! Die Archäologen werden umdenken müssen, denn Pyramiden gibt es im Reich der Mitte sogar sehr viele, etwa 100 Stück. Es sind teilweise gewaltige Bauwerke, oben abgeflacht wie ihre Gegenstücke in Mittelamerika, in den Urwäldern der Halbinsel Yukatan.

Blickt man – oben auf einer Pyramide stehend – in die Runde, so erkennt man in ihrer Umgebung weitere dieser Bauwerke. Es sind sogar ganze »Pyramidenstädte«, die dort in der ebenen Landschaft westlich der Stadt Xian stehen. Der Zutritt in diese Gebiete ist für Touristen und auch für Normalchinesen in aller Regel noch verboten.

Das Material, aus dem diese Bauten bestehen, ist im Gegensatz zu jenen in Ägypten und Mesoamerika nicht Stein, sondern ein Lehm-Löß-Gemisch, das über die Jahrtausende fast steinhart geworden ist. Die Pyramiden haben sich im Laufe der Zeit zudem verdichtet, quasi »gesetzt«. Ihre Form war zur Zeit ihrer Fertigstellung weitaus stärker ausgeprägt.

Bei einigen fällt auf, daß kleine Bäumchen an den Flanken der Pyramiden stehen. Hier wurde erst in allerjüngster Zeit, vor drei bis vier Jahren, eine regelrechte Aufforstung betrieben. Ob damit etwas verborgen werden soll? Soll es in einigen Jahren etwa heißen, dort seien ganz natürliche, bewaldete »Hügel«? Was soll vertuscht werden?

– Welchen Zweck hatten die chinesischen Pyramiden?
– Waren sie Grabmäler?
– Waren sie Vermessungspunkte?
– Oder markierten sie irgendwelche astronomisch ausgerichtete Linien, wie ein chinesischer Archäologe in Xian vermutet?
– Waren sie gar himmelwärts gerichtete Zeichen an die alten Götter, die den Wunsch der alten Chinesen ausdrücken sollten: »Kommt zurück, wir warten auf euch!«?

Wir können im Moment nur spekulieren. Wir wissen es genausowenig wie jene Bauern, die im Schatten der gewaltigen Monumente wie zu Olims Zeiten den Boden mit Ochsenpflügen beackern: Da stehen – wie Fremdkörper aus einer anderen Welt – riesige Pyramiden aus uralten Tagen, und die Menschen ringsum haben nicht die geringste Ahnung, wozu und warum sie dort stehen. Und es scheint in China auch niemand zu interessieren. Doch gerade für unsere Forschungen sind die chinesischen Pyramiden interessant. Sie alle sind vor mindestens 3500 bis 4500 Jahren gebaut worden. In diesen Zeiten aber regierten die »Legendären Urkaiser«. Dieser »Urkaiser« wurden nicht müde, immer wieder ihre Abkunft von den »Himmelssöhnen« zu betonen, die auf feurigen und metallenen Drachen aus dem Weltall zur Erde hernieder kamen. Ganz explizit: aus dem Weltall. Und sie starben auch keines natürlichen Todes, sondern – wir kennen es ja schon aus der Bibel – sie wurden »entrückt«, stiegen zu den Sternen empor.

Stammten sie also tatsächlich von den »Götter-Astronauten« aus dem All ab? Wir halten dies für wahrscheinlich. Pyramiden sind ein globales Phänomen. Und weltweit werden sie mit den alten »Göttern« in Verbindung gebracht.[2] In diesen weltumspannenden Pyramidengürtel aus uralter Zeit reihen sich auch die von uns entdeckten chinesischen Pyramiden ein.

Bislang hat noch keine systematische Erforschung dieser geheimnisvollen Bauten begonnen, wurde noch keine Pyramide in China geöffnet. Wir stehen also erst ganz am Anfang, Erkenntnisse über Sinn und Zweck dieser geheimnisumwobenen Bauwerke zu gewinnen.

PETER KRASSA

Göttersatelliten über China?

Unter den vielen Ländern, deren Sagenschatz vom Wirken jener »Götter« zu berichten weiß, nimmt das fernöstliche China – das vormalige »Reich der Mitte« – eine Ausnahmestellung ein.

Erst nach und nach erhielt die Welt Kenntnis von dem bemerkenswerten Erfindungsreichtum, mit dem China gesegnet war. Heute wissen wir zum Beispiel, daß die modernen astronomischen Observatorien ihren Ursprung in chinesischer Tradition haben. Schon vor mehr als 4500 Jahren besaßen Chinas Astronomen hervorragend funktionierende Sternwarten.

Im Jahre 940 n. Chr. entdeckte der Engländer Sir Aurel Stein in Dunhuang eine chinesische Sternkarte, auf welcher drei Stundenwinkelsegmente des Himmels abgebildet waren. Die Karte zeigt unter anderem die Sternbilder des Orion, des Großen und des Kleinen Hundes sowie jene von Hase, Krebs und Hydra und kann in der British Library in London besichtigt werden.

132 n. Chr. konstruierte der chinesische Erfinder und Berater am kaiserlichen Hof, Chang Heng, einen Seismographen, mit dessen Hilfe er imstande war, vor- und rechtzeitig Erdbebenaktivitäten im »Reich der Mitte« anzuzeigen.

Fluggeräte in alten China

Sehr überrascht waren westliche Experten, als sie auf Erfindungen stießen, die allesamt in Chinas lange zurückliegender Vergangenheit etwas mit dem Fliegen zu tun gehabt haben. So etwa ein Fallschirm, der in verblüffender Weise dem berühmten Tempel des himmlischen Friedens in Beijing nachgebildet wurde und der 1500 Jahre bevor Leonardo da Vinci ein Modell dieser Art skizzierte, im »Reich der Mitte« bereits verwendet wurde.

Aus dem 4. Jahrhundert n. Chr. stammt die Beschreibung einer Helikopterschraube durch den Philosophen und Alchimisten Ge Hong. Man nannte das Ding damals »Bambuslibelle« und benutzte es als beliebtes Spielzeug. Der Rotor bestand aus einer mit Schnur umwickelten Achse, von der in einem bestimmten Winkel Propellerblätter abstanden. Zog man an der Schnur, erhob sich der Rotor in die Luft.

Daß hinter dem Begriff »fliegen« mehr als nur der simple Wunsch zu sehen war, sich in die Lüfte erheben zu können, beweist auf eindrucksvolle Weise auch Chinas Schriftbild. So bedeutet ein bestimmtes Zeichen, wie es heute geschrieben wird, soviel wie »Himmel«. Ursprünglich jedoch hatte es ein völlig anderes Aussehen – es ähnelte einem Strichmännchen. Nicht für das Wort »Himmel« stand dieses Zeichen, sondern für »Der vom Himmel Gekommene«. Wer oder was war damit gemeint? Ähnliches entdeckten Hartwig Hausdorf und ich auf einer Stele bei den Ming-Gräbern, 40 Kilometer nordwestlich des Stadtzentrums von Beijing.

Das Zeichen gleicht auf verblüffende Weise einer abschußbereiten Rakete, die an eine Art Versorgungsrampe angedockt zu sein scheint. Wir erkundigten uns nach der Bedeutung dieses Schriftzeichens und erfuhren, daß es heute mit dem Wort »wieder« übersetzt wird. Ursprünglich bedeutete es jedoch »wiederkommen« oder »wiederkehren«, was der Sache einen möglicherweise völlig neuen Sinn verleiht. Denn wenn sich der Ursprung dieses Zeichens ehemals auf einen technischen Vorgang bezogen haben sollte, dann könnte man es durchaus mit »Der vom Himmel Gekommene kehrt (oder kommt) wieder« übersetzen. Welche fliegende Wesen aber waren mit einer solchen Deutung angesprochen? »Götter« aus kosmischen Fernen?

Weltweit findet man Spuren jener mongoloiden Gottheiten, die in enge Verbindung mit dem alten chinesischen »Reich der Mitte« gebracht werden. Sahen diese Raumfahrer aus fremden

Welten so aus wie jene behelmten Figuren, die man auf mexikanischem Boden ausgegraben hat? Wurde ihr Aussehen realistisch wiedergegeben? Oder hat man sie symbolisch gedeutet und damit unbewußt verfremdet?

Andere Darstellungen beziehen sich auf ein legendäres und ein angeblich sehr erfindungsreiches Volk. Die Chi-Kung sollen der Überlieferung nach über äußerst leistungsfähige Flugwagen verfügt haben. Sie überbrückten mühelos eine Flugstrecke von 26 000 Kilometern, was etwas mehr als dem halben Erdumfang entspricht. Wo muß ihr Zuhause gesucht werden? An einem hiesigen Ort – oder irgendwo im All? Auf einer nichtirdischen Raumstation?

Ungewöhnlich sind auch jene den Originalen nachempfundenen Felsgravuren, wie man sie auf den Felswänden des »Wolf-Berges« in der Inneren Mongolei ausfindig gemacht hat. Wurden die dort abgebildeten Wesen lebensecht dargestellt? Sie ähneln auffallend jenen kleinen »Grauen« mit den überdimensional großen Köpfen, wie sie weltweit von unfreiwillig betroffenen Opfern dargestellt werden. Gleichen sie ihren kosmischen Entführern, über die jetzt bereits überall berichtet wird? Deren nach einem UFO-Absturz ums Leben gekommene Mannschaft 1947 in Roswell, New Mexico, obduziert worden sein soll?

Außerirdische Zwergwesen im Baian-Kara-Gebirge

Nichts Genaues weiß man nicht – und das gilt in bestimmtem Maße auch für ein Artefakt in mehr als siebenhundertfacher Auflage. Rätselhafte, schallplattenähnliche Gebilde, die 1938 von einer chinesischen Expedition in Felsgräbern des mächtigen Baian-Kara-Gebirgsmassivs entdeckt worden waren. Ein Gelehrter an der Universität Beijing sowie sein engster Mitarbeiterstab unterzogen sich der Mühe, die auf den Steinscheiben erkennbare Rillenschrift zu entschlüsseln. Doch das Ergebnis ihrer gemeinsamen Anstrengung war so ungeheuerlich, daß ihnen das Rektorat die Veröffentlichung ihrer Arbeit untersagte.

Erst nach und nach gelang es den frustrierten Betroffenen, ihre Steinscheibenübersetzung in einem Fachorgan der Beijinger Universität zu publizieren. Die entschlüsselten Texte enthielten Sensationelles: Sie berichteten von der Herkunft außerirdischer Zwergwesen, denen es nach einer unfreiwilligen Bruchlandung mit ihrem Raumfahrzeug nicht mehr möglich gewesen sein soll, wieder zurück in das Weltall zu starten. Also machten die Fremden das Beste aus ihrer unerfreulichen Situation und siedelten sich im Einflußbereich des Baian-Kara-Gebirgsmassivs an. Die eingesessenen Stämme ringsum waren über diese Neusiedler nicht erfreut – ja, sie erklärten den kleinwüchsigen Wesen kurzerhand den Krieg. Die Nachkommen der ETs – sie wurden bei uns unter dem Namen »Dropa« oder »Dzopa« bekannt – leben heute zurückgezogen in dem unwirtlichen Gebiet des Baian-Kara-Riesengebirges.

Trotz der auch in den Westen gedrungenen Gerüchte bekam hier jahrzehntelang niemand ein Foto jener geheimnisvollen beschrifteten Steinscheiben zu sehen. Einer, der es in den frühen siebziger Jahren unbedingt wissen wollte, war der österreichische Ingenieur Ernst Wegerer. Er machte sich im November 1974 auf, um in China nach den mysteriösen Steinscheiben zu suchen. Seine Beharrlichkeit wurde schließlich belohnt: In Xian besuchte er unter anderem auch das »Bampo-Museum«, in dem vorwiegend Artefakte aus Ton ausgestellt werden. Dort, in einer ansonsten unbeschrifteten Vitrine, entdeckte er eine der vom ihm gesuchten Scheiben. Weil er darauf drang, mehr über ihre Herkunft zu erfahren, zeigte man ihn auch noch ein zweites, allerdings beschädigtes Relikt. Auf diese Weise war Wegerer in der Lage, erstmals Fotos von jenen diskusartigen Gegenständen zu machen, die er mir später zeigte.

Im März 1994 waren Hartwig Hausdorf und ich während unseres Aufenthaltes in Xian und der damit verbundenen Besichtigung des »Bampo-Museums« bemüht, ebenfalls etwas über diese »kosmischen Schallplatten« zu erfahren – und über deren nunmehrigen Verbleib, denn in den Ausstellungsräumen hatten wir keine Spur von den gesuchten Gegenständen mehr entdecken können. Wissenschaftler, die wir darüber befragten, zeigten sich zwar sehr interessiert, jedoch offenbar nicht in der Lage, uns über die Grabbeigaben aus den Höhlen des Baian-Kara-Ula-Gebirgsmassivs umfassend zu informieren. Die riesige Scheibe aber, die man uns schließlich zeigte und die eine gewisse Ähnlichkeit mit den gesuchten Gegenständen hatte, war im besten Fall bloß eine Kopie derselben. Interessanter war da schon eine gezeichnete Skizze in einem archäologischen Werk, das wir in den Museumsräumen studieren konnten. Hier hatten wir offensichtlich eine handgefertigte Darstellung einer dieser Steinscheiben vor Augen.

Aus dem uns inzwischen zugänglich gemachten Material läßt sich mit einiger Gewißheit folgern, daß es dieses unfreiwillige Exil außerirdischer Raumfahrer im Gebiet von Baian-Kara-Ula vor Jahrtausenden tatsächlich gegeben hat. Dort kursierende Legenden erzählen von »kleinen, gelben Männern«, die »vom Himmel« kamen und sich in der Gegend niederließen. Humanoide Wesen mit unproportional großen Köpfen, Mandelaugen und mongoloiden Gesichtszügen. Haben sie so ausgesehen wie bestimmte, uns erhalten gebliebene Statuetten? Hinterließen sie ihrer Nachwelt eine Botschaft aus Stein – aufgezeichnet auf mehreren hundert steinernen Artefakten?

Die Weltkarte des osmanischen Flottenadmirals Piri Reis

Der Grazer Universitätsprofessor Wilhelm Leitner hat sich in besonderem Maße mit einem ungewöhnlichen und in seiner Art geradezu einmaligen Fund beschäftigt: der im Museum des türkischen Topkapi-Palastes ausgestellten Weltkarte des osmanischen Flottenadmirals Piri Reis. Dieser hatte auf seiner 1513 gezeichneten Karte Länder und Meere in geradezu perfekter Weise dargestellt. Dabei stach den Kartographen späterer Jahrhunderte ein Faktum besonders in die Augen: die Wiedergabe des ursprünglichen Aussehens der Antarktis – von deren Existenz Piri Reis nach unseren Erkenntnissen damals noch nichts gewußt haben konnte. Dieser südpolare Kontinent liegt bekannter-

Fluggeräte soll es im einstigen »Reich der Mitte« schon vor Jahrtausenden gegeben haben. Das bezeugen alte Tuschedarstellungen. Dabei ist jeweils von einem sagenhaften Volksstamm die Rede, dessen Wissenschaftler Mittel und Wege fanden, sich mit geheimnisvollen Luftfahrzeugen im Himmelsraum zu bewegen (Quelle: Peter Krassa)

maßen unter einem meterhohen Eispanzer begraben. Dennoch kartographierte der osmanische Admiral die Beschaffenheit der Antarktis, die in ihrer ursprünglichen Gestalt aus mehreren Inselgruppen besteht, ganz genauso, wie sich dieser Kontinent präsentierte, ehe ihn eine alles überdeckende Eis- und Schneeschicht unkenntlich machte. Was den zwingenden Schluß zuläßt, daß Piri Reis sich die Anleitung zur Gestaltung seiner Weltkarte von einem Original geholt haben muß, das schon vor der Eiszeit existierte und zweifelsohne aus großer Höhe angefertigt worden war. Wo aber befinden sich heute jene Teile der Piri-Reis-Weltkarte, auf denen auch die anderen Erdteile sichtbar gewesen waren? Prof. Leitner vermutet zumindest jenen Abschnitt, der auch die Landmasse China, das einstige »Reich der Mitte«, mit berücksichtigt, in einem Archiv in Beijing – wahrscheinlich sogar im Umfeld der Chinesischen Akademie der Wissenschaften.

Als wir Mitte März 1994 den leitenden Herren dort unsere Aufwartung machten, zeigte sich, daß die nunmehrigen Verantwortlichen keinerlei Informationen über das mögliche Vorhandensein solcher Kartenteile besaßen. Ja nicht einmal über die Karte selbst wußten sie Bescheid. Um so größer war ihr Interesse. Man lichtete unsere originalgroße Kartenkopie sofort ab. Prof. Feng Haozhang und Prof. Xie Duan Ju versprachen uns, in ihren Archiven nachzusehen, ob sich dort vielleicht der von uns gesuchte Kartenausschnitt mit dem vormaligen chinesischen Kaiserreich befindet.

Inzwischen ist es Prof. Leitner gelungen, auch die zuständigen Stellen der UNESCO für die Auffindung des chinesischen Kartenauschnittes zu interessieren.

Es stellt sich in diesem Zusammenhang erneut die Frage, auf welche Weise es unseren unbekannten Vorfahren vor ungezählten Jahrtausenden überhaupt möglich war, eine dermaßen exakte Weltkarte anzufertigen. Geschah es aus dem Erdorbit, mit Hilfe nichtirdischer Satelliten? Waren es außerirdische Kartographen, denen wir die Ursprungskarte zu verdanken haben?

In dieser vor über 2600 Jahren angelegten monumentalen Grabkammer – die in ihrer Architektur an zyklope Bauwerke auf anderen Kontinenten erinnert – entdeckten Archäologen wertvolle Gegenstände und eine eigenartige Mumie (Quelle: Peter Krassa)

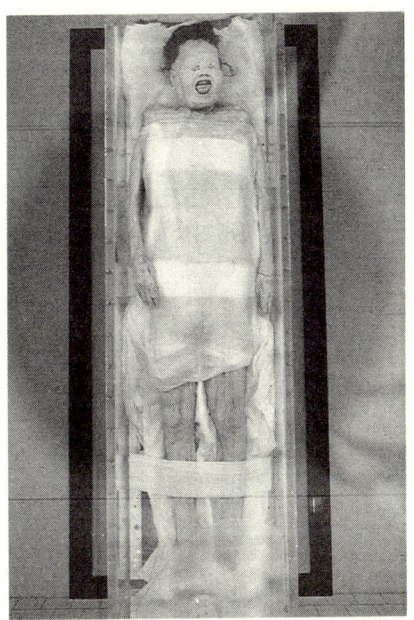

Die Mumie einer Frau hohen Ranges schwamm in einer Flüssigkeit, die ihren Körper in sensationeller Weise konservierte und deren chemische Zusammensetzung bis heute nicht analysiert werden konnte. Eine der Grabbeigaben: eine offenbar aus großer Höhe verfertigte Landkarte. Sie erweckte den Eindruck, als handle es sich dabei um das Abbild einer modernen Satellitenaufnahme (Quelle: Peter Krassa)

Erstaunliche Funde im Begräbnishügel
des Königs Ma Yin

Unterstützung für diese These erhielten wir bei unserem Besuch des Historischen Museums von Changsha. Dort sind Grabfunde ausgestellt, deren Bedeutung erst offenkundig wurde, seitdem wir Vergleichsmöglichkeiten mit modernen Errungenschaften besitzen. Die Vorgeschichte: Im Januar 1972 hatte eine Pionierabteilung der chinesischen »Volksbefreiungsarmee« Grabungsarbeiten an einem kegelförmigen Hügel von ungefähr 500 Metern Umfang vorgenommen, der sich inmitten von Wulipai, einem östlichen Randgebiet von Changsha – das ist die Hauptstadt der Provinz Hunan –, befindet. Er trägt den Namen »Ma Wang Dui«, was soviel bedeutet wie »Begräbnishügel des Königs Ma Yin«. Dieser war Regent der »Fünf Dynastien« (907–960 n. Chr.), als sich das »Reich der Mitte« wieder einmal in viele Teilstaaten aufgespalten hatte.

Man hatte Anfang der siebziger Jahre geplant, einen Stollen in den Hügel zu treiben, um an dieser Stelle ein unterirdisches Militärlazarett einzurichten. Dabei kam es jedoch zu einem unerwarteten Erdrutsch – und zur überraschenden Entdeckung einer bislang unbekannten Grabanlage. Sie umfaßte insgesamt drei Begräbnisstätten. In der zentralen Kammer des ersten Grabes wurde eine Konstruktion von vier ineinander verschachtelten Sarkophagen gefunden und zuunterst eine weibliche Mumie, die in 80 Litern einer gelblichen Flüssigkeit schwamm, deren chemische Zusammensetzung bis dato nicht eruiert werden konnte. Bei der Toten handelt es sich um Xin Zhui, der Frau von Li Chang, einem hohen Adligen aus dem Volk der der Dai (Thai). Li Chang bekleidete während der Periode der westlichen Han-Dynastie das Amt des Premierministers im Hofstaat des Prinzen von Changsha. Seine Frau Xin Zhui starb im Jahre 168 v. Chr., also vor über 2160 Jahren. Sie war zu ihrer Zeit ebenfalls eine hochrangige Persönlichkeit gewesen; deshalb hatte man ihr nach ihrem Ableben reichhaltige Beigaben mit ins Grab gelegt.

Die Verstorbene selbst ist heute in mumifiziertem Zustand im Historischen Museum von Changsha zu besichtigen. Sie ist etwa

1,54 Meter groß, außergewöhnlich gut erhalten und wog zum Zeitpunkt der Entdeckung 34,3 Kilogramm. Zellstruktur und innere Organe – das ergab die Autopsie – sind in hervorragendem Zustand, ihr gelblicher Teint ist nicht verfärbt, und selbst die Muskeln der Toten sind noch vollkommen elastisch. Unter den Grabbeigaben von unermeßlichem Wert waren zehn Bücher über Medizin, die den unerklärlich hohen Stand des Heilkunst im alten China belegen, ferner ein Manuskript, in dem die »Umläufe von fünf Planeten« auf Seide beschrieben werden – jene von Merkur, Venus, Mars, Jupiter und Saturn um die Sonne.

Der sensationellste Fund aber befand sich im Grab Nummer 3. Eine topographische Landkarte, 96 mal 96 Zentimeter groß und auf feiner Seide dargestellt. Darauf sind die Regionen der aneinandergrenzenden Provinzen Guangxi, Guangdong und Hunan abgebildet. Genauer gesagt erstreckt sich diese Karte vom Distrikt Daoxian in der Provinz Hunan über das Tal des Xiao-Flusses bis zur Gegend um die Stadt Nanhai in der Provinz Guangdong. Die im Maßstab 1:180 000 gehaltene Karte ist unglaublich genau. Prof. Wang Shiping in Xian formulierte im Gespräch seinen Eindruck, daß die Karte aus großer Höhe aufgenommen und topographisch erfaßt worden sein muß. »Wenn es nicht so phantastisch klingen würde, müßte man sagen, das Vorbild für diese Karte sei eine Satellitenaufnahme gewesen, die vor Jahrtausenden von einem fremden Satelliten aus dem Erdorbit gemacht worden war.«

Dieser Vergleich ist keineswegs so abwegig, wie er zunächst scheinen mag. Ulrich Dopatka hatte uns für unsere Suche nach der Insel Zutuo im Dongting-See eine moderne Aufnahme vom »NASA-LANDSAT« mitgegeben. Vergleicht man beide Aufnahmen, so stechen dem unbefangenen Betrachter die dabei sichtbaren Übereinstimmungen ins Auge: die Flußdarstellungen samt Einzelheiten, wie bereits ausgetrocknete Wasserläufe. Diese sind auch auf jener altchinesischen Karte zu erkennen.

Keineswegs soll hier jedoch behauptet werden, daß die in China gefundene Grabbeigabe von Ma Wang Dui nun auch ein Weltraumfoto sei. Doch wir können mit einiger Sicherheit annehmen, daß es einstmals hierfür ein Vorbild gab – kopiert und immer wieder kopiert, bis hin zu jenem kostbaren Fund in der Grabanlage der adligen Dame Xin Zhui, angefertigt vor Tausenden von Jahren von einem außerirdischen Flugkörper bzw. dessen Besatzung – aus dem Weltraum.

Umkreisen womöglich mehrere dieser fremden Beobachtungsstationen – unbemerkt von westlichen und östlichen Kontrollen – nach wie vor unsere Erde? Wir sind davon überzeugt. Es gibt sie tatsächlich – jene Satelliten der Götter!

FILIP COPPENS

Die megalithische Geodätik Westeuropas auf dem Weg zum Orion?

Die Hauptrichtung der Wissenschaft macht uns immer noch gerne glauben, Stonehenge wäre ein keltisches Denkmal und die keltische Priesterschaft hätte diesen »Tempel« benützt. Aber: Die Kelten kamen erst gegen 1000 v. Chr. nach England. Stonehenge hingegen läßt sich geschichtlich zurückführen bis 3000 v. Chr. – mit den jüngsten Veränderungen und Zufügungen aus dem Jahr 1200 v. Chr. Die tatsächlichen Erbauer Stonehenges sind deshalb offiziell unbekannt, denn niemand weiß, wer in England vor der Ankunft der Kelten lebte.

In der Vergangenheit wurde oft in der Landschaft »geschrieben«, so wie man mit Getreide Formationen bildete – die Kornkreise. Es kann sich dabei um die Darstellung eines bestimmten Ausschnitts aus der Geschichte einer bestimmten Gruppe handeln oder um einen Teil der Weltsicht oder Mythen von Menschen. Beispiele dafür können überall gefunden werden: ein irdischer Zodiak um Glastonbury; David Woods Tempel der Isis in Rennes-Le-Château; der Gürtel Orions in Gizeh.

Diese Wissenschaft zur Erforschung dieser Phänomene wurde noch nicht benannt. Ich bezeichne sie deshalb als »Geodätik«, lieber jedoch noch als »heilige Geographie«.

Was ist nun megalithische Geodätik? Es ist ein System von »Linien« oder anderen Mustern, die auf Landkarten oder tatsächlich in der Landschaft gezogen wurden. Linien, die ziemlich oft megalithische oder alte Monumente miteinander verbinden.

Für diese Linien muß es tatsächliche Strukturen in der Landschaft geben wie zum Beispiel Straßen und Wasserwege. Außer den Linien kennen wir übrigens auch Figuren. Wir nennen diese

»Zeichnungen« Geoglyphen, zu deren Erstellung man laut Maurice Chatelein, früher beschäftigt bei der NASA und glühender Anhänger der Ancient-Astronaut-Theorie, zwei Flugzeuge braucht, die mit Radar ausgestattet sind. Konservative Wissenschaftler streiten natürlich ab, daß die Alten eine Technologie solch hohen Standards hatten. Sie behaupten, daß sie nicht einmal wußten, wie die Erde und die Kontinente aussahen.

Prof. Charles Hapgood aber erinnert an die Piri-Reis-Karte, die Details des antarktischen Kontinents ohne Eiskappe zeigt. Er sagte in verschiedenen Untersuchungen, es gäbe unwiderlegbare Beweise dafür, daß die Erde 4000 v. Chr. von einer bis jetzt unbekannten und unentdeckten Zivilisation vernünftig kartographiert worden wäre, einer Zivilisation, die einen hohen Stand an technologischer Ausstattung besessen hätte. Sind also exakte Informatonen von Mensch zu Mensch weitergegeben worden?

Die Ära der Wikinger

Eine Epoche in der Geschichte Westeuropas ist die Ära der Wikinger. Normalerweise werden sie als kriegerisches Volk geschildert, das Dörfer und Häuser plünderte und Frauen vergewaltigte. Einige Forscher aber fragten sich, ob »Wi-king-er« nicht vielleicht »kings von Wy« bedeuten könnte? »Wy« ist der heilige Bezirk. Könnte es sich deshalb bei den »Überfällen« auch um religiös inspirierte Missionen gehandelt haben?

Die Wikinger suchten nach der verlorenen Walhalla, nach dem Himmel, der Urzivilisation, von der die gesamte Menschheit abstammte; zuerst in England, wo sie Nottingham erreichten, dann auf dem europäischen Kontinent, bis sie schließlich in Sens ankamen. Dies war die einzige Stadt in Europa, die sie nicht sofort plünderten und niedermachten. War ihnen Sens besonders wichtig?

Marcel Mestdagh fand heraus, daß die Wikinger mit unseren Vorfahren und ihren Erkenntnissen etwas gemein hatten: die Megalithen. Seiner Ansicht nach wurden die Wikinger – sei es als

Plünderer oder als religiöse Missionare – von einem System aus Megalithen und Wegen geleitet. Lange vor Rom führten alle Straßen nach Sens. Einige davon existieren auch heute noch.

Einige dieser Wege besaßen Markierungen, die den oft an Küsten gelegenen Anfang, die Hälfte des Weges und Sens als ihren Endpunkt kennzeichneten. Mestdagh entdeckte dies, weil jene Städte einst »Medio«-Etwas genannt wurden: In der Mitte von etwas. Er stellte zudem fest, daß verschiedene Städtenamen auf diesen Linien mit »Mer« begannen. Vielleicht geht dies auf den römischen Gott Merkur zurück, den Gott des Reisens?

Die andere Merkwürdigkeit in Zusammenhang mit Sens waren die Megalithen. Beim Betrachten der offiziellen Karten über die Verteilung der Megalithen in Frankreich fand Mestdagh heraus, daß sie in höchster Konzentration um Sens gefunden wurden. Dies ist ziemlich außergewöhnlich, da die meisten Menschen sicher annehmen, daß die Mehrzahl der Megalithen in der Bretagne zu finden sind. Leider wird dies auch immer mehr Realität, da ständig Megalithen um Sens zerstört werden. Deshalb verwendete Mestdagh für seine Forschungsarbeit Karten aus dem späten 19. Jahrhundert, als alle Megalithen Frankreichs bereits vermessen waren.

Unter Verwendung solcher Karten entdeckte er, daß etliche Megalithen in Richtung Sens angeordnet waren. Diese stehenden Steine markierten »solare Ereignisse« wie den Wechsel der Jahreszeiten am 21. Juni und 21. Dezember. Auch gibt es einen großen Bereich konzentrischer Ringe um Sens. Diese Ringe waren nichts anderes als Erdwälle. Etwa 60 Prozent davon existieren noch, obwohl sie sich natürlich in schlechtem Zustand befinden.

Handelte es sich hier also um das verlorene Walhalla der Wikinger?

Lassen Sie uns die rätselhafte alte Stadt Sens verlassen und zurückkehren zu dem Phänomen, mit dessen Hilfe die Wikinger zu ihr geführt wurden: die Megalithen. Diese stehen augenscheinlich ungeordnet über Europa verteilt. Mestdagh entdeckte jedoch, daß sie in Wirklichkeit in bestimmten Mustern angeordnet waren, in Mustern, die Sens in ihrem Zentrum hatten.

Demnach gab es nicht nur die höchste Konzentration von Megalithen um Sens, sondern Sens selbst war das Zentrum der meisten, wenn nicht aller Megalithen in Westeuropa. Kann nicht Sens mit seinen konzentrischen Megalithreihen auch die Hauptstadt einer Nation samt ihrer Abgrenzung zu anderen gewesen sein? Dies scheint weit hergeholt, da die Wissenschaft die Megalithmenschen nie als »Stamm« gesehen hat.

Und dennoch: Wie könnte diese »Nation« ausgesehen haben? Ihr Gebiet zumindest wurde aus vier gigantischen Ovalen errichtet.

Sie waren mit Sicherheit keine Einbildung. Wie erwähnt, fand Mestdagh verschiedene Megalithen, die diese Grenzen »markierten«. Megalithe und Erdwälle wie um Sens, nur diesmal in viel größerem Ausmaß und in Form von Ovalen und nicht von Kreisen. Eines dieser Ovale wird sogar heute noch durch eine Autobahn gekennzeichnet. Vermutlich wurden Straßen auf den Wällen gebaut, wenn man diese nicht mehr benötigte.

Wie alt sind diese Anlagen? Sind sie keltisch oder vorkeltisch? Folgten die Kelten bereits Vorhandenem, oder errichteten sie selbst diese Megalithen? Wie bereits erwähnt, konnten sie die Megalithen im Fall Stonehenge zumindest nicht errichtet haben. Und tatsächlich datieren auch die Megalithen im kontinentalen Europa vor den Kelten.

Wozu waren sie gebaut worden? Waren die Gräben vor den Wällen mit Wasser gefüllt?

Dies scheint einleuchtend, zumal noch heute Teile jener Ovale durch Flüsse gekennzeichnet sind. Am interessantesten ist jedoch, daß das Gesamtmuster, das Oval, nur aus der Luft zu erkennen ist!

In den Weltraum

Mestdagh nannte die Ovale die »Augen der Welt«. Und tatsächlich scheinen diese Augen in den Kosmos zu starren und zu beobachten, wer oder was da kommen könnte.

Wie bereits erwähnt, ist eines dieser Augen zerstört. Mestdagh

Dieser Steinkreis von Avebury bei Stonehenge, Großbritannien, ist ein Miniaturmodell der megalithischen Strukturen, die sich über ganz Frankreich erstrecken (Quelle: Filip Coppens)

Carnac, Frankreich – nur ein Beispiel der rätselhaften Megalithkultur (Quelle: Erich v. Däniken)

hatte großes Interesse an Mythen und kannte auch den Mythos über die Augen der Medusa, die Menschen in Stein verwandelte. Es gibt zudem eine Menge Erzählungen im Volksmund, besonders in der Bretagne. Sie handeln davon, daß die Reihen der stehenden Steine dort Truppen waren, Soldaten, die von einem Heiligen in Stein verwandelt wurden! Variationen zum gleichen Thema?

Es gibt auch eine Legende über Gargantua, den einäugigen Gott. Vor allem aber muß die Legende von Seth und Osiris erwähnt werden, die gegeneinander kämpften, wobei Osiris ein Auge verlor. Kann oben Erwähntes also eine Erinnerung an einen Krieg zwischen Land und Wasser sein, in dem die megalithische Zivilisation ein »Auge« im anbrausenden Wasser verlor? Immerhin ereignete sich dies vermutlich mehr als 1000 Jahre bevor der erste Pharao Ägyptens auf seinem königlichen Thron saß!

Schließlich entdeckte Mestdagh, daß es diese Ovale aus Frankreich auch in England gab. Zum Beispiel in Woodhenge, das ein maßstabsgerechtes Holzmodell der Ovale Frankreichs darstellt. Nun behauptet die Wissenschaft, mit Woodhenge seien die Positionen der Sonne, des Mondes usw. berechnet worden. Aber wird denn dadurch unmöglich, daß es eine Kopie der Ovale Frankreichs darstellt?

Weitere Beispiele sind Stonehenge und Avebury. Wer Stonehenge und Avebury besucht, wird vielleicht bemerken, daß die Straße in Kurven verläuft. Ein Grund dafür könnte sein, daß sie einer alten Markierung in der Landschaft folgt. Ob sie eine »Grenzlinie« darstellte?

In der Gegend um Stonehenge und Avebury entdeckte Mestdagh ein Oval, das exakt ein Zehntel des kleinsten Ovals von Sens mißt. Die wichtigsten megalithischen Monumente der Region befinden sich innerhalb dieses Ovals und der beiden Kreise um Stonehenge und Avebury.

1992 veröffentlichte Hoagland einen neuen und sehr erstaunlichen Fund: Er glaubt, daß die Bauten auf dem Mars vergleichbar auch auf der Erde gefunden werden könnten. Das bedeutet: Die Abmessungen zwischen den zahlreichen Bauten auf dem Mars sind identisch mit den Abmessungen der von Menschen gemachten Bauten auf der Erde, in England zwischen Stonehenge, Avebury und Glastonbury.

Auch David Myers und David Percy haben Forschung vor Ort geleistet und genügend Beweise gesammelt, um zu unterstellen, daß das, was wir auf dem Mars finden, tatsächlich auch auf der Erde vorhanden ist. Und zwar im Detail. So, als ob sich jeder Kratzer auf dem Marsfelsen auch in der Erde rund um Stonehenge befände!

Die beiden Wissenschaftler unterstellen, daß, wer auch immer Stonehenge, Avebury und eine Menge andere megalithische Monumente erbaute, auch über die Marsbauten Bescheid wußte. Wie das sein konnte, wissen wir nicht.

Ich wollte nun herausfinden, ob es eine Verbindung gibt zwischen dem, was Mestdagh und Hoagland herausgefunden hatten: Der Mars ist mit Stonehenge und Avebury verbunden, die Ovale Frankreichs wurden auch um Stonehenge und Avebury gefunden.

Es gibt diese Verbindung tatsächlich. Alles fügt sich perfekt zusammen: Stonehenge und Avebury sind »Eckpfeiler« eines maßstabgerechten Modells der französischen Ovale, sie sind Zentrum der marsianischen, megalithischen Projektion. Der Marskrater, der auch neben Avebury gesehen werden kann, scheint als einziger ein bißchen abzuweichen, aber auch dafür werden wir den Grund noch finden.

In naher Zukunft können wir hoffentlich die marsianische »Landschaft« auf Westeuropa übertragen und dabei Aizenay und Sens als die französischen Versionen von Stonehenge und Avebury verwenden, so wie wir es aus dem englischen Maßstabmodell gelernt haben.

Zu den Sternen

Diese enormen Geoglyphen mögen Zeichen für die Götter gewesen sein oder Zeichen von den Göttern. Wenn sie nicht von den Göttern stammen, was stellen sie dar? Wir haben bereits ge mutmaßt, daß sie etwas mit solaren oder lunaren Ereignissen zu tun haben könnten.

Der wichtigste Kalender der Ägypter war der Sothis-Kalender, der auf dem Stern Sirius basierte. Der Kalender geht über 1460 Sonnenjahre oder 533 265 Tage. Die Seiten der Raute um die Ovale wurden von Mestdagh ausgemessen und ergaben ungefähr 533 Kilometer. Wenn wir 265 Meter hinzufügen – kann es sich dann dabei um einen »Hinweis« auf den Stern Sirius handeln?

Die ägyptischen Historiker Syncelles und Manetho erforschten eine Zeitspanne von 3555 Jahren. Diese Spanne beinhaltete 43 970 Erscheinungen des Neumondes. Welcher Zusammenhang besteht zu solch einer Zeitspanne von 3555 Jahren? Mestdagh stellte fest, daß spezielle Zahlen in diesem Bereich wichtig waren und in verschiedenen Entfernungen dieser Ovale verwendet wurden. Das große Oval mißt zum Beispiel etwa 1777 Kilometer. Wenn man 3555 durch 2 dividiert, bedeutet dies: Jupiter kreist in 3555 Jahren genau zehnmal um die Sonne. Betrachtet man Jupiter und Sirius im Zusammenhang mit verschiedenen Kalendern, zum Beispiel dem ägyptischen, dem Maya-Kalender und anderen, so ergeben sich eine Menge interessanter Dinge. Die Forschung wird erweisen, daß die Ovale verwendet wurden, um die Zeitläufe der Planeten und der Sterne – also astronomische Ereignisse – zu berechnen.

Nur die konservative Wissenschaft will bisher nicht akzeptieren, daß die Megalithen auch etwas mit Astronomie zu tun haben könnten.

Zu Orion

Wim Zitman maß 1986 die Entfernung zwischen Stonehenge und der Großen Pyramide in Ägypten, »spiegelte« sie um die Längsachse von Stonehenge – eine Nordsüdachse – und landete im Atlantischen Ozean. Dann verband er Tiahuanaco in Bolivien und Teotihuacan in Mexiko mit diesem zentralen Punkt und ließ einen holländischen Professor die Entfernung zwischen den fünf Punkten berechnen. Das Ergebnis waren 31 415 Kilometer, was dem 10 000fachen der mathematischen Konstante Pi entspricht und auch – wir mir scheint, ist dies wichtiger – 60 Millionen ägyptischer königlicher Ellen.

Die Große Pyramide, Stonehenge, Teotihuacan und Tiahuanaco sind die wichtigsten und berühmtesten Monumente auf diesem Planeten. Und zusammen mit »etwas«, das sich einst im Atlantischen Ozean befand, scheinen sie eine Figur zu bilden.

Es sieht großartig aus, aber was war es? Robert Bauval entdeckte, daß die Pyramiden von Gize in der Position des Orion-Gürtels angeordnet sind. Und diese Geoglyphe sieht fast so aus wie die Orion-Konstellation. So wurde nicht nur die Konstellation des Orion in Gize dargestellt, sondern Gize selbst ist Teil einer größeren Darstellung dieser Konstellation ...

Was hat dies aber mit den französischen Ovalen zu tun?

Eine Linie von Gize nach Stonehenge muß notwendigerweise Frankreich überqueren. Und tatsächlich kreuzt und schneidet sie die Ovale an besonders interessanter Stelle.

Einen Punkt des größten Ovals berührt die Kanalküste zwischen Frankreich und England. Dort liegt die Stadt Dieppe, die nach einem anderen holländischen Forscher ursprünglich Theben hieß. Dieppe liegt auf 1,07° Länge östlich von Greenwich, Gize auf 31,07° östlich von Greenwich. Genau 30 Längengrade trennen Gize von Dieppe! Der Punkt im Atlantik liegt bei 35,07° West, was bedeutet, daß zwischen dem Punkt im Atlantik und Gize 66° liegen, zwischen Gize und Dieppe wie erwähnt 30° – und 36° zwischen Dieppe und dem Punkt im Atlantik. 6 mal 30 ergibt 180, auch 5 mal 36 ergibt 180, und zusammengerechnet hat man 360°, einen vollen Kreis.

Wir sehen also Verbindungen zwischen Ägypten und der megalithischen Zivilisation. Dabei ist aber die megalithische Zivilisation sogar noch viel älter als die ägyptische. Wir wissen nicht, wer die »megalithischen Menschen« waren. Wir erkennen jedoch langsam, was sie gebaut haben, erkennen eindeutige Zeichen extraterrestrischer Zusammenhänge.

Was versuchten uns jene Leute – vielleicht unsere Vorfahren – zu sagen? Wir haben Empfindungen und Intuitionen, aber wir wissen nichts mit Sicherheit. Es mag etwas mit dem »Danach«, mit »höheren Dimensionen« zu tun haben. Vielleicht sogar mit höherdimensionalen und außerirdischen Wesen? Immerhin hat jemand um diese Steintempel herum Dinge gebaut und entworfen, als ob er in geoglyphischem Format etwas mitteilen wollte, dem keine andere Art der Kommunikation genügen konnte.

WALTER-JÖRG LANGBEIN

Ein kosmisches Horrorkabinett – Die Sammlung von Cabrera Darquea

Einführung

Zunächst sollen meine wichtigsten Thesen in Erinnerung gebracht werden: Der Mensch wurde in grauer Vorzeit von Außerirdischen als Kunstprodukt wissenschaftlicher Experimente erzeugt. Die Besucher aus dem All schufen aber nicht nur den Homo sapiens sapiens, sie produzierten zudem auf gentechnischem Wege wahre Monsterwesen, Mischwesen. Im Lauf der Jahrtausende kehrten die außerirdischen Experimentatoren immer wieder zur Erde zurück, wie sie es stets versprochen hatten. Einzelne Menschen wurden schon vor Jahrtausenden an Bord außerirdischer Vehikel verschleppt. In unseren Tagen führen sie abermals Versuche durch. Sie sezieren Tiere zu Tode, gewinnen Genmaterial, sie entführen Männer, entnehmen Spermaproben, sie entführen Frauen, befruchten sie künstlich, berauben sie ihrer Embryos bei einer weiteren Entführung und zeigen den »Leihmüttern« oft nach Jahren, wie sich ihre Kinder entwickelt haben. Kurz: Die Außerirdischen experimentierten bereits in grauer Vorzeit mit Menschen und tun es auch noch heute.

Die Besucher aus dem All sind alles andere als kosmische Heilsbringer, sie sind keine Engel im Raumanzug, sie sind vielmehr eiskalte Wissenschaftler, die mit Tier und Mensch grausame Versuche durchführen. Die drängenden irdischen Probleme müssen wir selbst lösen, das nehmen uns die Besucher aus dem All nicht ab. Sektengurus, die just das behaupten, betreiben ein gefährliches Spiel, verleiten sie doch dazu, die Hände in den Schoß zu legen und auf die Außerirdischen zu hoffen.[1]

Zwei geheimnisvolle Sammlungen

Einer der interessantesten Orte, vielleicht aber auch die unheimlichste Stätte, die ich auf einer 300 000 Kilometer langen Forschungsreise aufsuchte, war die geheime archäologische Sammlung von Prof. Dr. Javier Cabrera Darquea in Ica, Peru.[2] Sie war bislang der Öffentlichkeit nicht zugänglich.

Prof. Dr. Javier Cabrera Darquea ist weltweit für seine ungewöhnliche archäologische Sammlung bekannt.[3] Der direkte Nachfahre des Stadtgründers von Ica, Captain Don Gerónimo Luis de Cabrera y Toledo, hat Tausende von Steinen gesammelt, die er in seinem Privatmuseum der Öffentlichkeit zeigt. Die gravierten Steine zeigen wahrhaft phantastische Gravuren. Da sieht man Menschen und Saurier in trauter Eintracht, da starren Menschen mit Fernrohren zu den Sternen, da werden komplizierteste chirurgische Eingriffe durchgeführt, etwa Operationen an Hirn oder Herz. Sind die gravierten Steine echt? Ohne Zweifel gibt es unzählige Fälschungen. Sie werden in der Gegend von Ica angefertigt und für relativ wenig Geld an zahlungswillige Touristen verkauft. In der Regel ist dabei offen von Imitationen die Rede. Dessenungeachtet gibt es aber ohne Zweifel eine Fülle von echten, sehr alten gravierten Steinen. Aus der Tatsache, daß es auch gefälschte Steine gibt, kann und darf nicht geschlossen werden, daß alle gefälscht sind. Schließlich wird ja auch niemand behaupten wollen, daß alle Geldscheine gefälscht sind, nur weil es auch »Blüten« gibt.

Echte und falsche Steine sind in der Regel leicht zu unterscheiden. Die Gravuren der echten Steine sind von einer Oxydationsschicht überzogen. Bereits im Sommer 1967 führte die Compania Minera Mauricio Hochschild eine Untersuchung von gravierten Steinen durch. Der Geologe Dr. Erik Wolf analysierte die Oxydationsschichten, die sich auf den Einritzungen gebildet hatten, und ließ dann weitere Proben von Prof. Dr. Josef Frenchen vom Institut für Mineralogie und Petrographie an der Universität Bonn durchführen. Im Frühjahr 1969 lag schließlich das eindeutige Ergebnis vor. Demnach müssen die Einritzungen vor mindestens 12 000 Jahren vorgenommen worden sein. Dabei könne sogar ein weit höheres Alter nicht ausgeschlossen werden. Gefälschte Steine sind meist schon an der hastigen Ausführung der primitiven Ritzungen zu erkennen. Oftmals wurden sie mit dunkler Schuhcreme eingeschmiert, um ihnen Patina zu verleihen.

So phantastisch die berühmte, öffentlich zugängliche Sammlung von Prof. Dr. Cabrera Darquea auch anmutet, sie wird bei weitem in den Schatten gestellt von seiner zweiten, bislang geheimgehaltenen Sammlung.

Cornelia Petratu und Bernard Roidinger schreiben über diese Geheimsammlung reichlich nebulös: »Hatte schon das Betreten des Privatmuseums von Dr. Cabrera wie ein Schock auf uns gewirkt, so übertraf das, was wir jetzt zu sehen bekamen, jegliche Vorstellungskraft. Was Dr. Cabreras ›geheime Kammern‹ bergen, ist so erschütternd, daß es alle Grenzen rationaler Vorstellungskraft sprengt. Auch wenn wir es zu erklären versuchen, wir können es nicht. Es übersteigt ganz einfach unsere Vorstellungskraft. Die Bilder der biologischen Zyklen von Dinosauriern, ihr Zusammenleben mit den Menschen oder das fliegende ›mechanische Etwas‹ verblassen nach Besichtigung der ›geheimen Kammern‹.«[4] Was aber bergen nun diese geheimen Kammern?

Schon seit Jahren war mir die Geheimsammlung Prof. Dr. Cabreras bekannt. Schon seit Jahren stand sie ganz oben auf der Prioritätenliste der geheimnisvollen Orte, die ich unbedingt besuchen wollte. Erstmals hatte ich im Herbst 1992 versucht, die Artefakte dieser Sammlung anzusehen und zu fotografieren, als ich, begleitet von drei Freunden, zwei Monate lang in Südamerika unterwegs war. Leider vergeblich. Kurzfristig war der »Herr der gravierten Steine« zu einem Vortrag nach Europa gereist. Ich hatte aber Gelegenheit, ausführlich mit einem Bruder des Professors zu sprechen. Er bestätigte mir die Existenz einer zweiten geheimen Sammlung, die er mir aber leider nicht zeigen dürfe.

Im Frühjahr 1995 war es dann doch soweit. In Südamerika mit einer Reisegruppe der europäischen Sektion der Ancient Astronaut Society unterwegs, besuchte ich auch Ica, Peru. Auf Bitten von Erich von Däniken hin wurde einigen von uns gestattet, das

Geheimarchiv zu betreten und all jenes zu fotografieren, was über lange Jahre hinweg der Öffentlichkeit vorenthalten worden war.

Das archäologische Horrorkabinett und die UFO-Entführungen im 20. Jahrhundert

Die Luft ist stickig, abgestanden, staubgeschwängert, reizt zum Husten. Man erahnt in der Dunkelheit keine Kammer, sondern einen langen, schlauchartigen Korridor, dessen exakte Ausmaße nicht zu erahnen sind. Auch nicht, nachdem spärliche Glühbirnen eingeschaltet worden sind und den langen Raum in ein unheimliches Licht tauchen. Ich fühle mich in eine unheimliche, kafkaeske Welt versetzt. Der schmale Korridor scheint sich schier unendlich lang fortzusetzen. Er ist erstaunlich eng, man muß sich förmlich durchzwängen zwischen breiten Regalen, die altersschwach unter ihrer phantastischen Last zu ächzen scheinen. Die Regale reichen vom Boden bis zur Decke, übermannshoch. Sie wirken provisorisch. Allem Anschein nach hat der Besitzer dieser zweiten Sammlung nachträglich immer wieder zusätzliche Regalbretter anbringen lassen. Sie sind aus roh zugeschnittenem Holz. Jetzt sind so viele Tonfiguren in den Regalen untergebracht, daß man wohl Wochen, ja Monate benötigte, um sich jede Figur auch nur oberflächlich anzuschauen. Tausende Figuren müssen hier gelagert sein. Oder sind es gar Zehntausende? Schwer zu sagen. Und Dr. Cabrera behauptet, daß er wegen der knappen räumlichen Verhältnisse nur einen Bruchteil der Figuren auszustellen vermag, die sich in einem weiteren geheimnisvollen, unterirdischen »Depot«, einem künstlichen Tunnel, befinden. Viele davon seien »lebensgroß«, bis zu zwei Meter hoch und »sehr schwer«. Irgendwann einmal will er die riesige gesamte Sammlung öffentlich zeigen. Aber dafür benötigt er wohl ein eigenes großes Museum.
Viele der Tonfiguren erscheinen mir unheimlich, fremdartig und doch seltsam vertraut. Warum?
»Fotos von diesen Figuren hättest du in deinem Buch ›Das Sphinx-Syndrom‹ veröffentlichen müssen. Als Illustration zu den Berichten von Menschen, die von Außerirdischen entführt worden sind, die

erlebt haben, wie zwergenwüchsige Außerirdische an Menschen herumoperiert haben!« raunt mir eine Mitreisende zu. Ich muß der Frau beipflichten.

Wie lange mag es schon solche Experimente geben? Wie lange schon mögen Menschen von Außerirdischen entführt und zum Wohle der ›Wissenschaft‹ mißbraucht werden? Seit Jahrtausenden? Seit dem Anbeginn der Zeit?

Prof. Dr. John E. Mack, Harvard, hat in den vergangenen Jahren bereits zahlreiche Entführungsfälle, bei denen Menschen an Bord von UFOs verschleppt und von fremdartigen kleinwüchsigen Wesen traktiert wurden, wissenschaftlich untersucht.[5] Viele der Entführungsopfer können sich zunächst gar nicht mehr erinnern, was mit ihnen geschah. Erst unter dem Einfluß der Hypnose fallen Gedächtnisblockaden, kehren Erinnerungen zurück. Und wenn man erfährt, was mit den entführten Menschen geschehen ist, versteht man auch, wieso viele der Opfer die oft bedrückenden Erlebnisse aus dem Gedächtnis zu verdrängen versuchen.

Catherines Erlebnisse der unheimlichen Art

Ein typisches Entführungsopfer, Catherine, wurde von Prof. Dr. Mack unter Hypnose ausführlich befragt. Sie wurde, wie so viele Opfer sowohl in biblischen als auch in unseren modernen Zeiten, in ein UFO verschleppt. »Es war enorm groß, von silbermetallischer Farbe, überall waren Lichter.« An Bord wimmelte es von kleinwüchsigen Außerirdischen. Einige machten sich über Catherine her, wollten ihr die Kleidung vom Leibe reißen. Sie zog sich selbst aus. Und wurde nackt in einen Raum von gewaltiger Größe gebracht. Sie sah Hunderte von medizinischen Behandlungstischen, zwischen 100 und 200 Frauen und Männer wurden von zahllosen kleinwüchsigen Außerirdischen behandelt, mit unterschiedlichen Instrumenten traktiert.

Eines der Wesen aus dem All brachte Catherine dazu, sich ebenfalls auf einen der Tische zu legen. Auf einer Karre wurde eine Art medizinisches Gerät herbeigeschafft. »Ein metallenes Ding«

wurde in ihre Vagina geschoben, immer tiefer. Die Frau empfand Scham und Schmerz, dann wurde etwas aus ihr herausgeschnitten, ein Embryo. Einer der Entführer versuchte Catherine einzureden, sie müsse stolz darauf sein, weil sie für diese Experimente ausgewählt worden sei, deren Endresultat die Züchtung eines neuartigen Lebewesens sei.

Daraufhin wollte sie verärgert wissen: »Warum zerstört ihr, verdammt noch mal, mein Leben?« Die Antwort der Fremden lautete: »Wir zerstören es doch nicht!« Sie sei als eine Art neue »Eva« auserkoren.

Neuartige Lebewesen sollten entstehen. Und diese neue Schöpfung sei nun einmal nicht ohne Frauen wie sie möglich. Sie sei dazu bestimmt worden, eine wichtige Rolle in dem für die Menschheit so überaus wichtigen Projekt zu übernehmen. Was ihr widerfahre, sei unumgänglich, ob sie nun damit einverstanden sei oder nicht. So solle sie sich doch besser nicht widersetzen, sondern mitmachen.

Yvonne Schneiders Begegnung mit dem Unheimlichen

Wie Catherine wurde auch Yvonne Schneider an Bord eines UFOs entführt. In der Nacht vom 15. auf den 16. August 1994 wurde sie auf ein UFO aufmerksam. Sie hielt das fliegende Etwas zunächst für einen Stern, doch es bewegte sich, bewegte sich rasch näher und näher, tiefer und tiefer, stand als helle Scheibe über ihr. 300 Meter über dem Erdboden schwebte das UFO. Es mag einen Durchmesser von 50 Metern gehabt haben. Über einen »Lichtstrahl« wurde Yvonne Schneider förmlich an Bord des außerirdischen Raumschiffs gesogen. Im Inneren der fliegenden Scheibe wurde die verängstigte Frau, ganz ähnlich wie Catherine, auf einer Art Operationstisch höchst unangenehmen medizinischen Untersuchungen unterzogen. Wie bei Catherine wurde dabei ein medizinisches Gerät benutzt. Später zeigte ich Yvonne Schneider Fotos, die ich in der archäologischen Geheimsammlung Cabreras aufgenommen hatte.

Kuriose Figuren aus dem Museum des Dr. Javier Cabrera, Ica, Peru. Fälschungen oder Botschaften einer verschollenen Zivilisation? (Quelle: Erich v. Däniken)

Seltsame Figuren, Stelen und Symbole besaß auch Pater Crespi in seinem Museum. Gibt es Parallelen zwischen dieser Sammlung in Cuenca, Ecuador, und derjenigen des Dr. Javier Cabrera in Ica, Peru? (Quelle: Erich v. Däniken)

Sie erschrak sichtlich beim Anblick der Tonfiguren. »Genauso wie diese Tonfiguren sahen auch die Wesen aus, die mich an Bord ihres Raumschiffs verschleppten und dort traktierten.« Ebenso äußerte sich ein weiteres Entführungsopfer, eine junge Frau aus einer deutschen Großstadt, die auch von Außerirdischen entführt worden war.

Die Wesen aus Ton

Wie sehen nun diese geheimnisvollen, in Ton dargestellten Wesen aus der Geheimsammlung Cabreras aus? Was tun sie? Was sind sie? Es sind eher zierliche, geradezu kleinwüchsige Wesen, mit starren Augen, katzenähnlich, die bei vielen der Tonfiguren ungewöhnlich groß sind. Die Schädel der Kreaturen machen einen fremdartigen Eindruck. Auch mich erinnern diese Gestalten an die »kleinen Grauen«, an die Entführer, die in unseren Tagen Menschen an Bord von Raumschiffen verschleppen.

Johannes Fiebag, der ebenfalls zu den wenigen Menschen gehört, denen Zugang zur Geheimsammlung gewährt wurde, schreibt über die geheimnisvollen Wesen: »Die Menschen haben die gleichen Gesichtszüge. Wesen aus einer uralten Zeit, einer längst vergangenen Epoche – oder Wesen von einem anderen Planeten? ... Abstruse Figuren, Fratzen, Masken, Horrorgestalten, medizinische Operationen ... Es ist unglaublich, es stockt einem der Atem. Gespenstische Szenen aus einer anderen Welt.«[6]

Ich empfinde ähnlich wie er. Wir sehen spukhafte Gestalten, die Messer und andere medizinische Geräte in den Händen halten, an Operationstischen stehend, auf denen, lang ausgestreckt, Menschen liegen, scheinbar besinnungslos oder in einer Art von Trance. Auf manchen der Operationstische liegen weitere medizinische Geräte, aber auch Schläuche. Werden Bluttransfusionen vorgenommen? Welchem Zweck dienen die medizinischen Eingriffe? Werden Krankheiten auf chirurgischem Wege beseitigt? Oder wird seziert, wissenschaftlich untersucht?

Menschen, vergleichbar mit den Versuchstieren unserer heutigen menschlichen Wissenschaftler? Eine furchteinflößende Vorstellung? Zweifelsohne. Doch wenn wir die zahlreichen Berichte von Entführungsopfern unserer Tage lesen, müssen wir feststellen, daß die Besucher aus dem All just so mit Menschen umgehen. Für sie sind wir anscheinend nicht gleichberechtigte Gesprächspartner, sondern Lebewesen, mit denen man experimentiert, ohne sich um ihre Einwilligung zu bemühen.

Für mich stellt die Geheimsammlung von Cabrera Darquea eine Weltsensation dar. Die Figuren der Sammlung sind viele Jahrtausende alt. Sie sind, so versicherte mir der sympathische, äußerst engagierte Mann, älter als die Sintflut. Sie stellen, sagt er, außerirdische Wesen dar, die die Erde besuchten, bevor die Sintflut kam.

Die Rückkehr der »Götter«

300 000 Kilometer reiste ich durch Ägypten, durch die Türkei, durch Nord-, Zentral- und Südamerika. Ich besuchte eine Vielzahl von rätselhaften Stätten. Überall fand ich Spuren, die sehr deutlich darauf hinweisen, daß die Erde von Außerirdischen besucht wurde und wird.

Die Besucher aus dem All, die vor Jahrtausenden ob ihrer scheinbaren Allmacht als Götter verehrt wurden, sind wieder da. Sie entführen, wie zu biblischen Zeiten, Menschen, sie untersuchen, experimentieren, so wie es in Form von Tonfiguren in der sensationellen Sammlung von Cabrera Darquea dargestellt wird.

Ich kann mir nicht vorstellen, daß es sich dabei um Falsifikate handelt. Wer sollte Tausende von Tonfiguren gefälscht haben? Wer sollte solch eine Mammutarbeit auf sich genommen haben? Und warum? Jede Figur muß einzeln gefertigt worden sein. Scharen von Künstlern wären mit der Produktion der Artefakte beschäftigt gewesen! Um sie dann Dr. Cabrera Darquea zu schenken? Wohl kaum!

Und dennoch: Wenn ich ehrlich bin, muß ich zugeben, daß ich von ganzem Herzen hoffe, daß diese entsetzlichen Tonfiguren gefälscht sind! Alpträume gibt es schon genug!

Mensch und Kosmos

Die Artefakte in der geheimen Sammlung von Cabrera Darquea passen so gar nicht in das Bild, das die konservative Altertumsforschung von der Vergangenheit des Menschen zeichnet. Ebensowenig sind zahlreiche Wissenschaftler dazu bereit, öffentlich darüber nachzudenken, ob unser Planet nicht doch in grauer Vorzeit von Außerirdischen besucht wurde. War es einst allgemein akzeptierte Erkenntnis, daß die Erde im Zentrum steht, Sonne, Planeten und Sterne um die Erde kreisten, so setzte sich im Laufe der Zeit ein zutreffenderes Bild durch. Man rückte die Sonne ins Zentrum des Geschehens. Inzwischen wissen wir aber, daß unser Sonnensystem keineswegs von zentraler Bedeutung ist. Im Laufe der Jahrtausende wurde erkannt, wie unbedeutend unsere Welt ist. Trotzdem scheinen es manche Wissenschaftler noch immer als schmerzhaft zu empfinden, daß Planet Erde keine Besonderheit aufzuweisen hat. So verkünden Gelehrte wie Prof. Kaminski, nur auf der Erde gebe es Leben, nirgendwo sonst im unendlichen All.

Diese Lehrmeinung wurde bereits vor rund 400 Jahren von der heiligen Inquisition vertreten. Wer zu widersprechen wagte, spielte mit dem Leben. So wurde Giordano Bruno anno 1600 zu Rom auch deshalb eingekerkert, gedemütigt und gefoltert, weil er zu behaupten gewagt hatte, daß es noch andere Welten als die Erde im Universum geben müsse, bevölkert von anderen Menschheiten. Die heilige Inquisition sah solche Behauptungen als gotteslästerlich an. Bestritten doch Ketzer wie Bruno die Einmaligkeit der Schöpfung Mensch.

Auf meiner Indienreise im November 1995 erfuhr ich, daß im alten Indien bereits vor Jahrtausenden das Universum mit einem Meer verglichen wurde. So wie es in irdischen Meeren Inseln gebe, auf denen Menschen leben, so gebe es im kosmischen Meer Inseln – Planeten wie die Erde.

Wissenschaftler wie der Nobelpreisträger Christian de Duve haben längst erkannt, daß der Mensch alles andere als einzigartig ist. Leben ist, so de Duve, eine notwendige Ausdrucksform der Materie. Leben auf anderen Planeten, so der Wissenschaftler von

Weltrang, ist nicht nur wahrscheinlich, sondern geradezu zwangsläufig. Auch Intelligenz und Bewußtsein, sagt er, müssen sich, wenn auch in anderen Ausprägungen, in vielen Sternensystemen entwickelt haben.

Es ist endlich an der Zeit, daß der Mensch seine Position im Universum erkennt. Die irdische Zivilisation ist nur eine von vielen. Wird diese Erkenntnis akzeptiert, muß die auf Erden so sorgsam gepflegte Nabelschau endlich ein Ende nehmen. Denn dann müßten sämtliche irdischen Konflikte, die nach wie vor zu blutigen Kriegen führen, denen Millionen von Menschen zum Opfer fallen, als belanglose Sinnlosigkeiten erkannt werden. Diese Erkenntnis aber wäre der erste große Schritt zu weltweitem Frieden. Wir sollten ihn wagen! Endlich!

Erst wenn wir es schaffen, unsere irdischen Probleme – Umweltzerstörung, Krieg, Nahrungsmittelknappheit und Armut – selbst zu lösen, dürften wir für die Besucher aus dem All, die schon seit Jahrtausenden zur Erde kommen, als Gesprächspartner ernst genommen werden. Vielleicht gibt es dann endlich den wirklichen Kontakt zwischen zwei Zivilisationen, der irdischen und der fremden, vielleicht werden dann die Fremden endlich aufhören, Menschen als »Versuchskaninchen« zu mißbrauchen.

205

PETER FIEBAG

Die Alten, die vom Himmel kamen
Hopi-Mythologie
im Lichte der Paläo-SETI-Theorie

In allem liegt eine Bedeutung, und überall ist Geschichte aufgezeichnet. Wir sind geistig orientierte Menschen, und die Archäologen und Historiker müssen sich klarwerden, daß sie erst uns verstehen müssen, bevor sie die Ruinen erklären können.«
White Bear, Häuptling der Hopi

Der Häuptling schaute hinauf in den glitzernden Nachthimmel. Wie die Hand des Schöpfers wölbte er sich über ihm, und gleich aufgereihten, glänzenden Maiskörnern leuchteten die Sterne entlang seiner Handlinien. Seit vielen Generationen schon waren die Hopi-Indianer einem geheimnisvollen Plan folgend durch saftige Weidegründe, durch Steppe und Wüste gezogen, waren durch riesige Wälder gewandert und über schneebedeckte Berge. Nun schaute der Häuptling des Bären-Clans erregt hinauf in das Firmament. Er hatte ihn gesehen: den Östlichen Stern, den sie so lange gesucht hatten. Das Ende ihrer langen Wanderung war endlich erreicht. Dieser Ort war ihnen vom Schöpfer und seinen Boten versprochen worden.
Als es zu tagen begann, schälten sich langsam die Konturen der unwirtlichen, schroffen Felslandschaft der »Black Mesa« aus dem Dunkel: drei riesige, flach abgeschnittene Berge wurden erkennbar. Noch einmal setzten sich Hunderte von Frauen, Männern und Kindern in Bewegung. Schließlich stießen sie auf eine Quelle, die hoch mit Unkraut verwachsen war. Hier wollten sie sich ansiedeln, denn dieser Ort war so einsam, daß sie vor fremden Kriegern sicher wären. Sie nannten den Platz Shungopovi. Dann begannen sie, ihre heilige Kiva zu erbauen (ein halb in die Erde versenkter

Gebetsraum), Wohnhütten zu errichten und die Zeremonien ihrer Ahnen durchzuführen. So erzählen es die Überlieferungen der Hopi.

Dieser Indianerstamm, der im Südwesten der heutigen USA beheimatet ist, lebt in der festen Überzeugung, daß seine Vorfahren lange Zeit während ihrer früheren Wanderungen von Besuchern von den Sternen begleitet wurden. Dabei ließen diese sogar einen seltsamen »heiligen« Gegenstand zurück.

Als rational denkende und aufgeklärte Menschen des 20. Jahrhunderts, die wir auf der Suche nach Indizien und Beweisen für die Theorie der Paläo-SETI sind, müssen wir kühl und nüchtern an eine solche Erzählung herangehen. Wie real und unverfälscht ist ein solcher Mythos? Was können wir unternehmen, um dies zu überprüfen?

Paläo-SETI und die Geschichtswissenschaften

Warum hat die Paläo-SETI-Theorie es so schwer, von den »offiziellen Wissenschaften« als gleichberechtigte moderne Geschichtsschreibung anerkannt zu werden? Viele Mythen und Erzählungen, Kulte und Objekte sind aus der Sicht der Paläo-SETI-Vertreter scheinbar eindeutig zu interpretieren. Und so erwarten sie einen Paradigmawechsel, also eine Standpunktveränderung der universitären Meinung. Warum erfolgt dieser aber nicht?

Mir scheint dies eine Frage nach der Objektivität zu sein. Im derzeit opportunen »Realitätstunnel«[1] gilt die Paläo-SETI als außerhalb dessen stehend, was als beachtenswert empfunden wird, und mit dem man sich – wissenschaftlich und fundiert – auseinandersetzen muß.

Die Objektivität in der Historie, das heißt letztlich die Objektivität des Geschichtswissenschaftlers, kann nur relativ sein. »Vom aktuellen Wahren ausgehend, wählt er die Daten aus, in denen jenes fortschreitend hervortritt, trennt säuberlich die Spreu vom Weizen, das heißt, er trennt dasjenige, was dem aktuellen Wahren konform oder äquivalent ist, von dem, was von diesem annuliert oder verworfen wurde.«[2]

Die Axiome, Theoreme, Thesen etc. der Paläo-SETI entsprechen folglich (noch?) nicht der heute allgemein anerkannten Ausgangsbasis geschichtswissenschaftlicher Überlegungen. Ist dies gerechtfertigt?

Ich will an einem begrenzten Thema illustrieren, wie oberflächlich die »offiziellen« Wissenschaftler auf die Argumente der Paläo-SETI eingehen, und will beweisen, daß dies unter wissenschaftlichen Prämissen keineswegs gerechtfertigt ist.

Ein Vorwurf wird immer wieder erhoben: Die Paläo-SETI-Mythen – wie oben geschildert – würden verwendet, als seien sie Geschichtsbücher, obwohl ihr Inhalt stets nur mündlich tradiert wurde. Wir befinden uns hier in einem Dilemma. Einerseits ist es möglich, daß die Vertreter klassischer Theorien recht haben, wenn sie behaupten, die herangezogenen Erzählungen seien lediglich Mythen ohne realen Hintergrund oder nur von psychologischem Gehalt oder einfach modernistische Fehlinterpretationen.

Möglicherweise haben wir es bei den Erzählungen aber doch tatsächlich mit Berichten über den Kontakt mit außerirdischen Lebensformen zu tun! Die Vertreter beider Positionen sollten eine Lehre der Geschichtsphilosophie bedenken: Wenn das Spätere das Frühere erklärt, Geschichtliches oder gar Vorgeschichtliches, Kulturähnliches oder Kulturandersartiges, so können sich endlos viele Fehler, Mißverständnisse etc. – hier wie dort – einschleichen.[3]

Die Beispiele hierfür sind unüberschaubar. Immer wieder erfuhren Betrachtungsgegenstände und -felder Deformationen, wobei der Erkenntnis über Vorgänge die Eigenschaft des Realen verliehen wurde (eine typische Auswirkung des Empirismus). Die Lektüre der Wissenschaftsgeschichte mit ihren Wertungen und einstigen Wahrheitsansprüchen ist dabei aufschlußreich und vielsagend: Wie viele Gedanken wurden letztlich ihrer »geschichtlichen Einsamkeit« überantwortet![4] Um so wichtiger erscheint es, nicht voreilig einen neuen geschichtstheoretischen Ansatz aus einer unvoreingenommenen Diskussion auszuschließen.

Im folgenden sollen einige Thesen dargelegt werden, die die Diskussion zwischen den Vertretern der »offiziellen Wissenschaften« und denen der Paläo-SETI-Theorie voranbringen könnte.

Durch das geschichtsforschende Mikroskop fokussieren wir als erstes eine ausgewählte Gruppe, reduzieren anschließend unseren Forschungsgegenstand von komplexen Erzählungen auf einen bestimmten Erzählinhalt, der auf kausale und strukturelle Beziehungen hinweist, und ziehen zuletzt weiterreichende Schlüsse.

Der Kachina-Mythos der Hopi

Die ausgewählte Gruppe ist der Indianerstamm der Hopi. Er lebt heute im US-Bundesstaat Arizona, ist aber, seinen eigenen Legenden und archäologischen Spuren zur Folge, ehemals während einer großen Wanderungsbewegung in dieses Land gezogen. Dies geschah vor etwa 900 Jahren. Moderne Datierungen konnten die Gründung des zweiten Dorfes, »Oraibi«, auf das Jahr 1150 festlegen. Somit ist dies der älteste durchgehend besiedelte Ort Nordamerikas.

Die Hopi haben sich ihre alten Mythen und Erzählungen bis in die heutige Zeit bewahren können, obgleich es zu Beginn des 20. Jahrhunderts eine Spaltung in zwei unterschiedliche Lager – Traditionalisten und Fortschrittliche – gab. Uns bietet sich nichtsdestoweniger noch immer ein ungewöhnlicher Blick in die Überlieferungen dieser Indianer.

Vieles im Leben und Denken der Hopi kreist um die sagenhaften Kachina (»Kyákyapchina«), die nicht wie Götter, sondern eher wie deren Sendboten auftreten. Die Hopi bezeichnen sie als »hohe, geachtete Wissende«. Sie sind ihre Lehrer, die Hüter des Gesetzes, die Wahrer des Lebens. Auf die Frage des Forschers Josef F. Blumrich, woher die Kachinas gekommen seien und wie sie aussähen, antwortete ihm der Hopi-Häuptling White Bear: »Sie kommen zu uns aus dem Weltraum. Sie kommen nicht aus unserem eigenen Planetensystem, sondern von anderen, weit entfernten Planeten ... Der Hopi-Name für diese Planeten ist Tóonáotakha ... wir können das Wort mit ›Bund der zwölf Planeten‹ übersetzen. Und da wir wissen, daß es zwölf dieser Planeten gibt, können wir sie auch ›Bund der zwölf Planeten‹ nennen.«[5]

Diese Kachinas können somit als besonders interessantes Betrachtungsobjekt für eine Untersuchung im Hinblick auf die Paläo-SETI-Theorie gelten.

Wie alt und wie ernst diese Überlieferung allen Hopi gleichermaßen ist, zeigt sich in ihren Tänzen und in dem Brauch, kleine Puppen (»Kachintihus«) für ihre Kinder anzufertigen, die Kachinas darstellen sollen.[6] Sie tun dies, damit sich die Kinder an die »Wissenden« gewöhnen.

Die »Träger des geheimen Wissens ihrer Heimat«, die »Wissenden von weit jenseits der Sterne«, die in der Zeremonie der »Alten, die vom Himmel kamen« dargestellt werden, verließen die Hopi, als diese genug über die Natur, das Wesen des Menschen, das Weltall und den Schöpfer gelernt und einen festen Siedlungsort gegründet hatten.[7] Auf diesem Verständnis gründet sich auch die religiöse Sicht der Hopi-Welt.

Nun können wir verschiedene Wege zur Erklärung der Mythen beschreiten:

1. Wir stellen den kuriosen Charakter dieser Erzählung in den Mittelpunkt unserer Untersuchung, was vielleicht amüsant wäre, nicht aber dem Verständnis der Ursache oder des Resultates dient. Oder wir stellen uns auf den Standpunkt, daß »die Geister und Götter der Indianermythen archetypische Manifestationen des Unbewußten« sind.[8] Beide Ansätze greifen aber zu kurz. Denn man übersieht dabei, daß die Erzählung allein dank der Tatsache, daß sie besteht, einen wahren Kern haben muß. Man ignoriert eine bedeutende philosophische Erkenntnis, daß nämlich religiöses Verhalten nicht auf einer Illusion aufgebaut werden kann.[9]

2. Wir glauben bedingungslos den Aussagen der Hopi – bzw. ihrer Führer/Sprecher/Häuptlinge – über ihre Mythen. (In diese bequeme Haltung kann man als Befürworter der Paläo-SETI-Theorie leicht geraten.) Dann wäre jedoch die Beschreibung, die Menschen fremder Gesellschaften von ihren Handlungen geben, letzte und nicht mehr hinterfragbare Instanz.[10] Die Selbstinterpretation einer Gruppe muß aber objektiv durchleuchtet werden,

da sich diese einerseits durch Jahrhunderte oder gar Jahrtausende entsprechend dem kulturellen Umfeld geändert haben, andererseits durch Weitergabefehler »verfälscht« worden sein kann.

3. Wir verfolgen ein »negatorisches Werk«, indem wir die Selbstaussage der Hopi weitgehend ausklammern, entsprechend der Denkkategorie, daß ein Kontakt zwischen außerirdischen Wesen und Menschen nicht möglich sein kann. (In diese bequeme Haltung wiederum begeben sich leicht die Vertreter der traditionellen Geschichtswissenschaften.)

4. Wir versuchen mit den in heutiger Zeit möglichen Methoden und vorhandenen Stoffen eine Untersuchung zu betreiben, die die Verständnisrichtung der Ursprungsgeschichte möglichst objektiv hinterfragt.

Beschreiten wir den letzten Weg. Hermeneutisch läßt sich die Behauptung aufstellen: »Der Grundgehalt der Hopi-Erzählungen kann zutreffen, extraterrestrische Intelligenzen (ETI) könnten die Erde besucht haben.«[11] Dies so zu formulieren ist keine phantastisch-irreale Fiktion, sondern wurde in verschiedenen wissenschaftlichen Arbeiten mit einem durchaus positiven Ergebnis geprüft.[12]

Narrative Aspekte

Wenn wir bei der mündlichen Erzählung (Narration) der Hopi keine Sinnlosigkeitsgeschichte[13] vorliegen haben, die letztlich überhaupt nichts sagt, so ist die erzählte Geschichte der Kachinas wohl jeweilige Wiederholung ihrer Erstgeschichte und damit auch dessen, was sie aussagen soll.
Die Frage ist nur, inwiefern die Wiederholung nicht nur Rekonstruktion des ursprünglichen Vorganges ist, sondern gleichzeitig auch eine Interpretation weitergetragen wird. A. Halder hat darauf hingewiesen, daß eine Geschichte jeweils neue »Seinskonstituierende« werden könne. Durch die Verwandlung des

nicht ausdrücklich Gesagten könnte sich also der Gehalt der Erzählung ändern. Mit anderen Worten: Läßt sich das Innerste und Eigenste der Erstgeschichte überhaupt noch zuverlässig ermitteln, oder wurde sie mit immer neuen Ideen überprägt bis hin zu der derzeitigen Interpretation der Hopi, die Kachinas kämen von fernen Planeten aus dem Universum?

Jede Geschichte, jede Bewahrung, jedes Sprechen, so A. Halder, sei auch Gründung und Begründung (Fundamentisierung und Argumentation) und demgemäß Befolgung und Folgerung (Konsequenz). Dies bedeutet, daß der Sprecher daran interessiert ist, sowohl das ausdrücklich Erzählte als auch die tiefere Sinnebene dem Hörer mitzuteilen.

Freilich besteht die Möglichkeit, daß eine andere, übermächtige Entwicklung die ursprüngliche Erzählung »durchquerte«, sie überwältigte, umbog und verbog. Aber selbst dann ließe sich aus diesem Gesamtbild doch noch mit dem Instrumentarium heutiger Wissenschaften die einstige Sinngeschichte ermitteln. Bei den Hopi sind nämlich mehrere parallele »Vermittlungskanäle« vorhanden, die sich gegenseitig ergänzen, verstärken und interpretieren. Eine gewisse Redundanz in der Weitergabe, die durch wiederkehrende Informationselemente erzielt wird, macht so den Mythos/Bericht zeitresistent.[14] Dies geschieht durch:

1. Erzählungen (Narration) einschließlich Gesänge, die von Generation zu Generation (mündlich oder bildschriftlich) weitergereicht und daher im sogenannten »kommunikativen Gedächtnis« verankert werden.[15] Auch die Sprache der Hopi selbst, die Bedeutung und Entwicklung ihrer Wörter, gehört dazu.

2. Modellhafte, dingliche Wiedergabe (»Gedächtnis der Dinge« im Sinne von »sozialem Gedächtnis«).

3. Riten (wie zum Beispiel Tänze), deren exakte Aufführung das Gelingen der Zeremonie beinhaltet (»mimetisches Gedächtnis«).[16]

4. Die Sinnweitergabe (»kulturelles Gedächtnis«).[17]

Nur ein Beispiel, Wissen und Überlieferungen für die folgenden Generationen zu manifestieren: Die Dokumentation in Stein, wie hier die Maya-Stele von El Baul in Guatemala, die ein kurioses Wesen mit Helm und Tank auf dem Rücken zeigt (Quelle: Erich v. Däniken)

213

Dinggedächtnis und Erinnerungslandschaften

Der zweite Punkt zielt auf ein »Dinggedächtnis«.[18]
Der Kachina-Mythos durchzieht die gesamte Hopi-Welt (und übrigens auch die der benachbarten Zuni-Indianer), die alltägliche wie die sakrale. Die Kachinas sind verbunden mit den allerfrühesten Berichten über die Welt, ihre Entwicklung, über die Wanderungen der Hopi und die Wissensvermittlung. Diese »göttlichen Boten« sind figürlich faßbar (Holzpuppen), zeichnerisch vermittelt (Felsbilder) und durch Kostüme und Masken dargestellt. Jede Maske kann hier als Bildnis und »Abkürzung« einer gottähnlichen Gestalt gesehen werden, die offensichtlich ein Vorbild, eine Art »Modell«, besaß.
Die modellhafte oder zeichnerische Wiedergabe, die die mündlichen Berichte plastisch unterstützt, ist insofern von Wichtigkeit, als sie – bei einem Volk ohne Schrift – beständiger ist als das gesprochene und somit schon vergangene Wort. Da die Hopi keine schriftlichen Zeugnisse besitzen, war immer der rüstigste Greis oder die rüstigste Greisin mit gutem Gedächtnis von großem kulturellen Nutzen für die Gemeinschaft.
»Was immer sich in der schriftlosen Zeit an Erfahrung und Wissen ansammeln ließ, ruhte in ihren Gehirnen, es gab keinen höheren Grad von Archivierung und Auskunftei. Der Tod eines Greises war wie ein Brand in der Staatsbibliothek – viele wichtige Informationen blieben für immer verloren ...«[19]
Mit Hilfe der Kachina-Puppen kann das Bild mit dem erinnerten Wort verschmelzen und so eine neue Dimension der Beständigkeit gewinnen. Diese Puppen sind Gestalten mit eigenartigen Helmen (die einen Raumfahreraspekt unterstützen) und antennenartigen Stangen. Ihre Bemalungen deuten symbolisch zum Beispiel auf das Weltall und andere Planeten hin. Gottheiten, die »Sólawúchim«, werden etwa so dargestellt: Eine schwarze Linie im Gesicht, die über die Augen hinweggeht, weist sie als Gestalten aus, die geheimes Wissen besitzen. Daß sie im Besitz großer Kenntnisse über die Himmelskörper sind, zeigt der schwarzweiße Halsschmuck an.
Die Mokassins, die sie tragen, sind blau. Für die Hopi heißt dies,

Rituale, Tänze und Masken – wie dieses Beispiel der Dogon aus Mali – sind ein weiteres Mittel, die Erinnerung an vergangene Ereignisse, wie die Begegnung mit den Göttern, wachzuhalten (Quelle: Archiv Dopatka)

daß sie Wissende von weit jenseits der Sterne sind. Der hohe Rang der Wesen wird durch einen Beinschmuck (»Ruokenapna«) ausgedrückt. Eine Art Rautenmuster auf dem Kopf verweist auf eine Kraft, die die Heimatplaneten untereinander verbindet.

Bei der Gottheit »Mui'ingwa« befestigen die Hopi einen großen Stern am Kopf, der symbolisieren soll, daß dieses Wesen von weither gereist ist. Ein blauer Kreis in dessen Mitte deutet wieder auf das Weltall hin. Weiße Tupfen auf seinem Körper lassen die Hopi an die nächtlichen Sterne denken. Kurz gesagt: »Mui'ingwa« kam von einem fernen Stern aus dem Kosmos zu den Hopi.

Alte Felszeichnungen zeigen außerdem schalen- und kugelförmige Gerätschaften der Kachinas, ihre »fliegenden Schilde«, mit denen sie über Land und Wasser schweben, die Wolken durchstoßen und bis zu ihren Heimatplaneten fliegen konnten. Diese

Zeichnungen können mit modernen UFO-Beschreibungen verglichen werden, worauf selbst die religiösen Führer der Hopi immer wieder hinweisen.[20]

Eine weitere Erinnerungsstrategie (Mnemotechnik) stellt die »Verräumlichung« dar. F. Yates[21] erkannte bereits in den sechziger Jahren, daß der Raum in der kollektiven und der kulturellen Erinnerungskultur eine Hauptrolle spielt. Imaginierte Räume – landschaftlich geprägte Szenarien also, die durch unsere Vorstellungskraft wachgehalten werden – helfen der Erinnerung durch »Zeichensetzung«. Ganze Landschaften können dafür verwendet werden, dem Gedächtnis einer Kultur als Medium zu dienen. Sie werden semiotisiert, zu Denk-Malen erhoben. Dieses Verfahren wurde bislang bei den Aborigines (Australien),[22] für das antike Rom, die islamische Welt und die abendländische Erinnerung an das Heilige Land, Palästina, sehr gut belegt.[23] Ein Beispiel: Noch nach 2000 Jahren verbinden Millionen von Menschen mit dem Ort Betlehem die Geburtsstätte Christi. Sie pilgern zur Erinnerung an dieses Ereignis zu diesem geographischen Platz oder stellen sich, um die Erinnerung daran bildlich zu stabilisieren und weiterzugeben, zu Weihnachten eine Krippe ins Zimmer oder in die Kirchen.

Solche »topographische Texte«, die Erinnerung lokalisieren, existieren auch in mannigfaltiger Form bei den Hopi. Das Land der Hopi gilt den Clans als Heiliges Land, so wie den Juden Palästina. Auch ihnen, so sagen die Mythen, hat der »Große Geist« dieses Land gegeben. US-Präsident Jimmy Carter erhielt 1977 von den traditionellen religiösen Hopi-Führern einen Brief, in dem sie ihre Sichtweise darlegten: »Es ist für uns undenkbar, die Verfügung über unser Heiliges Land aufzugeben. Wir können auch in gar keiner Weise Heiliges Land gegen Geld eintauschen ... Die Hopi erhielten eine besondere Führung darin, wie sie für das Heilige Land sorgen sollten, um so die zerbrechliche Harmonie, welche die Dinge zusammenhält, nicht zu zerreißen. Wir empfingen dieses Land vom Großen Geist, und wir müssen es für ihn bewahren als seine Verwalter.«[24]

Ein anderer Ort der kollektiven Erinnerung sind die »Black Mesa«, die bei den Hopi als »Mitte der Welt« gelten, und die San-

Francisco-Berge als Wohnstätte der Kachina. Dort liegt ein mythischer Ort, »Típkyavi«, an dem die Hopi siedelten, bevor sie sich nach ihrer langen Wanderung endgültig in ihren heutigen Wohnstätten niederließen. Dieser Ort wird auf der dritten Mesa symbolisch durch ein »Kisnvi«, einen Kiva-Vorplatz im Dorf Oraibi, dargestellt.[25]

Die Kiva selbst ist ebenfalls ein Raum, an dem Erinnerung »verortet« wird. Die Kivas (also die »Kirchen«) der Hopi sind entsprechend dem Mythos vom Auftauchen des Menschen aus einer unteren Welt konstruiert: Sie liegen zumindest teilweise unterirdisch. Jeder Kiva hat ein »Sipapuni«, welches die Verbindung dieser inneren (Kiva-)Welt zur Unterwelt darstellt. Der Haupteingang zum Kiva ist eine Öffnung im Dach; das bedeutet, daß die Teilnehmer einer Zeremonie symbolisch in den Schoß der Erde hinabsteigen, wenn sie die Kiva-Leiter hinunterklettern. Somit verbindet der Kiva durch sein Sipapuni unten und durch seine Einstiegsluke samt Leiter oben die Unter- und die Oberwelt miteinander. Er verbindet also auch die früheren Welten (unten) mit der jetzigen Welt.[26]

Das mythische Auftauchen des Menschen in der Welt wird so immer wieder nachvollzogen. »Yahhay!« ruft der Anführer viermal und sagt dann, wie die Fachliteratur dokumentiert: »Ne talat aouyama«, was bedeutet: »Ich habe das Licht erreicht!« Danach wiederholen die anderen Beteiligten diesen Akt. Bei den Hopi dienen also ausgesuchte Landschaften, heilige Plätze und Gebäude als Medien des kulturellen Gedächtnisses. Diese »Mnemotope« erhalten somit auf effektive Weise die Botschaften aus der Vergangenheit.

Das mimetische Gedächtnis

Die Hopi besitzen zudem ein ausgeprägtes »Gedächtnis der Dinge«,[27] da die Dingwelt der Gegenwart zugleich auch vergangenheitsbezogen ist. Es wirkt also permanent ein Zeitindex der Objekte auf den Besitzer des übermittelten Gegenstandes ein. Dies gilt zum Beispiel für die Kachina-Figur, die zum einen an den Mythos alter Tage erinnert, zum anderen zusätzlich einen sozialen Aspekt (Identitätsindex) aufweist und die somit zugleich Bestandteil des »kulturellen Gedächtnisses« wird.

Das gleiche gilt für den Tanz. Er ist durch seinen rituellen Ablauf ein Informationsspeicher besonderer Qualität, denn er bündelt die Aufmerksamkeit. Der Tanz transportiert eine Grundidee von Generation zu Generation. Dies geschieht sprachlos, jedoch symbolisch, da er bis ins Detail festgelegte Handlung bedeutet. Handeln wird durch Nachahmen (Imitationsprinzip) gelernt. Bei den Hopi reicht dies weit über eine mimetische Routine hinaus. Die Nachahmung ist zum Ritus geworden, zum heiligen Mysterium.

»Keine andere Volkskunst Amerikas kann auch nur annähernd mit diesen tiefgründigen Mysterienspielen verglichen werden«, schreibt dazu F. Waters.[28]

Wie kann nun aber eine Überlieferung in einer schriftlosen Kultur »wortgenau« weitergegeben werden?

Die »Dramen des Kachina-Mysteriums« werden jährlich oder auch in größeren Abständen (z.B. vier- oder achtjährig) aufgeführt. Schon vor hundert Jahren verfaßte der Ethnologe J. W. Fewkes Abhandlungen über die erstaunlich ausgeprägten Hopi-Zeremonien.[29] Der markante Schlangentanz ist zum Beispiel die wohl bekannteste und »gruseligste« Zeremonie der Hopi, bei der mit lebendigen Schlangen hantiert wird. Seine Vorbereitungszeit dauert 16 Tage. Er wird von den Schlangenpriestern ausgeführt, aber die Antilopenpriester teilen die Geheimnisse des Festes und »assistieren«. Mit der Feier wird an die mythische Ankunft der Hopi in dieser Welt erinnert. Die Tänzer bauen eine »Kommunikation mit den unterirdischen Geistwesen« auf, symbolische Geräte (wie das alte »tiponi« aus Vogelfedern) kommen nach einem festgelegten Schema zum Einsatz, zeremonielle Nahrungsmittel (das Piki-Brot) wecken Erinnerungen an vergangene Zeiten, spezielle Kleidung, Gebetsstäbchen, Altäre und Sandgemälde werden vorbereitet. Die Tänze selbst werden schließlich nach einem vorbestimmten Rhythmus in vielfältigen Figuren in Szene gesetzt.

Das tänzerische Spiel kann man sich somit als dramatisierte Erzählung und Gebet denken, das eine hochkomplizierte, streng festgelegte Schrittfolge aufweist. Die etwa 300 verschiedenen Kachina zeigen bei ihren Auftritten in Stil, Form und Betonung ihrer Lieder erstaunliche Unterschiede auf, obwohl die Liedstruktur bis zu 75 Prozent aus dem Rhythmus des Tanzes besteht.

In den letzten Jahren mußte leider eine stärkere Kommerzialisierung der Hopi-Religion festgestellt werden. Die Verweltlichung religiöser Gebräuche und Gegenstände hat auch die Hopi erreicht. Sakrale Gegenstände werden verkauft, und in einen Schmetterlingstanz wurde ein Walzer integriert. Für die einen mag dies auf Anpassungsfähigkeit hinweisen, für die anderen sind es alarmierende Anzeichen. Aber zum Glück werden die alten Tänze heute noch abwechselnd in den Dörfern aufgeführt. Beim Schlangentanz sind allerdings seit einigen Jahren keine Zuschauer mehr zugelassen,[30] was zwar bedauerlich für die Ethnologen ist, aber auch vielversprechend für die Konservierung und Weitergabe der alten Inhalte.

Häuptling White Bear hat den Sinn dieser Tänze beschrieben: »Wir brauchen das Gemeinte nicht auszusprechen, weil es symbolisch in unseren Zeremonien zum Ausdruck kommt. Warum sollte man etwas aufschreiben, was so fest verwurzelt ist und so klar aus unseren Zeremonien spricht?«[31]

Den verschiedenen Clans kommen bestimmte Aufgaben zu, die aufgrund unterschiedlicher Geheimnisse durchgeführt werden und die nur sie in der vorgeschriebenen Weise ausführen dürfen. Lediglich der Zweihornklan war und ist als einziger im Besitz aller überlieferten Geheimnisse.

Das Gemeinschaftsgedächtnis der Hopi hat also spezielle Träger. Assmann hat kulturübergreifend ermittelt: »Der Außeralltäglichkeit des Sinns, der im kulturellen Gedächtnis bewahrt wird, korrespondiert eine gewisse Alltagsenthobenheit und Alltagsentpflichtung seiner spezialisierten Träger. In schriftlosen Gesellschaften hängt die Spezialisierung der Gedächtnisträger von den Anforderungen ab, die an das Gedächtnis gestellt werden. Als höchste Anforderungen gelten diejenigen, die auf wortlautgetreuer Überlieferung bestehen. Hier wird das menschliche Gedächtnis geradezu als Datenträger im Sinne einer Vorform von Schriftlichkeit benutzt. Das ist typischerweise dort der Fall, wo es um Ritualwissen geht.«[32]

Ein solcher menschlicher »Datenträger« muß sorgfältig eingewiesen werden. Eine spezielle Auswahl kontrolliert dabei die Verbreitung der Geheimnisse. Das Wissen wiederum verpflichtet den Träger zur Teilnahme an den Zeremonien, während andere davon ausgeschlossen bleiben, was die Wichtigkeit des speziellen Trägers enorm erhöht. Förmliche Prüfungen über die Ausführung und Beherrschung der Zeremonie, des Gesanges usw. werden zur Voraussetzung für den neuen Status in der Gesellschaft.[33]

Welch hohen Rang ein Zeremonieträger bei den Hopi einnimmt, ist auch daran zu erkennen, daß die Indianer von einer Realverwandlung des Tänzers in einen Kachina ausgehen.

Bei den Hopi haben wir also eine mehrfache »Sicherung« der Überlieferungen und Daten vorliegen. Clans und Bünde sind zuständig für bestimmte rituelle Handlungen, Symbole, Erzählungen usw. Die Priester oder Führer eines Bundes und die Häuptlinge eines Clans besitzen je eigene Geheimnisse, die nur in ihren jeweiligen kultisch-religiösen oder kulturell-soziologischen »Aufgabenbereich« fallen. Vorsorglich besitzen aber die Priester eines Clans alle Geheimnisse. Exakt festgelegte Initiations- und Auswahlriten sichern die genaue Weitergabe innerhalb des jeweiligen Clans oder Bundes.

Die Kachinas hatten den Hopi, so behaupten die Legenden, bei ihrem Weggang folgende Weisung gegeben: »Ihr müßt unser gedenken, indem ihr bei den entsprechenden Zeremonien unsere Masken und Kostüme tragt. Nur diejenigen unter euch sollen dies tun, die das Wissen und die Weisheit erworben haben, die wir euch lehrten.« Gemäß dieses Auftrages wurde und wird eine »wissenssoziologische Elite« herangebildet.

Die Aussage der so übermittelten Riten ist: Die Kachinas kamen aus dem Weltraum zu den Hopi, sie sind ihre Wissensbringer, und sie wachen noch heute über die Hopi, obwohl sie wieder zu den Sternen zurückgekehrt sind. Die Hopi Carolyn Twangyawma (religiöse Führerin), David Monongye (spiritueller Führer),

Dan Katchongva (Häuptling) und Thomas Banyacy Sr. (Sprecher aller traditionellen Hopi) bestätigen ausdrücklich diese Aussage.

Das kulturelle Gedächtnis

J. Assmann stellt fest, daß »jede Kultur ... etwas ausbildet, das man ihre konnektive Struktur nennen könnte. Sie wirkt verknüpfend und verbindend, und zwar in zwei Dimensionen: der Sozialdimension und der Zeitdimension. Sie bindet den Menschen an den Mitmenschen dadurch, daß sie als ›symbolische Sinnwelt‹ einen gemeinsamen Erfahrungs-, Erwartungs- und Handlungsraum bildet, der durch seine bindende und verbindliche Kraft Vertrauen und Orientierung stiftet. (...)

Das Grundprinzip jeder konnektiven Struktur ist die Wiederholung. Dadurch wird gewährleistet, daß sich die Handlungslinien nicht im Unendlichen verlaufen, sondern zu wiedererkennbaren Mustern ordnen und als Elemente einer gemeinsamen Kultur identifizierbar sind.«[34]

Eine solche konnektive Struktur läßt sich natürlich bei den Hopi im wesentlichen durch den Kachina-Mythos feststellen. »Religion ist ein integrierender Teil allen Hopi-Lebens; sie ist der große leitende und motivierende Einfluß, der hinter jedem Gedanken und jeder Tat eines Hopi steht.«[35]

An den Zeremonien kann recht gut belegt werden, daß durch Vorschriften oder Ordnungen für eine unendliche, aber genaue Wiederholung der rituellen Begehung gesorgt wird, wodurch der gemeinsame Faktor, die konnektive Struktur also, erhalten und gestärkt wird. Die Vermittlung erfolgt dabei »multimedial«. Der Text wird durch feste Objektivationen, traditionelle symbolische Kodierung und Inszenierung unlösbar in Bild, Tanz usw. eingebettet, wobei alle fünf Sinne des Menschen angesprochen werden. Somit kommt es zu einer mehrdimensionalen Vernetzung der Information und schließlich zu einer Fixierung im Langzeitgedächtnis.[36]

Durch die persönliche Anwesenheit der Clanmitglieder wird dafür gesorgt, daß die Weitergabe der Informationen kontinuierlich – Generation für Generation, Individuum für Individuum – erfolgt und somit einerseits fest im kulturellen Gedächtnis archiviert und gleichzeitig für den Stamm der Hopi identitätssichernd wird.

Aspekte der Sprachgenese

Der letzte Betrachtungspunkt soll die Sprache an sich sein. Denn Sprache ist immer auch Geschichte. Worte transportieren mit unglaublicher Sicherheit ein Bedeutungsganzes über zeitliche Distanzen. Gewesenes ist in ihnen sicher verankert. Das In-die-Welt-Gekommene kommt im Wort selber zu Wort, denn mit Wörtern wurde und wird die Welt geordnet. Mit Hilfe von Sprachstammbäumen können wir heute den Weg ganzer Völker über die Welt zurückverfolgen.

Bestätigung findet diese Erkenntnis auch bei den Indianern. Nicht nur, daß wir die Wanderungs- und Kachina-Legenden der Hopi auch bei vielen anderen Indianerstämmen Nordamerikas finden, beispielsweise bei den Zuni, den Pueblo-Indianern und den Navajo. Der amerikanische Religionswissenschaftler Sam Gill, der sich lange Zeit mit dem Glauben und Denken der Pueblo-Indianer – zu ihnen gehören Hopi, Zuni, Navajo – auseinandergesetzt hat, faßt außerdem zusammen: »Wie tief verwurzelt die Erfahrung der großen Wanderungsbewegungen bis heute im Denken der Indianer vernetzt ist, zeigen Sprachuntersuchungen bei den Navajo. Bewegungen werden in der Navajo-Sprache in allen Einzelheiten charakterisiert, der Navajo lebt gedanklich und sprachlich in einem bewegten Universum.«[37]

Erstaunlich ist auch folgende Tatsache: »Der Kókopilaukachina singt während einer Zeremonie ein Lied in einer so alten Sprache, daß kein heutiger Hopi auch nur ein Wort davon versteht.«[38] Jede Hopi-Bezeichnung für Kachinas, für bestimmte Gegenstände, Orte und Handlungsweisen bestätigt darüber hinaus ethymologisch den Gehalt der Erzählungen über Kachinas. Hier eröffnet sich ein lohnendes Feld für Sprachwissenschaftler.[39]

Die Erzählung von Panaiyoikyasi

Gibt es Möglichkeiten, den Wahrheitsgehalt und den Grad der »Beschädigung« einer Ausgangsinformation zu bestimmen? Interessant ist in diesem Zusammenhang, was die Hopi über das »Volk des Tiefen Brunnens« berichten: Es sei in Begleitung der Gottheit »Panaiyoikyasi« gewesen, die auf Zeichnungen mit erhobenen Armen dargestellt wird und stets über den Köpfen der Menschen schwebt. Frank Waters faßte 1963 die Aussagen der Dorfältesten über diese ominöse Wesenheit so zusammen: »Panaiyoikyasi besaß neben seiner wohltätigen Macht auch eine große zerstörerische Kraft. Einige Leute sagen, daß sie von seiner Macht, die Erde mit dem Himmel zu verbinden, herrührt, da diese sich bei Stürmen magnetisch anziehen. Andere Leute meinen, die Kraft bestehe in einem unsichtbaren giftigen Gas. Daher wurde sein Bildnis mit dem Gesicht nach unten in die Gruft gelegt, denn wenn es mit dem Gesicht nach oben zurückgelassen worden wäre, würde eine Zeit kommen, in der die zwei mächtigsten Völker der Erde sich mit dieser schrecklichen zerstörerischen Kraft gegenüberständen. Zusätzlich zu dieser Sicherung war noch Panaiyoikyasis rechter Arm abgebrochen worden, damit das Volk der Hopi niemals diese zerstörerische Kraft benutzen könnte.«[40]

Geschichtliches Wissen wird in der Erfahrung gespeichert. Sie geht eine wechselseitige Verbindung mit Erwartung ein. Der Erwartungshorizont der Hopi nach oben erzählter Geschichte besagt, daß von einem von ihnen vergrabenen Gegenstand eine große Gefahr ausgeht.

Welches geschichtliche Wissen, welche Erfahrung liegt wohl dieser Aussage zugrunde?

Was mag die Indianer auf ihrer Wanderung schwebend »begleitet« haben? Eine atomare, biologische oder chemische Waffe? Die Hopi berichten, daß die Clans Bildnisse dieses Objektes als »Ecksteine« in den verlassenen Dörfern vergraben haben. Vier davon sollen sich noch auf den höchsten Erhebungen in der Nähe von Oraibi befinden.

Anfang der sechziger Jahre wurde nun erstaunlicherweise solch eine symbolische Figur in Vernon in Arizona wiedergefunden. Der Ausgrabungsleiter, Paul S. Martin, hält das 22 Zentimeter große Bildwerk aus Sandstein, dem ein Arm fehlt, »für eine der wichtigsten Entdeckungen der Archäologie des Südwestens in diesem Jahrhundert«.

Wo liegen die Grenzen der Geschichtsforschung?

In der Geschichtsforschung wechselten und wechseln methodische Prinzipien, die in anerkannte und nicht anerkannte untergliedert werden können. »Die anerkannten Prinzipien bezeichnen die zum jeweiligen Zeitpunkt geltende Reihe von Verfahrensregeln, die die Forschung zu beachten hatte, wenn ihre Aussagen als wissenschaftlich gültig akzeptiert werden wollen.«[41]
Die Paläo-SETI-Forschung mag hier einen großen Nachholbedarf aufweisen. Aber für die klassischen Wissenschaften wie für die Paläo-SETI-Forschung sollte es festzustellen gelten, »in welchem Maße es einer bestimmten Disziplin in einer bestimmten Epoche gelingt, eine möglichst vollständige Erkenntnis ihres Forschungsgegenstandes zu erreichen. Wenn wir die Ergebnisse in diesem Rahmen analysieren, dann nimmt die Frage nach den Grenzen dessen, was in der historischen Forschung wissenschaftlich ist, einen anderen Charakter an. (...) Wir haben es hier folglich mit Grenzen zu tun, die als dynamisch und – wie die absolute Wahrheit – zugleich als nicht voll erreichbar betrachtet werden müssen. Bestenfalls kann man sich den Grenzen dessen, was als wissenschaftlich gelten kann, annähern. Das Erkennen dieser Grenzen ist jedoch bedingt durch den Grad der über den Forschungsgegenstand, das heißt den Geschichtsprozeß, gewonnenen Erkenntnis. (...)
Derartige Selbsterkenntnis ist unseres Erachtens erforderlich, wenn uns eine immer größere Annäherung an die gesagten Grenzen der Wissenschaftlichkeit gelingen soll und wenn wir auf unserem Weg der Wahrheit ein Stück näherkommen wollen.«[42]
Auf dem Weg zur Wahrheit sollten also alternativ diskutierte

Modelle unserer Vergangenheit nicht von vornherein abgelehnt werden, nur weil das Instrumentarium noch nicht dem derzeit gültigen Standard entspricht.

Wenn sich mehr Wissenschaftler als bisher auch dem Anliegen der Paläo-SETI widmen würden, könnte dieses Manko schon bald überwunden sein.

WILLI GRÖMLING

Herrschergeschlechter – Göttergeschlechter?

Außerirdische Besucher in der Vergangenheit; deren Kontakte mit Menschen; Relikte oder auch kulturelle Botschaften dieser »Götter« – solche und ähnliche Theorien sind bekannt, werden kontrovers diskutiert und gehören mehr oder weniger noch zum Bereich dessen, was die konventionelle Forschung akzeptieren kann. Jenseits dessen steht aber die Behauptung, jene »Fremden« hätten genetisch unmittelbar auf den Menschen, auf einzelne Familien oder gar auf Völker eingewirkt. Wo die Vorstellungskraft aufhört, kommen die Belege zum Tragen, vor allem jene historischer Art. Und es gibt sie – nahtlos bis zur Gegenwart, bis zu den aktuellen und dramatischen Berichten der UFO-Entführungsopfer über Tausende von Experimenten.

Liest man konzentriert die Quellen von der Zeit des Endes des Römischen Reiches bis zum Spätmittelalter, so stechen derart viele »Kuriositäten« ins Auge, daß man einen ganzen Katalog von Fakten erstellen könnte, die sich nicht in die jeweilige Kultur und Zeit einordnen lassen. Diese seltsamen Beobachtungen oder auch Traditionen haben aber Bezug zu den Welten der alten Hochkulturen, wo, klarer und noch nicht durch die Dogmatik der christlichen Kirche überdeckt, vom Einfluß der Götter gesprochen wird.

Folgen wir den meist indirekten Spuren jener »Götter« quer durch die Epoche, die die »dunkle« genannt wird. Beginnen wir unsere Betrachtungen vor dem Mittelalter, in der Zeit der Merowinger.

Gérard de Sède, ein Autor, der sich vor allem mit dem geheimen Wissen der Templer beschäftigt hat, wies mir die Richtung.[1]

Für die Zeit der Merowinger sind vor allem die »Zehn Bücher Fränkischer Geschichte« des Gregor von Tours wichtig. Der 538/39 geborene spätere Bischof von Tours gibt uns darin über die Anfänge des Merowingerreichs bis 591 Auskunft. Daneben existiert die sogenannte »Fredegarchronik«. Bei diesem im 7. Jahrhundert n. Chr. entstandenen Werk handelt es sich um eine Darstellung der fränkischen Geschichte bis 768 n. Chr.[2]

Bereits der Ursprung der Dynastie der Merowinger ist mehr als rätselhaft. So glaubten sie unter anderem von Noah abzustammen.[3]

Wir kennen die biblischen Geschichten, die sich um Noah und die Sintflut ranken, um die Kultur der Juden und die Geschichten ihrer Propheten, die in direktem Kontakt mit Gott und seinen Engeln standen.[4]

Wie auch immer man Gott und die Engel interpretiert – es tauchen in diesem Kulturkreis permanent Geschichten auf, die konkrete technische Gegenstände zum Inhalt haben, die von Gott und seinen Heerscharen stammen sollen. Die Bundeslade ist nur ein Beispiel dafür. Auch die Erscheinungen der Himmlischen (beispielsweise im Bericht des Propheten Ezechiel) sind »high-tech«. Spuren der Außerirdischen? Wenn ja – gerade mit jenem semitischen Kulturkreis identifizierten sich die Merowinger und führten ihre Abstammung darauf zurück.

Den »Dossiers secrets« zufolge, die aus einer größeren Anzahl zusammenhangloser Einzelstücke wie Zeitungsausschnitten, Briefen, genealogischen Tafeln und losen Blättern aus Büchern bestehen und sehr umstritten sind,[5] sollen sich Angehörige des jüdischen Stammes Benjamin mit dem arkadischen Königsgeschlecht verbunden haben und zu Beginn der christlichen Zeitrechnung die Donau entlang und rheinabwärts gewandert sein. Sie hätten sich im Gebiet zwischen Mosel, Rhein und Maas niedergelassen und in germanische Stämme eingeheiratet.[6] Zu diesen gehörten auch die fränkischen Sugambrer, die direkten Vorfahren der Merowinger.

Daß semitische Einflüsse bei den Merowingern mitgespielt haben könnten, läßt sich heute an etlichen Ortsnamen, vor allem im Gebiet um das französische Stenay, einem der Hauptzentren merowingischer Macht, in der Nähe von Verdun, erkennen. Vor allem fällt hier der Name des Dörfchens Baalon auf, in dem sich der semitische Gott Baal verbirgt, der oft Luzifer gleichgesetzt wird.[7] Ganz besonders mysteriös wird es, wenn wir uns mit den Königen der Merowinger beschäftigen. Der erste historisch nachweisbare Herrscher ist der in den zwanziger und dreißiger Jahren des 5. Jahrhunderts n.Chr. lebende Chlodio.[8] Aber nicht nach ihm, sondern nach Merowech wurde die Dynastie der Merowinger benannt. In der »Fredegarchronik« wird uns über seine Herkunft eine außergewöhnlich seltsame Geschichte berichtet.

So soll nämlich der Stammvater des Merowingergeschlechtes, Merowech, von zwei Vätern gezeugt worden sein, ein Phänomen, das uns nicht nur aus dem Alten Testament, sondern auch aus der Mythologie bekannt ist. Denkt man in diesem Zusammenhang noch an die künstlichen Befruchtungen, die angeblich von UFO-Besatzungen vorgenommen worden sind, so erscheint das oben Berichtete gar nicht mehr so unglaublich ...

Die Beispiele ließen sich zudem beliebig vermehren. Diese Geschichten haben sich rund um die Erde abgespielt, es muß also ein Kern Wahrheit in ihnen vorhanden sein! Solche Legenden können nicht nur in der Phantasie entstanden sein. So geht auch aus einem Brief des englischen Bischofs Daniel aus Winchester hervor, daß es zu Vereinigungen von Göttern mit irdischen Frauen gekommen sei. Er schrieb um 725 n.Chr. an Bonifatius, den Apostel der Deutschen, und gab ihm Ratschläge zur Heidenbekehrung. Bonifatius müsse den Heiden klarmachen, daß Götter, die Kinder zeugen, nur Menschen sein könnten, weil nur sie dazu fähig seien.[9]

So beriefen sich zum Beispiel tibetanische, japanische, äthiopische und altägyptische Könige auf ihre himmlische Abstammung. Und wenn wir das mehrbändige katholische renommierte »Lexikon für Theologie und Kirche« unter dem Stichwort »Merowech« aufschlagen, lesen wir die lapidaren Worte: »Merowech, dem man göttliche Abstammung zuschrieb.«[10]

Rätselhaft − nicht nur bei den Nachfolgern der Merowinger − ist die Bedeutung und Wirkung des Salböls, das bei Taufe und Inthronisation eine entscheidende Rolle spielte.

Das Geschlecht der Merowinger führte sich selbst und ihre Traditionen auf den jüdischen Kulturkreis zurück. Bewahrten sie auch geheimstes Wissen um Geräte wie die Bundeslade? (Quelle: Bibelillustration zur Bundeslade, Archiv Dopatka)

Aus der Zeit Chlodwigs I., Merowechs Enkel, wird direkt von einer göttlichen Gabe berichtet. Eine Fabel? Symbolik? Wundertätigkeiten, Weisheit und göttliche Eingebungen wurden der Wirkung dieses Öls zugeschrieben. Hatten außerirdische Besucher – die über Jahrhunderte und Jahrtausende die Menschheit besuchten – Interesse daran gehabt, bestimmten Personen oder Herrschergeschlechtern bestimmte Relikte, Medikamente oder andere Substanzen zu geben?

Wenn dem so war – kann dies ein Indiz dafür sein, daß diese »Eingeweihten« mit den Göttern »verwandt« waren, oder waren sie »lebende Experimente«? Die Haartracht galt bei den Merowingerkönigen als Zeichen der Würde, fast so wie beim biblischen Samson.[11]

Aber nicht nur die Haare scheinen bei den Merowingern eine große Bedeutung gehabt zu haben, sondern die Merowingerherrscher hatten darüber hinaus ein weiteres, außerordentlich mysteriöses Erkennungszeichen, das sie von gewöhnlichen Menschen unterschied.

Hierüber berichtet uns der griechische Historiker Theophanes in seiner um 814 n. Chr. verfaßten »Chronographia«, einer Geschichtsdarstellung in Form einer Weltchronik. Er schreibt, daß die Merowinger entlang der Wirbelsäule Schweinsborsten gehabt hätten.[12] Vielleicht war das ein Erbteil, das ihnen Merowech vermacht hatte. Obwohl die Borsten bestimmt nicht schön anzusehen waren, sind die Merowinger darauf sehr stolz gewesen. Und über dieses sonderbare Merkmal wußte man selbst in Byzanz Bescheid.

In diesem Zusammenhang verweist de Sède auf die größte erhaltene altenglische Heldensage aus dem 8. Jahrhundert n. Chr.[13] Hier wird uns die Geschichte des sagenhaften Gotenkönigs Beowulf erzählt.[14] In diesem Heldenlied werden Krieger mit Frischlingen verglichen, die die Wacht halten,[15] und den Fürsten nennt man Eofor, was im Nordischen soviel wie Eber bedeutet.[16] Auch ein Ungeheuer kommt vor, das uns an Merowech und seine Herkunft denken läßt. Es heißt Grendel, sieht aus wie ein Mann, überragt alle anderen und wohnt auf dem Grund eines Meerarmes.[17]

Die Merowinger waren aber nicht nur an den langen Haaren und den Schweinsborsten auszumachen, sondern es existierte, wie de Sède schreibt, ein drittes Unterscheidungsmerkmal, das sogar vererbt wurde und mit dessen Hilfe man schon bei der Geburt ein Kind als Mitglied der Merowingerdynastie erkennen konnte: Auf der Haut befand sich meistens in der Nähe des Herzens ein roter Fleck in Form eines Kreuzes.[18]

Die Hypothese, daß Außerirdische ihre Hand mit im Spiel hatten, wird vielleicht auch dadurch wahrscheinlicher, daß zur Zeit der Merowinger immer wieder Himmelserscheinungen zu beobachten waren, die man heute möglicherweise als Unidentifizierbare Flugobjekte, also UFOs, bezeichnen würde. Wenn es aber tatsächlich UFOs waren, so fragt man sich, was eine tech-

Bei der Salbung König Clodwigs I. sei als Geschenk des Himmels ein besonderes Salbungsöl durch eine Taube gebracht worden. Nur ein christliches Symbol – oder stammte dieser Wirkstoff, dem magische Eigenschaften zugeschrieben wurden, aus anderen Quellen? (Quelle: Willi Grömling)

nisch hochentwickelte Zivilisation aus dem Weltraum in der Welt des Mittelalters zu suchen hatte, es sei denn, sie wollte sich über das Schicksal ihrer Abkömmlinge informieren.

In der »Fredegarchronik« zum Jahr 586 heißt es: »In jenem Jahr erschien ein Zeichen am Himmel: Eine feurige Kugel fiel funkensprühend und zischend zur Erde nieder.«[19] Wenig später wird über die Jahre 599 und 600 n.Chr. berichtet: »Im 5. Jahre König Theuderichs erschienen am westlichen Himmel wiederum dieselben Zeichen, die man in dem früheren Jahre gesehen hatte, feurige Kugeln, welche sich am Himmel bewegten, und viele Lanzen von Feuer.«[20]

Neben der »Fredegarchronik« können wir ähnliches auch in den »Zehn Büchern Fränkischer Geschichte« des uns schon bekannten Bischofs Gregor von Tours lesen. So berichtet er beispielsweise über das Jahr 583: »Im 8. Jahre König Childeberts senkte sich zu Tours am 31. Januar, einem Sonntage, ... bei bewölktem Himmel unter Regen eine große Feuerkugel vom Himmel und durchlief einen großen Raum in der Luft. Sie verbreitete ein solches Licht, daß man alles wie am Mittag erkennen konnte. Dann trat sie hinter eine Wolke, und es entstand tiefes Dunkel.«[21]

In diesem Zusammenhang darf auch der erste große englische Geschichtsschreiber, der Benediktinermönch Beda Venerabilis, der von 672/73 bis 735 n. Chr. lebte, nicht vergessen werden. Er berichtete im Jahre 731 in seiner »Historia Ecclesiastica Gentis Anglorum«, die als erster Versuch einer zusammenhängenden Geschichtsdarstellung Englands gilt, über fünf verschiedene Erscheinungen von Flugobjekten.[22] Solche Berichte reißen in dieser Zeit nicht ab. Etliche Jahrzehnte nach Beda, als bereits das Geschlecht der Karolinger das der Merowinger abgelöst hatte, heißt es in den »Annales Laurissenses«, daß während der Belagerung der Sigiburg durch die Sachsen plötzlich ein wundersamer Feuerschein wie von zwei feurigen Schilden sich über der Kirche gezeigt und die Heiden in die Flucht geschlagen habe.[23]

De Sèdes Hypothese, daß Abkömmlinge von Außerirdischen einst über das Frankenreich herrschten, scheint vor aber allem auch durch eine Geschichte gestützt zu werden, die uns Jacques-Paul Migne, der größte französische Verleger theologischer

Werke im 19. Jahrhundert, in seiner vielbändigen, lateinisch verfaßten »Patrologia« berichtet.[24] (Unter dem Begriff »Patrologia« versteht man übrigens in der Wissenschaft ganz allgemein die Forschungsrichtung, die sich mit den christlichen Schriftstellern und ihren Gegnern befaßt.)[25]

In dieser »Patrologia« von Migne findet sich unter anderem ein Text, in dem es heißt, daß man bei Lyon gesehen habe, wie drei Männer und eine Frau aus einem Raumschiff gestiegen seien, daß man sie einige Tage in Ketten gelegt, darauf dem Volk zur Schau gestellt und schließlich zu Tode gesteinigt habe.

Diese Geschichte greift der im 9. Jahrhundert n. Chr. lebende Erzbischof von Lyon, Agobard, auf, um den allgemeinen Aberglauben der Bevölkerung zu verurteilen. Und des Erzbischofs Wort und seine Autorität beendeten jede weitere Diskussion.[26]

Natürlich ist es für die Menschen unserer Tage schwer, aus den Texten herauszufiltern, was sich tatsächlich in früherer Zeit abgespielt hat. Und je weiter das Geschehen, über das berichtet wird, zurückliegt, desto schwieriger wird es für den Forscher. Dennoch ließen sich immer wieder Menschen von solchen Schilderungen, wie sie in der »Patrologia« von Migne aufgeführt werden, faszinieren und versuchten, die Spreu vom Weizen zu trennen.

So haben sich mit diesem Vorfall, der sich 812 n. Chr. abgespielt haben soll, auch in unserer Zeit mehrere Personen beschäftigt. Zu ihnen zählt der Diplomphysiker Illobrand von Ludwiger, der diese Geschichte in den Bereich der Phantasie verweist.[27] Er führt dazu unter anderem einen Text an, den der Abt Augustinus Calmet im Jahre 1751 verfaßt hat.

Dort heißt es: »Andere versicherten: es seye ein gewisses Land Magonia genannt, aus welchem die Hexenmeister mit Schiffen durch die Luft kommen und die Baumfruechten, die sie zuvor von denen Baeumen faellen, darauf in ihr Land ueberfuehren: man habe ihm auch einstens drey Maenner und ein Weib vorgefuehrt und gesagt: sie seien aus einem solcher fliegenden Schiffe gefallen. Nachdem man sie aber einige Tage gefeßelt und danach ihre Anklaeger gegen sie verhoert; haben diese bekennen muessen, sie wissen nichts eigentliches von der Sach.«[28]

Hierzu schreibt der Naturwissenschaftler Dr. Johannes Fiebag, der diese Textstelle in seinem Buch »Die Anderen« ebenfalls zitiert: »Ist das ein Grund, der Geschichte nicht zu glauben? Unter der Folter gemachte Aussagen sind völlig wertlos, damals wie heute. Mich wundert es nicht, daß sie ihre Aussagen zurückzogen; schließlich hatten sie davon keinen Schaden, und das Schicksal all jener Getöteten, die entweder bei ihrem Bericht geblieben waren oder keine Gelegenheit mehr zum Widerruf hatten, wird sie auch nicht gerade ermutigt haben.«[29] Dieser Feststellung schließe ich mich voll und ganz an.

Auch der in Frankreich geborene Dr. Jacques Vallee, seines Zeichens Astrophysiker und Computerwissenschaftler, der früher beim US-Verteidigungsministerium für Computernetzwerke zuständig war, beschäftigt sich mit dem Vorfall von 812.[30] In seinem Werk »Dimensionen« führt Vallee, der – wie auch Illobrand von Ludwiger und Johannes Fiebag – in der seriösen UFO-Forschung als Autorität gilt, jene Geschichte an. Er kommt zu dem Schluß, »daß es in der westlichen Kultur schon im 9. Jahrhundert den Glauben an eine Region des Universums gab, aus der diese Schiffe gesegelt kamen, und daß auch irdische Männer und Frauen die Möglichkeit hatten, mit ihnen zu reisen.«[31] Es könnten weitere Berichte angeführt werden.

Angesichts der oben angeführten Zitate, vor allem angesichts des Migne-Textes erscheint die Möglichkeit, daß Merowech, der Stammvater der Merowinger, der Nachkomme einer Verbindung eines Außerirdischen mit einer Menschenfrau war, gar nicht mehr so unwahrscheinlich.

Ob wohl deshalb die Aussage Gérard de Sèdes, daß einst Abkömmlinge von Außerirdischen über das Frankenreich geherrscht haben könnten, stimmt? Die Forschungsergebnisse der kommenden Jahre werden es zeigen. Vieles ist hier denkbar, da die Grablagen der meisten Merowingerkönige noch nicht bekannt sind.[32]

SERGIUS GOLOWIN

Die Pforte zu anderen Welten im Alpenraum

Seit wenigen hundert Jahren gibt es Geschichtsforschung; seit wenigen Jahrzehnten erst bedient sie sich wissenschaftlicher, analytischer Methoden. Und nur langsam lernen wir anzunehmen, daß bereits die alten Zivilisationen der Antike ein Wissen besaßen, welches wir eigentlich nur unserem eigenen, technologischen Zeitalter zutrauen. Das Wissen der alten Völker war in den alten Großreichen elitär, war Priesterkasten und wenigen anderen Eingeweihten vorbehalten. Besonders geheimnisvoll wurde es, wenn es um die Ursprünge alles Seins ging: Exakte astronomische, medizinische, technologische, aber auch philosophische Kenntnisse wurden nur den Göttern zugeschrieben. Vieles von den Weisheiten ging verloren, einiges aber wurde von den Gelehrten des Mittelalters bewahrt.

Ein besonders weiser Philosoph war Paracelsus von Einsiedeln, der von 1493 bis 1541 lebte. Seine Mitmenschen verehrten ihn wegen seiner Fähigkeiten als Arzt. Zugleich aber bemühte sich Paracelsus als Religionsphilosoph, den Menschen mit seinen Thesen und Erkenntnissen über dieses schreckliche Jahrhundert hinwegzuhelfen, das den deutschen und böhmischen Ländern Seuchen, Kriege und Revolutionen brachte. Im Dreißigjährigen Krieg (1618 bis 1648) schätzt man die Zahl der Opfer auf über 20 Millionen. Für die wahren »Ärzte« in jenen schweren Zeiten hielt er diejenigen, denen es gelang, den Mitmenschen mittels alter und neuer Spiele und Geschichten einen Teil ihrer Lebenslust zu erhalten.

Darüber hinaus aber verfügte Paracelsus nach eigenen Angaben über Informationen aus alten Quellen, die ihm ein »kosmisches

235

Weltbild« vermittelten. Konnte, sollte er dieses Wissen einer breiteren Schicht von Mitmenschen zugänglich machen? Er erkannte vermutlich, daß seine Epoche wohl kaum in der Lage war, solche tieferen Weisheiten in Allgemeinwissen umzuwandeln. Deshalb beschloß er, Schüler und Nachfolger auszubilden, die fortan als »Fahrende Schüler« (im 16. und 17. Jahrhundert nannten sie sich »Rosenkreuzer«!) durch die Welt zogen und seine Ideen – aber auch sein Wissen um die alten Quellen – weitergaben. Diese Leute versuchten, ihren Zuhörern ein kosmisches Gefühl schon ganz in unserem heutigen Sinne zu vermitteln. Dieses Ziel zu erreichen war ihr Lebensinhalt, und man kann sich leicht vorstellen, unter welch ärmlichen Bedingungen und Verfolgungen sie oft ihr Leben fristeten. In diesem Zusammenhang ist eine kleine Geschichte bekanntgeworden, die unter anderen auch der deutsche Dichter Hans Jakob Christoffel von Grimmelshausen aufgeschrieben hat: Einige »Fahrende Schüler« zechten einst ausgiebig in einem Wirtshaus. Nach einer Woche präsentierte ihnen die Wirtin die Rechnung. Statt zu zahlen, fragten die Männer die gute Frau, ob sie die philosophischen Thesen von Platon und Sokrates kenne. Sie erzählten von der Sonne, die alle 2000 Jahre in ein anderes Tierkreiszeichen wandert. So sei sie vor Christi Geburt im Widder gestanden, nun befinde sie sich bei den Fischen und in ein paar hundert Jahren stehe sie im Wassermann. Platon habe nun gesagt, es könne gar nicht so viele Geschichten und Ereignisse unter uns Sterblichen geben, daß sie sich nicht alle paar tausend Jahre wiederholten. Wenn also die Sonne alle zwölf Tierkreiszeichen durchwandert habe, sei praktisch alles geschehen, und alles fange wieder von vorne an. Diese ewige Wiederkehr des Gleichen wollten die »Fahrenden Schüler« nun auch auf ihre Zecherei beziehen. Auch sie seien vor Tausenden von Jahren schon einmal bei dieser Wirtin gewesen, hätten gezecht und würden dies auch in etlichen tausend Jahren zwangsläufig wieder tun. Nur seien sie diesmal etwas knapp bei Kasse – ob sie ihre Rechnung nicht beim nächsten Besuch begleichen könnten? Die Wirtin hatte die Philosophie verstanden, das war ihrer Antwort zu entnehmen. Sie willigte nämlich ein, daß die Männer die jetzige Zeche erst in vielen tausend Jahren zu bezahlen brauch-

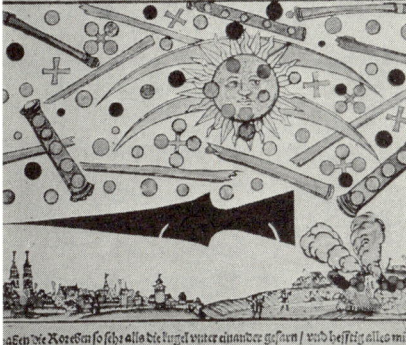

Wie dieses mittelalterliche Flugblatt aus Nürnberg beweist, waren rätselhafte Himmelserscheinungen nicht nur in der Antike ein Thema (Quelle: Archiv Dopatka)

7. August 1566 – Basel in Aufregung. Was steckte hinter den Kugeln, die am Himmel erschienen? Hüteten die Gelehrten dieser Zeit geheimes Wissen? (Quelle: Archiv Dopatka)

ten – sie bestand aber darauf, daß sie diesmal ihre Rechnung vom letzten Besuch begleichen sollten ...

So humorvoll diese Geschichte auch ist: Sie beweist, daß den Schülern des Paracelsus das antike Wissen um große astronomische, kulturgeschichtliche Zyklen bekannt war. Ein Wissen, das auch heute in der Naturwissenschaft, der Geschichte und Philosophie eine große Rolle spielt.

Waren also die Gelehrten des Mittelalters oft die Träger und Vermittler von den Erkenntnissen antiker und sogar vorzeitlicher Zivilisation, so läßt sich feststellen, daß im Laufe der Jahrhunderte auch andere Personen, Geheimbünde oder sonstige »geschlossene« Gesellschaften über ein erstaunliches Wissen in dieser Hinsicht verfügten. Häufig wurden dabei »die Götter« verantwortlich gemacht für die kulturelle Entwicklung des Menschengeschlechts. Ein Beispiel für solch einen Personenkreis sind die fahrenden Völker, die umgangssprachlich unter »Zigeuner« zusammengefaßt werden.

Diese haben die wunderschöne Vorstellung, daß die beweglichen Sterne Mitglieder ihrer Volksgemeinschaft sind. Alle Völker seien irgendwie »von den Sternen« gekommen, und nun wandelten sie auf Erden, um das Land zu suchen, in dem sie ihre Herkunft am besten begreifen können. Jedes Land sei deshalb für irgend jemanden »sein« Land, »seine« Heimat und »sein Tor zur Ewigkeit«.

Solche Legenden und Sagen gibt es weltweit. Besonders aber im alpenländischen Raum sind Quellen verbreitet, die uns davon erzählen, daß fremde Wesen die Menschheit seit jeher begleiten. Auch wenn diese Erzählungen oft nebelhaft formuliert oder märchenhaft ausgeschmückt sind, so enthalten sie in ihrem Kern uraltes Wissen. Aus »Göttern« werden »Elfen«, aus »himmlischen Geräuschen« (was immer dies gewesen sein mag) wird »Sphärenmusik«. Abermals ein Beispiel: In einigen bayerischen Sagen werden die Elfen als wunderschöne Wesen dargestellt, die von »oben oder unten« kommen. Und in vergangenen Zeiten besuchten viele Bayern jene Orte, an denen manchmal um Mitternacht die Sphärenmusik erklang – man glaubte, »die Sterne zu hören«. In diesen besonderen Momenten waren dann auch die Elfen zu sehen ...

Zwischen dem 15. und 18. Jahrhundert, zur Zeit der Hexenverfolgungen, sind solche Geschichten natürlich nicht öffentlich geduldet worden. So schrieb etwa um 1700 ein Gelehrter sinngemäß, die Begegnung mit diesen Geschöpfen der anderen Welten sei sehr interessant, aber er könne natürlich keinen Zeugen öffentlich beibringen, da die Gefahr bestünde, daß der Zeitgenosse auf dem Scheiterhaufen lande.

Im Grunde genommen waren die Sagen und Märchen eine Art »verborgene Naturwissenschaft«, über die man nicht offen reden konnte. Der große italienische Philosoph Giordano Bruno, der um 1600 die These lehrte, daß es auf anderen Sternen Lebewesen gebe und daß die alten Völker viel mehr von den Sternen verstanden hätten, ist wegen solcher kühnen Gedanken schließlich hingerichtet worden. Auch er pries im übrigen den großen »Alpenarzt« als seinen begnadeten Vorläufer.

In alten Schriften ist der Alpenraum als ein Gebiet beschrieben worden, das von wunderbaren »Lichterscheinungen« erfüllt sei. Verbergen sich hinter solchen Umschreibungen Wahrheiten? Natürlich gibt es unendlich viele Lichterscheinungen »natürlichen« Ursprungs. Wie wir aber in unserer heutigen Zeit und Zivilisation sehen, wimmelt es jede Nacht auch von künstlichen Lichterscheinungen. Wie eindrucksvoll müßte also in früheren Tagen zum Beispiel das Brummen eines Flugzeugs am Nachthimmel gewesen sein, seine Positionslichter, seine Scheinwerfer! Noch ist die Frage offen, welcher Natur die mittelalterlichen Lichterscheinungen waren ...

Und wenn damals schon Lichter für Verwirrung sorgten – wie hätten wohl die Menschen einer Zivilisation, die selber noch lange nicht so weit entwickelt war, auf den Anblick eines Flugzeugs reagiert, auf einen Hubschrauber, einen großen Bagger? Man kann sich leicht vorstellen, daß diese Dinge von den erstaunten und erschrockenen Menschen jener Zeit als schnaubende Drachen bezeichnet worden wären!

Die Schweiz galt als sogenanntes »Drachenland«. Für den gebildeten Jesuitenpater Athanasius Kircher war sie im 17. Jahrhundert ein Land voller unerforschter Geschöpfe. Unter diesen »Drachen« darf man sich aber nicht irgendwelche Dinosaurier vorstellen, die Millionen von Jahren überlebt haben. Vielmehr wurden die Drachen als Geschöpfe aus Feuer und Flammen dargestellt. Interessanterweise werden sie in den alten Schriften aber nicht als etwas Magisches oder Mythisches gesehen. Man nahm statt dessen an, daß sie unter stellarem Einfluß entstanden seien und daß sie den Menschen sogar helfen könnten. Auch glaubte man, daß sich diese Drachen nachts in Gestalt einer »feuerflammenden« goldenen Scheibe mit einer ungeheuren Geschwindigkeit über den Himmel bewegten, schließlich an einer bestimmten Stelle stehenblieben und den Menschen und Tieren, die an jener Stelle auf der Erde lebten, »Glück und Gesundheit« brachten.

In vielen Sagen wird geschildert, daß die Menschen, die eine wie auch immer geartete Erscheinung wahrnahmen, daraufhin in Ohnmacht fielen. Dieses Ausschalten des Verstandes beim Erscheinen der »Feuerkugeln« findet in modernen Berichten über »fliegende Lichter« oft erstaunliche Entsprechungen.

Ein Beispiel aus alten Luzerner Aufzeichnungen. Dort wird von einem Bauern aus dem 15. Jahrhundert berichtet, der eine merkwürdige Feuererscheinung erlebte. Er sah einen »feurigen Drachen«, offenbar in Form eines feurigen Streifens oder Wirbels. Der Bauer fiel in Ohnmacht, und als er wieder erwachte, fand er neben sich eine runde, handtellergroße Kugel. Eine merkwürdig glänzende Kugel mit gezeichneten dunklen Polen! Rund um die Mitte zog sich eine helle Zone, in der sechs seltsame Flächen eingezeichnet waren. Diese Kugel sah also eindeutig aus wie ein einfacher Erdglobus. Nun begann ein Gelehrtenstreit um das, was man auch »Drachenei« nannte. Die einen sagten, es sei ein Meteoritenstein, andere hielten es für einen Schwindel, einen Kunstgegenstand. Wiederum andere behaupteten, daß dieser Gegenstand großen Einfluß auf die Gesundheit haben könnte. Alle Versuche von Königen und reichen Republiken, das Objekt zu erwerben, schlugen fehl. Die Stadtväter von Luzern gaben das »Drachenei« nicht her. Interessanterweise ist der Streit um die Bedeutung dieses Objekts bis heute nicht beendet. Es landete zuletzt in der wertvollen mineralogischen und geologischen Abteilung des Natur-Museums in Luzern. Und auch heute noch gehen Leute dorthin, um den Einfluß oder die Kraft der Kugel auf sich wirken zu lassen. Die fachlichen Untersuchungen ergaben eine eigenartige radioaktive Strahlung des Gegenstandes.

Paracelsus hat einmal gesagt, daß wir von der göttlichen Schöpfung nicht mehr verstehen können als die Maus vom Menschen. Auch wir werden niemals alle Rätsel des Kosmos lösen können – aber wir können Wunder um Wunder entdecken. Deren Erforschung macht Spaß – und das ist, wie wir von Paracelsus gelernt haben, in Krisenzeiten das wichtigste!

VLADIMIR V. RUBTSOV

Das Rätsel des Tunguska-»Meteoriten«

Am sonnigen Morgen des 30. Juni 1908 flog ein leuchtender Raumkörper unbekannter Herkunft über Zentralsibirien in nordwestliche Richtung. Der Körper wurde in vielen Siedlungen der Region gesehen, und sein Flug wurde von donnerähnlichen Geräuschen begleitet.

Obwohl diese Gegend nur wenig bevölkert ist und zudem eine systematische Sammlung der Augenzeugenberichte erst in den zwanziger Jahren begann, sind wir heute im Besitz von mehr als 500 schriftlichen Aussagen, die mehr oder weniger detaillierte Beschreibungen des Flugkörpers enthalten. Seine Form wurde meist als rund, kugelförmig oder zylindrisch beschrieben, seine Farbe als rot, gelb oder weiß. Es gab keine Rauchspur, die typisch ist für große Eisenmeteroite, aber viele Zeugen sahen hinter dem Körper lebhaft schillernde Bänder, die einem Regenbogen ähnelten.

Als der Körper um 7 Uhr, 13 Minuten und 35 Sekunden Ortszeit über das Gebiet mit den Koordinaten 60°53' N, 101°54' E flog (nicht weit vom Podkamennaya-Tunguska-Fluß), explodierte er mit einer Sprengkraft von 10 bis 40 Megatonnen TNT. Die Explosion war von einem hellen Blitz und einer mächtigen Druckwelle begleitet. Im Jahre 1927 erinnerte sich S. B. Semenow, der damals in der kleinen Handelsstation Wanawara etwa 70 Kilometer südwestlich des Epizentrums der Explosion lebte: »Ich saß auf den Stufen meines Hauses und blickte nach Norden ... Plötzlich öffnete sich der Himmel, und es erschien ... ein Feuer, das sich über den gesamten nördlichen Teil des Firmaments erstreckte. In diesem Moment fühlte ich eine intensive Hitze, als würde mein Hemd Feuer fangen. Ich wollte mein

Hemd ausziehen und es wegschleudern, aber genau da schloß sich der Himmel wieder, und ein kräftiger Schlag warf mich die Treppen hinunter ... ich wurde bewußtlos, aber meine Frau rannte aus dem Haus und half mir aufzustehen ... nach dem Schlag begann ein sehr lautes Klopfen – als würden Steine vom Himmel fallen ...«[1]

Das Geräusch der Explosion wurde noch 1200 Kilometer von ihrem Epizentrum entfernt gehört, und in einem Umkreis von 200 Kilometer brachen auf den Nordseiten der Häuser die Fensterscheiben. Die seismische Welle wurde in Irkutsk, Taschkent, Tbilisi und Jena aufgezeichnet. Die Schockwelle der Explosion machte mehr als 2000 Quadratkilometer dem Erdboden gleich, und über einem Gebiet von 200 Quadratkilometern wurde die Vegetation von dem Blitz verbrannt. Dem folgte ein größerer Waldbrand.

Etwa sechs Minuten nach der Explosion kam es zu einem örtlichen Magnetsturm, sehr ähnlich den geomagnetischen Störungen nach Nuklearexplosionen in der Atmosphäre. Er wurde vom Magnetischen und Meteorologischen Observatorium in Irkutsk entdeckt. Der Sturm dauerte vier Stunden.

Am Morgen des 1. Juli wurden über einem beträchtlichen Teil Eurasiens intensive atmosphärische Anomalien beobachtet – mesophärische (silbrige) Wolken, helles Zwielicht, sehr lange Sonnenhalos usw.

Selbst aus dieser kurzen und vereinfachten Beschreibung des Tunguska-Phänomens kann man sein reales Ausmaß erkennen. Um so interessanter ist es, daß es keinerlei ernsthafte Reaktionen seitens der Wissenschaft jener Jahre darauf gegeben hat. Obwohl einige Wissenschaftsjournale die merkwürdigen atmosphärischen Anomalien diskutierten, wurde dem außergewöhnlichen Ereignis keine weitere Beachtung geschenkt. Nur einige örtliche sibirische Zeitungen publizierten Augenzeugenberichte. Die Journalisten vermuteten, daß ein riesiger Meteorit in die Taiga gefallen war.

Der Direktor des Magnetischen und Meteorologischen Observatoriums von Irkutsk, A. V. Voznesensky, stellte allerdings fest, daß das merkwürdige Erdbeben, das von den Instrumenten des

Observatoriums aufgezeichnet wurde, etwas mit dem feurigen Körper zu tun haben mußte, der in den Zeitungsberichten beschrieben wurde. Durch Berechnungen der Seismogramme schätzte er die Koordinaten des »Meteoriten«-Absturzes: 60°16' N, 103°06 E, um 7 Uhr, 11 Minuten und 11 Sekunden Ortszeit. Leider wurden diese Ergebnisse nicht vor 1925 veröffentlicht.[2] Für länger als ein Jahrzehnt war der Tunguska-»Meteorit« tatsächlich vergessen.

Selbst heute, beinahe 90 Jahre nach dem Ereignis, liegen noch viele wichtige Einzelheiten des Phänomens im dunklen. Wir wissen weder sicher, wie viele Körper daran beteiligt waren, noch, wie viele Explosionen sich ereigneten. Es ist noch nicht einmal klar, ob wir das Wort »Explosion« hier in seiner eigentlichen Bedeutung verwenden können oder ob es nicht besser wäre, den Ausdruck »eine explosionsähnliche Energiefreisetzung« zu verwenden. Wie kompliziert und ungewöhnlich das Tunguska-Phänomen war, wurde erst nach vielen Dekaden aktiver Nachforschungen in diesem Gebiet erkannt.

Anfangs jedoch schien die Situation mehr oder weniger klar zu sein. Im Jahr 1921 kamen erneut Informationen über den Tunguska-Absturz ans Licht, als sich eine Expedition der Russischen Akademie der Wissenschaften unter der Leitung von L. A. Kulik bemühte, Daten über verschiedene Meteoriten zu sammeln. Es war für sie keine Frage, daß es ein riesiger Meteorit aus Stein oder Eisen gewesen sein mußte, und deshalb wurden in der Folge verschiedene gut ausgerüstete Expeditionen nach Zentralsibirien geschickt.

Selbst als unmittelbar nach der Entdeckung des vernichteten Waldes herausgefunden wurde, daß am Epizentrum der Explosion die Bäume noch aufrecht standen und daß kein Zeichen eines Meteoritenkraters zu finden war, wurde dieser Tatsache keine Aufmerksamkeit geschenkt. Vielmehr nahm man jetzt an, daß es einen Meteorschauer gegeben haben mußte, der durch die Zerstörung des eigentlichen Körpers aufgrund des Luftwiderstandes in einer bestimmten Höhe oberhalb der Erdoberfläche entstanden war. Der Wald hingegen sei von einer ballistischen Welle des kollabierten Körpers dem Erdboden gleichgemacht worden. L. A. Kulik hielt irrtümlicherweise Thermokarstlöcher für meteoritische Löcher – doch niemand sollte ihn dafür tadeln: Als bedeutender Spezialist für Meteorite suchte er nach einem Meteoriten und nach nichts anderem.

Dennoch begannen im Laufe der Zeit einige Wissenschaftler an der Meteorhypothese zu zweifeln. Trotz intensiver Suche nach Überresten des Meteorkörpers wurde schließlich nicht einmal ein Milligramm dieser Substanz gefunden! In den frühen dreißiger Jahren vermutete F. L. Whipple, daß der Tunguska-Körper in Wirklichkeit der Kern eines kleinen Kometen gewesen sei. V. I. Vernadsky brachte die Hypothese von einer Wolke aus kosmischem Staub auf, und I. S. Astapovich vermutete, daß der Tunguska-Körper von den tieferen Schichten der Atmosphäre abgeprallt war.

Erst der sowjetische Ingenieur und Science-fiction-Schriftsteller Alexander Kazantsew verstand 1945 die wirkliche Bedeutung der »ersten Tunguska-Anomalie« – die Eigenart der Explosion oberhalb der Erdoberfläche. Er nahm an, daß ein außerirdisches Raumschiff im Endstadium seiner Raumreise aufgrund einer Fehlfunktion in eine Katastrophe geraten war. Spezialisten der Meteorforschung erhoben sofort Einspruch gegen solch eine phantastische Idee. So schrieb ein Team der sowjetischen Astronomen 1951 in dem populärwissenschaftlichen Journal »Wissenschaft und Leben«: »Es gibt keine Frage darüber, daß sofort nach dem Meteorabsturz (...) sich da eine kraterähnliche Vertiefung bildete, wo jetzt der südliche Sumpf existiert. (...) Er war relativ klein und füllte sich bald mit Wasser. In den folgenden Jahren war er bedeckt mit Schlamm und Moos, voll von Torfinseln und teilweise überwachsen mit Büschen. Die toten, aufrecht stehenden Bäume kann man nicht am Zentrum der Katastrophe sehen, sondern an den das Loch umgebenden Hügeln.[3]

Dem Ergebnis der ersten Tunguska-Nachkriegsexpedition – 1958 vom Komitee für Meteore von der Akademie der Wissenschaften der UdSSR organisiert – stimmten jedoch alle Beteiligten zu: Der Tunguska-Raumkörper war tatsächlich in der Luft explodiert und konnte daher kaum ein gewöhnlicher Meteor gewesen sein.

Danach übernahm die Kommission für Meteoriten und Kosmischen Staub des sibirischen Zweiges der Akademie der Wissenschaft der UdSSR die Untersuchung. Das Problem des Tunguska-Phänomens wurde sozusagen an den Platz seiner »Geburt« zurück ins Exil geschickt.

In Wirklichkeit aber wurde die Unabhängige Interdisziplinäre Tunguska-Expedition zum Zentrum der Tunguska-Studien. Sie ist eine Art informelles wissenschaftliches Forschungsinstitut und hat zum Ziel, vollständige Studien des Tunguska-Problems zu erhalten. Sie wurde 1958 in der sibirischen Stadt Tomsk gegründet, ursprünglich unter Führung von G. F. Plekhanow, und bestand zuerst aus einem Dutzend Spezialisten aus verschiedenen wissenschaftlichen Fachgebieten, hauptsächlich Physikern und Mathematikern. Ein paar Jahre später beschäftigte der »Kern« dieses informellen Instituts ungefähr 50 Wissenschaftler. Mehr als 100 Spezialisten nahmen pro Jahr an der Feldforschung vor Ort teil, und nicht weniger als 1000 Forscher analysierten und sammelten Material in zahlreichen »formellen« Instituten im ganzen Land.

Die Unabhängige Interdisziplinäre Tunguska-Expedition trug folgende wichtigen Ergebnisse zusammen:

1. Das Gebiet des eingeebneten Waldes hat eine merkwürdige Form – in etwa wie ein riesengroßer Schmetterling – und eine komplexe Struktur. Insgesamt fiel der Wald genau radial, aber nahe des Epizentrums gibt es örtliche Abweichungen vom radialen Muster, das auf die Existenz von wenigstens zwei oder drei Unterepizentren dort hinweist. Die Verbindung zwischen der »schmetterlingsartigen« Form des Gebiets und dem im allgemeinen radialen Muster der gefallenen Bäume läßt vermuten, daß der Tunguska-Körper aus zwei unterschiedlichen Teilen bestand: einer »explosiven« und einer uneinheitlichen »Hülle«, die die Besonderheit der Schockwellenform hervorbrachte.[4]

2. Die Symmetrieachse des Feldes der gefallenen Bäume liegt vom genauen Meridian in einer Richtung von 81° W. Sie wird interpretiert als der Ausdruck der ballistischen Welle des Tungus-

ka-Körpers im Endstadium seines Fluges, das heißt unmittelbar vor der Explosion. Interessant ist, daß diese Welle ziemlich schwach war. Sie hob keinen der Bäume an, sondern bewirkte nur einige kleine Abweichungen vom radialen Muster der gefallenen Bäume. Die restlichen Bäume lagen entsprechend dem Effekt der Schockwelle. Dies weist darauf hin, daß die Geschwindigkeit des Tunguska-Körpers im Endstadium seines Fluges relativ gering war. A. V. Zolotow hat diese Geschwindigkeit auf 1,2 km/sec geschätzt.[5]

3. Die Zone der zerstrahlten Bäume ist in ihrer Form ebenso »schmetterlingsartig«, ihre Symmetrieachse deckt sich weitgehend mit der »ballistischen«. Übrigens ist sie entlang der Bahn des Tunguska-Körpers etwas erweitert – es scheint, als hätte sich dieser über die letzten 20 Kilometer bewegt und wäre dabei explodiert (oder hätte wenigstens eine mächtige elektromagnetische Strahlung emittiert).[6] Dies stimmt nicht mit dem genauen radialen Muster der umgefallenen Bäume überein. Deshalb ist anzunehmen, daß die Quelle des Blitzes nicht mit der Schockwelle identisch war. Die strahlenverbrannte Vegetation ist fleckenförmig angeordnet, das heißt, stark hitzebeschädigte Gebiete und solche, die frei sind von jedem Hitzeeinfluß, wechseln sich ab. Ein sinnvolles Modell, das diese Ungewöhnlichkeit erklären könnte, wäre eine Ansammlung kräftiger »Hitzestrahlen«, nicht nur ein isotopischer Feuerball.

4. Es gibt kein Astroblem in der Gegend der Explosion und auch keinerlei Substanz, die mit der des Tunguska-Raumkörpers identifiziert werden könnte. Der meteoritische Staub, der am Ort gefunden wurde, unterscheidet sich nicht von dem üblichen Hintergrundniederschlag bei außerirdischer Materie. Es wurden allerdings einige örtliche geochemische Anomalien am Epizentrum der Tunguska-Explosion entdeckt. Der Boden ist mit seltenen Erden (hauptsächlich Ytterbium) wie auch mit Barium, Kobalt, Titanium und einigen anderen Elementen[7] angereichert. Es wurden auch substantielle Verschiebungen in der isotopischen Zusammensetzung von Karbon, Wasserstoff und Blei gefunden.

5. Im Gebiet der Explosion wurde eine Vielzahl ernsthafter ökologischer Folgen aufgedeckt. Diese sind:
– Eine sehr schnelle Erneuerung des Waldes nach der Katastrophe und beschleunigtes Wachstum der Bäume (sowohl bei jungen Bäumen als auch bei denen, die den Vorfall überlebten).
– Die um das Zwölffache erhöhte Mutationsrate bei den örtlichen Föhren. Beide Effekte scheinen sich auf den »Korridor« der Bahn des Tunguska-Körpers zu konzentrieren. Wie viele andere Anomalien in diesem Gebiet, hat auch die genetische Einwirkung des Phänomens fleckenhaften Charakter. Es wurde auch eine seltene Mutation bei den Einheimischen der Region entdeckt, die in den Jahren nach 1910 in einer der Siedlungen, die sich dem Epizentrum am nächsten befand, auftrat.[8]

6. Direkt unterhalb der Bahn des Tunguska-Raumkörpers hat sich die Hitzelumineszenz der Mineralien substantiell erhöht. Dies kann mit der harten Strahlung, die im Lauf des Fluges emittierte, zu tun haben und wahrscheinlich mit dem Moment der Explosion.

Diese sechs Fakten sind wichtige Bestandteile der empirischen Daten, die während der letzten Jahrzehnte über Tunguska gesammelt wurden. Sie sind wohlbegründet, und keine Auseinandersetzung mit dem Phänomen darf sie ignorieren. Natürlich können die Fakten in unterschiedliche Richtungen interpretiert werden, abhängig von den verschiedenen theoretischen Modellen zu diesem Thema. Auch lassen sich einige wichtige Merkmale des Phänomens direkt von den empirischen Informationen, die wir erhalten haben, ableiten. Leider verfügen wird aber nicht über alle nötigen Informationen, um daraus ein vollständiges Modell des Tunguska-Phänomens zu erstellen – geschweige denn eine überzeugende Theorie, die es erklärt.
Welche Schlußfolgerungen können nun auf Basis jener empirischen Daten, die oben vorgestellt wurden, getroffen werden? Was wissen wir über das Tunguska-Phänomen, und was wissen wir NICHT?

Die Druckwelle der mysteriösen, bis heute ungeklärten sibirischen Explosion von 1908 drückte ganze Wälder um (Quelle: Fotokronica Tass, Moskau)

Wie nach einem Atomschlag boten sich noch Jahre später den vordringenden Forschungsexpeditionen viele Quadratkilometer in der sibirischen Tunguska. Nur ein Meteoriten- oder Kometeneinschlag? (Quelle: Fotokronica Tass, Moskau)

1. Die Hauptexplosion ereignete sich in der Atmosphäre, in einer Höhe von 5 bis 7 Kilometern. Sie entstand aufgrund der internen Energie des Körpers, nicht aufgrund der Energie seiner Bewegung. Die Konzentration dieser Energie erreichte die einer nuklearen Explosion, und nicht weniger als 10 Prozent davon wurden als Blitz freigesetzt. Dies läßt eine Nuklearreaktion vermuten, deren Art unbekannt bleibt. Kein sicherer Beleg für solch eine Reaktion wurde in der Erde oder der Vegetation des Explosionsgebiets gefunden. Diese Tatsache tritt jedoch hinter den folgenden Fakten zurück: dem örtlichen Magnetsturm, der nach der Explosion begann; der erhöhten Hitzelumineszenz der Mineralien beim Epizentrum; den genetischen Mutationen in den örtlichen Föhren. Es ist also nicht unwahrscheinlich, daß es sich bei diesem Beispiel um einen neuen Typus nuklearer Reaktion handelt.

2. Abgesehen von der Hauptexplosion in relativ großer Höhe gab es drei oder vier zusätzliche Explosionen in geringer Höhe und wahrscheinlich von geringerer Kraft. Dies kann man aus der feinen Struktur der umgefallenen Bäume und durch die Zeugnisse einiger Augenzeugen, die sich in unmittelbarer Nähe des Epizentrums befanden, schlußfolgern.[9] Im übrigen scheint die Tatsache, daß diese Zeugen am Epizentrum eine 10 bis 40 Megatonnen-Explosion überlebt haben, ihren höchst anisotropen Charakter zu unterstützen.

3. Der Tunguska-Raumkörper bestand aus einer Art »explosiver Substanz« und einer »Umhüllung« und gleicht dadurch einer künstlichen Konstruktion. Wie A. N. Dimitriew und V. K. Zhuravlew bemerken, kann Form und Struktur der umgefallenen Bäume schnell erklärt werden, wenn wir annehmen, daß die Hülle symmetrisch angeordnete Zonen von vermehrter und verringerter Materialstärke hatte. Ein anderes logisches Modell wäre eine kegelförmige Menge an Explosionsmaterial, mit kumulierenden Hohlräumen und einem Zünder in seinem vorderen Teil.

4. Welcher Bahn der Tunguska-Körper durch die Atmosphäre folgte, bleibt überwiegend unklar. Unmittelbar vor der Explosion bewegte er sich beinahe exakt von Ost nach West. Tatsächlich bestätigen die Aussagen der Zeugen, die in den sechziger Jahren gesammelt wurden, diese Annahme. Doch die Zeugnisse aus den zwanziger Jahren besagen ebenso glaubwürdig, daß der Körper aus dem Süden oder »bestenfalls« aus dem Südwesten gekommen sei.

Um diesen Widerspruch zu überwinden, nahm F. Y. Zigel 1966 an, daß der Tunguska-Körper im Endstadium seines Fluges ein Manöver gemacht haben könnte. Die Variante über die östliche Bahn konnte jedoch bis zum Fluß Lena zurückgeführt werden, und dies wirft ein zweifelhaftes Licht auf ein mögliches Manöver, zumindest für diesen Körper. So kann auch angenommen werden, daß es mehrere Körper gab, die sich aus unterschiedlichen Richtungen auf mehr oder wendiger denselben Endpunkt zubewegten.

5. Was geschah mit dem Tunguska-Körper (oder den Körpern) nach der Explosion? Die Hypothese aus den dreißiger Jahren, daß der Körper »abprallte«, wurde später zurückgewiesen. Hauptsächlich deswegen, weil die Forscher sehr wohl verstanden: Der Tunguska-Körper hatte keine Chance, nach solch einer mächtigen Explosion zu überleben. Dies mag stimmen. Dennoch hatte die ballistische Welle auch noch Einfluß auf die Bäume hinter dem Epizentrum, und zwar ungefähr mit der gleichen Richtung wie vorher. Ein Teil des Körpers (oder nur einer der Körper) mag also seinen Flug fortgesetzt und diese »Feuerbahn« genommen haben.

Aus all dem folgt, daß die Kompliziertheit und Komplexität des Tunguska-Phänomens die Grenzen der einfachen Theorien, die in der Populärwissenschaft und sogar in der wissenschaftlichen Literatur existieren, bei weitem sprengen. Es ist deutlich geworden, daß die Grundtendenz der Ergebnisse, die in den Jahren der Tunguska-Untersuchungen erzielt wurden, die künstliche Natur des Tunguska-Raumkörpers favorisiert, zumindest aber den unkonventionellen Charakter seiner Explosion. Die Hypothese, daß es sich um einen erschaffenen technischen Körper gehandelt habe, tritt somit bei den Tunguska-Studien in den Vordergrund. Natürlich soll aber die Hypothese von einem zufälligen Absturz eines außerirdischen Raumschiffes nicht beschränkt werden. Als ich Mitte der siebziger Jahre mit A. V. Zolotow und seinem Team arbeitete, entwickelte ich das sogenannte »Kriegsmodell« des Tunguska-Phänomens. Danach ereignete sich 1908 ein Raumkrieg zwischen zwei oder mehr fremden Raumschiffen, von denen eines von ihnen überlebte und zurück in den Raum flog. Natürlich meine ich nicht, daß dies die endgültige Lösung des Tunguska-Rätsels ist, aber als Arbeitsansatz scheint dieses Modell hilfreich zu sein.

Natürlich kann auch ein zufälliger Absturz eines alten Raumschiffes nach Millionen von Jahren der Raumwanderung nicht völlig ausgeschlossen werden. In diesem Zusammenhang möchte ich gerne anmerken, daß die übliche ablehnende Reaktion vieler Wissenschaftler auf die Hypothese, beim Tunguska-Phänomen handele es sich um ein erschaffenes technisches Teil, wirklich nicht rational ist. Dr. Alexej Arkhipow, der über anomale Phänomene arbeitet, versuchte vor kurzem, die Chance zu berechnen, daß ein außerirdisches Artefakt auf die Erde fallen könnte.[10] Es hat sich herausgestellt, daß selbst bei einer sehr konservativen Annahme über die Zahl von Zivilisationen in der Galaxis diese Chance nicht klein ist. Eine Anzahl von Funden, die als »Pseudometeoriten« abgetan wurden und noch immer werden, können in diese Kategorie fallen. »Vielfarbige Boliden«, die vor 1957 ab und zu beobachtet wurden, können ebenso außerirdische Artefakte gewesen sein. Es ist immerhin bekannt, daß für »normale« Meteore Vielfarbigkeit aufgrund ihrer chemischen Homogenität untypisch ist. Künstliche Satelliten jedoch, die chemisch heterogen sind, verbrennen normalerweise in der Atmosphäre unter Feuer von unterschiedlicher Farbe.

Es ist interessant, daß kürzlich ein sehr ungewöhnlicher Meteorit unweit von Kharkov in der Ukraine vom Himmel fiel. Am 15. Mai 1994 flog um 20 Uhr 45 ein weißer Bolide von Nord nach Süd über die Gebiete von Kursk, Belgorod und Kharkov, und ein Meteorit fiel ca. 40 Kilometer südsüdwestlich von Kharkov herab. Eine Expedition des Astronomischen Observatoriums der Universität Kharkov fand dort einen Krater von 4 Metern Durchmesser und 1,5 Metern Tiefe offenbar explosiven Ursprungs. Es wurden metallische Trümmer von sehr merkwürdigem Aussehen und merkwürdiger Zusammensetzung gefunden. Nach logischem Ermessen war der herabgestürzte Körper entweder ein Meteorit oder ein künstlicher Satellit. Beurteilt man das Aussehen der Fragmente, so handelt es sich offensichtlich um künstliche Teile. Das größte Trümmerstück ist eine verdrehte Röhre, 50 Zentimeter lang und etwa 2 bis 3 Zentimeter dick, die vor der Explosion etwa 10 Zentimeter im Durchmesser aufwies. Also kein Meteorit.

Gleichzeitig besteht die chemische Zusammensetzung aus folgenden Stoffen: Eisen – 99 Prozent, Kupfer – 0,3 Prozent, Nickel – 0,04 Prozent, Titan – 0,02 Prozent. Magnesium und Aluminium wurden nicht gefunden. Demnach wiederum kein Meteorit, aber auch kein Raumschiff. Es kann kein eisernes Raumschiff geben – künstliche Satelliten und Raumstationen werden aus Titan, Magnesium, Aluminium und Beryllium hergestellt und nicht aus rostigem Eisen!

In einer wissenschaftlichen Abhandlung über das Tunguska-Phänomen steht zu lesen, daß freie Meteoritenkörper ziemlich oft in die Atmosphäre unsere Planeten eindringen und da explodieren.[11] Der Autor vermutet, daß der Tunguska-Raumkörper einfach ein großer, freier Meteorit gewesen war. Ob sich diese Hypothese mit dem komplizierten Bild des Phänomens vereinbaren läßt, sei dahingestellt.

Der Titel jener Abhandlung – »Tunguska-Meteoriten fallen jedes Jahr herunter« – hat aber möglicherweise eine weiterreichende Bedeutung: Es ist nicht unwahrscheinlich, daß Trümmer außerirdischer Raumschiffe mehr oder weniger regelmäßig auf die Erde fallen, nur ignorieren wir ihre Überreste. Wenn in naher Zukunft das Problem des Tunguska-»Meteoriten« gelöst sein wird, werden wir vielleicht die Welt, in der wir leben, mit anderen Augen betrachten. Wir werden verstehen, daß unsere Vorstellung vom Alleinsein im Universum nur eine Illusion ist.

LUC BÜRGIN

Flugzeugpiloten und ihre UFO-Erlebnisse

Piloten gehören zu den glaubwürdigsten UFO-Beobachtern. Von Berufs wegen sind sie bestens mit den verschiedensten atmosphärischen Erscheinungen vertraut. Außerdem lernen sie während ihrer Ausbildung, innerhalb von Sekundenbruchteilen die unterschiedlichsten Flugzeugtypen zu erkennen und zu unterscheiden. Ergänzend dazu werden sie unerbittlich darauf getrimmt, selbst in der brenzligsten Situation einen kühlen Kopf zu bewahren. Wenn Piloten daher von UFO-Erscheinungen berichten, können ihre Aussagen nicht einfach als wilde Phantastereien wegdiskutiert werden: Erstens riskieren sie durch ihre Schilderung ihre Glaubwürdigkeit (und damit ihren Job), und zweitens ist bei ihnen die Wahrscheinlichkeit, eine durchaus konventionelle atmosphärische Erscheinung mißinterpretiert zu haben, weitaus geringer als bei anderen Augenzeugen.

Über Umwege gelangte ich Anfang der neunziger Jahre in den Besitz verschiedener Flugreporte einer Schweizer Fluggesellschaft, die von UFO-Sichtungen sprechen. Stellvertretend sei hier der Pilotenbericht eines Vorfalls wiedergegeben, der sich am 14. April 1977 abgespielt hat:

»... Plötzlich sah ich vor uns ein blitzartiges Licht, doch als weder Capitän S. noch die anwesende Hostess etwas sagten, dachte ich, ich hätte mich getäuscht. Etwas später fragte uns Maastricht nach unseren Flugbedingungen. Nachdem wir unsere Anwesenheit (...) bestätigt hatten, informierte uns der Controller über ein seltsames Radarecho (...), Entfernung 15 Meilen. Wir hatten negativen Kontakt, sahen aber für kurze Zeit zwei Echos auf dem Radarschirm, ungefähr 15 Meilen entfernt

(...). Kurz danach sahen wir alle drei geradeaus ein weiteres entferntes, blitzartiges Licht. Maastricht informierte uns während der nächsten Minuten über den ungefähren Standort der Ziele (...). Gemäß Maastricht blieb das Echo für kurze Zeit in der gegenwärtigen Position, bewegte sich danach mit sehr hoher Geschwindigkeit nach Norden, um danach wider in einer Position von drei Meilen Entfernung (...) zu erscheinen, immer noch ohne visuellen Kontakt.

Etwas später bemerkten wir direkt vor uns noch einmal ein sehr, sehr helles Licht, Distanz nicht abschätzbar, vollkommen geräuschlos. Gemäß Maastricht bewegte sich das Echo dann nach Süden und schien – wie uns der Controller mitteilte – mit uns zu ›spielen‹, hinter uns und östlich unseres rechten Flügels. Maastricht hatte unterdessen auch Kontakt mit einer militärischen Radarstelle aufgenommen. Man schätzte die Höchstgeschwindigkeit des Objektes auf vier- bis fünffache Schallgeschwindigkeit. Ich sah danach ein viertes und letztes blitzartiges Licht in einer gewissen Distanz hinter unserem rechten Flügel, unfähig zu sagen, was auch immer es tatsächlich war. (...) Maastricht informierte uns noch, daß sie eine logische Erklärung dafür gefunden hätten ...«

Ein handschriftlicher Bericht von Philippe R.V. Domogala, dem damaligen Radar-Controller von Maastricht, zum fraglichen Vorfall liegt mir ebenfalls vor. Domogala schreibt:

»... die Geschehnisse wurden von der Crew in ihrem Report ziemlich korrekt beschrieben. Von meinem Platz am Boden erinnere ich mich daran, ein starres Primärsignal gesehen zu haben. Wir arbeiten in Maastricht mit makellosen synthetischen Displays und Multi-Radar-Tracking. Das heißt, daß ein Echo immer von mehr als einer Radarantenne registriert wird. Die Position wird berechnet, dann auf dem Display als Symbol angezeigt (damals war das ein Kreuz). Wenn sich das Echo nun bewegt (und sie bewegen sich immer), werden die früheren Positionen mit Punkten gekennzeichnet. Es war übrigens nicht ungewöhnlich, gelegentlich starre Echos feststellen zu müssen. Aber sie hatten ihren Ursprung im Computer und verschwanden in der Regel nach fünf bis zehn Sekunden.

In dieser Nacht erwartete ich nur ein Flugzeug im besagten Sektor und beobachtete den Radarschirm deshalb vielleicht etwas gründlicher. Ich bemerkte ein starres Echo in der Nähe von Luxemburg, das sich für Minuten nicht bewegte. Als die DC-9 dann das Objekt passierte (10 bis 15 Meilen östlich davon), meldete ich dies. Der Rest ist bekannt. Das Echo schien sich plötzlich (oder innerhalb der nächsten fünf Sekunden) um das Flugzeug herum zu bewegen, als sich dieses annäherte. Anschließend bewegte es sich in drei oder vier ›Sprüngen‹ Richtung England. Mein Bildschirm hatte in der besagten Nacht eine Ausdehnung von 120 Meilen und die Geschwindigkeit, die ich mit Mach 4 bis Mach 5 (vier- bis fünffache Schallgeschwindigkeit) schätzte, war rein spekulativ. Heute würde ich sie auf Mach 10 bis 12 ansetzen.

Als ich nun den Flugreport noch einmal anschaute, erinnerte ich mich daran, von einem ähnlichen Fall gehört zu haben, aber leider darf ich die Details nicht erwähnen noch denjenigen, der mir davon erzählte . . .«

Obwohl die Fluggesellschaft auf Anfrage einräumte, daß ihre Piloten hin und wieder Objekte beobachteten, deren Herkunft unerklärlich bleibt, ist sie hinsichtlich der Interpretation solcher Berichte vergleichsweise vorsichtig. Offizieller Tenor des Mitarbeiters, der für die Flugsicherheit zuständig ist:»Hinweise, daß es sich dabei um Außerirdische oder Überirdisches handeln sollte, haben wird nicht.« Dennoch kann gerade dieser Umstand nicht immer ausgeschlossen werden. So ist in einigen der mir vorliegenden Berichte die Rede von scheiben- oder zigarrenförmigen Objekten. Andere Flugkörper wiederum bewegen sich nach Aussagen der Piloten auf recht unkonventionelle Weise durch die Lüfte.

Vom 4. Januar 1988 datiert eine Sichtung, auf die sich der betroffene Pilot keinen Reim machen konnte. In seinem Rapport schreibt der Schweizer:»Beim ersten Kontakt schaute ich aus dem Cockpit-Fenster, sah das Objekt, dachte aber, daß wir wohl gerade ein Kehrmanöver durchführen würden, da es sich rasch nach unten bewegte. Ein Blick auf die Geräte bewies mir aber das Gegenteil. In diesem Augenblick verharrte es für einige Au-

Form 1 — Station or leg concerned: BSL – SPL

UFO

TAKE OFF BSL WAS AT 0024 Z. CLIMBING ON COURSE LUXEUIL TO R. 210. AFTER RELEASE BY FRANCE CONTROL, WE CHANGED TO 127.72 MAASTRICHT CONTROL. PROCEEDING DIRECT DIK. THEREAFTER DIRECT ROT. WEATHER WAS VMC, ONLY IN THE NORTH OVER BELGIUM AND HOLLAND SOME LOW CLOUDS. WIND 220/100 KTS.

SHORTLY BEFORE 0100 Z. I SAW STRAIGHT AHEAD A LIGHTNING-LIKE LIGHT BUT AS NEITHER CAPT. ____ NOR THE NOW ____ SAID ANYTHING, I TRUST THAT I HAD A WRONG IMPRESSION. AT ABOUT 0100 Z. MAASTRICHT ASKED OUR FLIGHT CONDITIONS. AFTER CONFIRMING TO RE IN VMC, THE CONTROLLER INFORMED US AT ABOUT 0102 Z. OF A STRANGE TARGET AT 1 O'CLOCK, RANGE 15 MILES. WE HAD NEGATIVE CONTACT. BUT SAW FOR A SHORT MOMENT TWO TARGETS ON THE RADAR. AT ABOUT 15 MILES, ONE O'CLOCK. ____ SHORTLY THEREAFTER THE TARGET OF US ____

Field entries: Info / Action / OFC / OFCA / OFY / OFCS / SP / OFCH / PIC / Return to OFCH

Please reply on this sheet

Form 2 — Station or leg concerned: UFO - 2

SAW IN FRONT ANOTHER INSTANT LIGHTNING-LIKE LIGHT. MAASTRICHT INFORMED US IN THE NEXT MINUTES OF THE WHEREABOUTS OF THE TARGET (S). (POSITION NE DIK THERCASTER E OF DEU / SR-798). THE TARGET (ACCORDING MAASTRICHT) REMAINED FOR A SHORT WHILE ON RECENT POSITION, MOVED THEREAFTER WITH VERY HIGH SPEED N TO RETURN TO A POSITION 2 MILES 1 TO 2 O'CLOCK OF SR-798 WITH STILL NO VISUAL CONTACT. AT ABOUT 0110 THERE WAS A VERY HIGH INTENSITY LIGHT JUST IN FRONT OF OUR A/C (LIGHTNING-LIKE) DISTANCE NOT TO JUDGE, WITH ABSOLUTELY NO NOISE. ACCORDING TO MAASTRICHT THE TARGET MOVED THEREAFTER SOUTH AND AS THE CONTROLLER TOLD US 'SEEMED' TO BE JOKING WITH US RETURNED OUT TAIL AND E OF OUR LIGHT WING. MAASTRICHT WAS ALSO IN CONTACT WITH A MILITARY-RADAR. THEY JUDGED THE SPEED OF THE TARGET WHILE MOVING FIRST AT MACH 4 TO 5 (!). I THEN SAW A FOURTH AND LAST

Field entries: Info / Action / Return reply / Chiefpilot / PIC / Return to

Please reply on this sheet

Form 3 — Station or leg concerned: UFO - 3

LIGHTNING-LIKE LIGHT IN A CERTAIN DISTANCE BEHIND OUR LIGHT WING. UNABLE TO SAY WHAT IT EXACTLY WAS.

WE WERE THEN RELEASED TO DESCENT TO FL 270. WE LANDED AT 0121 IN SPL WITH NO FURTHER INCIDENTS. MAASTRICHT INFORMED US FINALLY THAT THEY HAD A SIMILAR INCIDENT WITH AN L1011 - AIRCRAFT SEVERAL WEEKS AGO IN THE SAME REGION, WITH NO LOGICAL EXPLANATION FOR IT.

APRIL 14, 1977, SPL ORHC Z.

____ S/O ____
____ CAPT ____

A/H
OFCH

"THERE'S MORE BETWIXT EARTH AND HEAVEN DEAR ANTHONIUS ...."

14.4.77

Please reply on this sheet

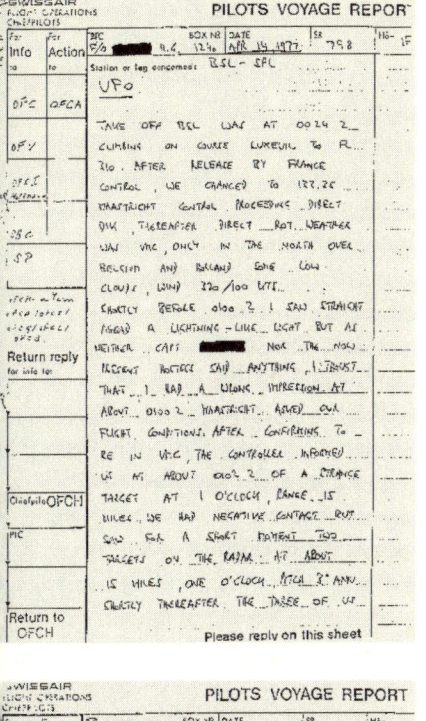

Originalreport Swissair:
UFO-Beobachtungen
(Quelle: Luc Bürgin)

genblicke am Horizont, beschrieb einige kleine Bewegungen und flog dann in rapidem Tempo aufwärts (ich betone: aufwärts!) in die Höhe. Wir waren anschließend nicht mehr in der Lage, das Ziel noch einmal zu lokalisieren.«

Der Pilot Peter Bircher hatte in den siebziger Jahren ebenfalls ein ungewöhnliches Erlebnis. Mein Kollege, der Zürcher Journalist Guido Schwarz, konnte sich mit ihm 1995 darüber unterhalten. Wie ihm Bircher schilderte, kreuzte in der Nähe von Stuttgart seinerzeit urplötzlich ein helles Licht hinter seiner DC-9 auf, doch seltsamerweise suchte die zuständige Radarkontrolle das Objekt vergeblich auf ihren Schirmen. Kurze Zeit später beschleunigte das UFO seine Geschwindigkeit, bis es mit der DC-9 auf gleicher Höhe flog. »Das Licht – es schienen zwei oder drei Scheinwerfer zu sein – veränderte sich ins Grünliche bis Gelbe«, erinnerte sich Bircher. »Plötzlich schoß der Flugkörper mit unglaublicher Beschleunigung in einem 90-Grad-Winkel links weg und entfernte sich.« Eine Verwechslung mit einem atmosphärischen Phänomen schloß der Pilot verständlicherweise aus. Es müsse sich vielmehr um einen konkreten beleuchteten Flugkörper gehandelt haben.

Man mag die Verantwortlichen der Fluggesellschaft in einem gewissen Sinn verstehen, wenn sie hinsichtlich der Natur solcher Objekte keine Spekulationen wagen wollen. Es ist ja schon erfreulich genug, daß die Schweizer Fluggesellschaft offen zu den Beobachtungen ihrer Piloten steht und diese nicht einfach vom Tisch wischt. So bleibt eigentlich nur zu hoffen, daß gerade auch die betroffenen Piloten selbst zukünftig noch mehr Mut haben als bisher, ihre Erlebnisse der Öffentlichkeit kundzutun.

GERNOT SPECK

»Surfer« John Mack im Kampf gegen die Welle der Ignoranz

Gibt es außerirdisches Leben? Existieren fremde Intelligenzen? Ist E. T. vielleicht nicht nur Phantasterei eines Filmregisseurs? Können sie mit uns sogar in Kontakt treten? Wieviel Wahrheit steckt in den Erzählungen einiger Menschen von ihrer Entführung durch Außerirdische in geheimnisvollen Raumschiffen?

An der berühmten Universität von Harvard gibt es einen anerkannten Wissenschaftler, der sich nicht scheut, der Frage nachzugehen, inwieweit zum Teil erschreckende Berichte reale Erfahrungen sind. Dr. John Mack, Professor für Psychiatrie, ist damit ins Kreuzfeuer der Kritik geraten. Seine Kollegen fürchteten um den guten Ruf von Amerikas Eliteschule und riefen einen Untersuchungsausschuß ins Leben. Dieses Gremium sollte Dr. Mack Unwissenschaftlichkeit in seiner Methodik nachweisen. Nach 14 Monaten kam der Ausschuß zu dem einstimmigen Urteil, daß der Psychiatrie-Professor nach allen Regeln der Wissenschaft vorgegangen sei.

Bei seinen Forschungen, so John Mack, gehe es hauptsächlich um Entführungen durch fremde Wesen und UFOs in der zeitgenössischen Welt, nicht aber in der sogenannten alten Welt, der Vorzeit.

Er, John Mack, sei Psychiater. Als solcher sei ihm das Phänomen der Existenz Außerirdischer zum ersten Mal vor einigen Jahren aufgefallen. Damals habe er von Menschen gehört, die tatsächlich glaubten, daß andere Menschen von fremden Wesen in Raumschiffen entführt und verschiedenen Experimenten unterzogen würden. Er habe nur gedacht: »Das ist einfach irrsinnig, all das ist nicht möglich!

Dann aber habe er selbst mit über 100 Menschen intensiv gearbeitet, die behaupteten, entführt worden zu sein oder anormale Erfahrungen gehabt zu haben. Dabei habe er bei seinen Untersuchungen sehr strenge Kriterien angesetzt:

1. Diese Personen mußten sich an ihr Erlebnis erinnern können. Das heißt, sie wurden einer Art »hypnotischer Entspannung« unterzogen und mußten sich dann entsinnen können, von einem fremden Wesen in ein Raumschiff entführt und verschiedenen Experimenten unterzogen worden zu sein.
2. Die Personen mußten von ihrem Erlebnis glaubhaft berichten können. Alle Versuchspersonen hätten an keiner psychiatrischen Erkrankung gelitten. Durch seine 40jährige Berufserfahrung als Psychiater erkenne er, wann dies der Fall sei und wann nicht.

Von Beginn seiner Arbeit an habe er gewußt, daß seine Forschungen eine große Herausforderung an die westeuropäische Wissenschaft und an die Welt- und Realitätssicht der Westeuropäer darstellen würden. Dann habe er seine Ergebnisse in Vorträgen und Publikationen veröffentlicht, dabei zwar hitzige Kontroversen vorausgesehen, jedoch das Ausmaß der Reaktionen in den Medien naiverweise unterschätzt. Die Medien hätten ihn für verrückt und seine Arbeiten für irrational erklärt. Eine Zeitung in seiner Heimatstadt Boston habe gar geschrieben, daß er, John Mack, nun Kirche und Staat vermische und eine primitive Art der Gesellschaft propagiere.

Für Dr. Mack sind dies alles hysterische Reaktionen. Weil einige Harvard-Professoren voller Sorge gegenüber dem Dekan der Medical School behauptet hätten, es gebe da einen Professor in ihren Reihen, der von fremden Wesen spreche, die angeblich auf die Erde kämen und Menschen entführten, sei eine Untersuchung eingeleitet worden. Ihre leichte Besorgnis konnte Dr. Mack verstehen, aber ob das schon einen Untersuchungsausschuß rechtfertigte?

Den Grund für die Sorgen seiner Kollegen sieht der Wissenschaftler darin, daß seine Arbeit unsere heutige Sicht der Dinge grundlegend in Frage stellt, zumindest die westliche. Auch er habe anfangs Phänomene wie die Entführung durch Außerirdische für völlig unmöglich gehalten. Doch die Arbeit mit 40 oder 50 Menschen, denen genau das passiert sei, und die folgenden Veröffentlichungen hätten ihn davon überzeugt, daß so etwas tatsächlich geschehe. Irgendwo müsse es eine Intelligenz geben, die mit uns, der westlichen Welt, in Kontakt trete. »Warum ist das so schwierig für uns im Westen zu begreifen?«

Über diese Frage hat er sich oft den Kopf zerbrochen. Seine Gedanken gingen dabei zurück bis ins 17. Jahrhundert. Damals habe es erstmals eine Art Spaltung in unserer Gesellschaft gegeben. Mit Spaltung meint Mack eine Art »Friedensschluß« zwischen der psychologischen und spirituellen Dimension unserer Kulturen, nämlich den Kirchen und der wachsenden Macht der empirischen Wissenschaft. Der Harvard-Wissenschaftler bezeichnet das als einen »Kuhhandel«: Die Kirchen sollten sich um die spirituelle, die Wissenschaftler und Empiriker um die materielle Welt kümmern, beides aber vollständig voneinander getrennt. Ein Philosoph habe darauf hingewiesen, daß sich diese Spaltung im Kontext einer Weltsicht abgespielt habe, die das göttliche Element beinhaltete. Mit anderen Worten: Die Erforschung der materiellen Welt, mit der sich die Wissenschaftler beschäftigen – beginnend mit Francis Bacon, dann Descartes und Newton –, habe sich im Kontext einer Welt abgespielt, die immer noch eine Gottheit enthielt.

Im weiteren Verlauf, als sich epistomologische Methoden in der zeitgenössischen Wissenschaft durchsetzten, habe er eine Art »epistomologischen Reduktionismus« oder »Scientizismus«, so die Bezeichnung anderer Forscher, beobachtet. Das heißt, die Wissenschaft sei getrennt worden. Genauer gesagt, seien Beobachter (Subjekt) und zu beobachtendes Phänomen (Objekt) getrennt worden. Diese Forschungsmethode habe sich durchgesetzt. Zusammen mit anderen Veränderungen wie einer industriellen Vereinigung, einer Ausweitung der Gesellschaftssysteme habe dies bewirkt, daß die Anerkennung anderer Intelligenzen – zum Beispiel die Existenz außerirdischen Lebens – langsam in den Hintergrund getreten sei. Irgendwann sei ein Punkt erreicht worden, an dem es in der Welt nichts Göttliches und auch keine Intelligenzen mehr gegeben habe.

Ein amerikanischer Kollege von Dr. Mack, Michael Simenon, beschäftigt sich ebenfalls mit der Entführung durch fremde Wesen. Nach Simenon sind wir zu einem Weltbild gelangt, das er »anthropomorphen Humanismus« nennt. Darin steht die Menschheit an der Spitze der anthropologischen Hierarchie. Mack wehrt sich vehement gegen dieses Weltbild: Es beinhalte die Illusion, daß wir als Menschen die Kontrolle über unseren Planeten hätten und daß die Erde im Grunde unserer Spezies gehöre. Dadurch habe der Mensch das Recht, diesen Planeten als eine Art »gigantischen Marktplatz« zu betrachten, einen Marktplatz reich an Ressourcen, die wir regelrecht ausbeuten könnten. Nach Simenons Weltbild könnten wir nach Belieben mit anderen Spezies konkurrieren. Dr. Mack kritisiert daran, daß Simenon bestimmte andere, auch ethnische, Gruppen als weniger menschlich als uns selbst betrachtet. Die Folge solcher Ansichten seien Genozid, also Völkermord, sogenannte »ethnische Säuberungen«, und die Zerstörung von Millionen anderer Spezies. All das, so Mack, seien die verheerenden Konsequenzen des Weltbilds von Michael Simenon.

John Mack begrüßt daher, daß sich langsam ein anderes Weltbild entwickle, in dem auch Intelligenzen aus dem Kosmos Platz hätten. Dieses neue Weltbild erkenne also an, daß wir, die Menschen, nicht die einzigen intelligenten Wesen im Kosmos seien. Das Ergebnis dieses Prozesses sei ein »anthropologischer Schock«. Dieser Schock werde dadurch ausgelöst, daß unser Weltbild in seinen Grundfesten erschüttert wird. Wir könnten auf nichts mehr vertrauen, uns auf nichts mehr verlassen. Unsere Denkweise und unser System würden in Frage gestellt, unsere Sicht von der Welt als »großer Marktplatz«.

Albert Einstein hat bei seinen physikalischen Experimenten ähnliche Erfahrungen gemacht: »Alle meine Versuche, die theoretischen Grundlagen der Physik an diese Art des Wissens anzupassen, sind vollständig gescheitert. Es war, als ob mir der Boden unter den Füßen weggezogen worden wäre; ohne Grundfeste, auf die man sich hätte verlassen können, auf die man hätte bauen können.«

Mack sieht darin Parallelen zu seinen Forschungsergebnissen, die auch allen bisher bekannten Naturgesetzen widersprächen. Die Tatsache, daß es Intelligenzen im Kosmos gebe, die zur Erde, zu uns Menschen kämen, empfänden wir natürlich psychisch und materiell als große Bedrohung. Darin sieht Dr. Mack den Hauptgrund für die Kontroversen, die er bei anderen Wissenschaftlern ausgelöst hätte. Um endlich zugestehen zu können, daß die Existenz Außerirdischer keine Illusion sei und daß sie tatsächlich mit uns in Kontakt träten, appelliert Dr. Mack an die Wissenschaft, sich zu öffnen. Ansätze dazu sieht er bereits bei einigen Kollegen. Bei ihnen entwickle sich etwas, das er »neue Epistomologie« nennt, nämlich die wissenschaftliche Einstellung: »Ich weiß es nicht.« Das ist laut Mack »eine Einstellung, die zugibt, daß viel möglich sein könnte, auch Dinge, die wir bisher für unmöglich hielten. Eine Einstellung, bei der wir unser ganzes Selbst, unser Wesen öffnen, um Informationen zuzulassen (...), die uns vorher nicht zur Verfügung standen.«

Wie steht es mit dem Phänomen der Entführung durch Außerirdische als solchem? Dabei handle es sich, so Dr. Mack, natürlich um ein weltweites Phänomen. Andere Wissenschaftler hätten sich bereits mit ähnlichen Vorfällen in Brasilien, Südafrika, Amerika und Europa beschäftigt.

Mack unterscheidet bei dem Entführungsphänomen drei Dimensionen:

1. die biologischen oder biologieartigen Aspekte,
2. den Informationsaustausch zwischen den fremden Wesen und den Menschen über den Zustand der Erde,
3. die Öffnung des Bewußtseins.

Zu den biologischen Aspekten zählt Dr. John Mack entsprechend seiner Untersuchungserkenntnisse die Prozedur, denen die Entführten ausgesetzt seien: Die fremden Wesen starrten zum Beispiel in die Augen der Entführten. Dabei erfolgte eine »telepathische Kommunikation«. Weiterhin versuchten die außerirdischen Wesen, den menschlichen Gesundheitszustand zu erfassen und festzustellen, ob die entführte Person eine gesunde Lebensweise gehabt habe.

Bei der Untersuchung der Entführungen ist Dr. Mack auf etwas ganz Entscheidendes gestoßen, das sogenannte »Hybridprogramm«: Sperma werde den Männern, Eizellen werden den Frauen entnommen. Nach der Befruchtung würden sie dann wieder in den Körper der Frau eingepflanzt. Nach einer der nächsten Entführungen berichteten die Opfer von einer Art »Brutkasten«, in denen diese hybridartigen Wesen aufgezogen würden. Bei ihnen handle es sich um eine Art Kreuzung aus fremdem Wesen und Mensch. Jedermann kenne, so Dr. Mack, doch die haarlosen Geschöpfe mit den birnenförmigen Köpfen und den großen Augen. Sie strahlten eine sehr große Energie aus.

Als zweite Dimension des Entführungsphänomens sieht Dr. John Mack den Informationsaustausch zwischen den fremden Wesen und den Menschen über den Zustand der Erde. Damit meint er zum Beispiel Visionen von nuklearen Zerstörungen auf unserem Planeten. Diese telepathische Kommunikation löse bei den Entführten immer große Betroffenheit und Aktivität aus. Einige setzten sich später sehr für den Umweltschutz ein.

Die dritte Dimension besteht laut Dr. Mack in einer Öffnung des Bewußtseins. Manche Entführten erlebten die fremden Wesen als Abgesandte einer höheren Macht, eines Gottes, der ihr Bewußtsein für etwas Göttliches öffne, für einen Lichtort, von dem die Schöpfung ausgehe. Für den Harvard-Professor ist diese Bewußtseinsöffnung nicht nur ein Ergebnis des Traumas und des Versuchs, damit fertig zu werden, sondern ein grundlegender Bestandteil der gesamten Entführungserfahrung.

All diese Aspekte des Entführungsphänomens haben für Dr. Mack mit der Evolution des Menschen als Spezies und mit Veränderungen des Menschen für eine zukünftige Periode zu tun. Durch das Hybridprogramm werde die Spezies Mensch erhalten. Entführungen durch außerirdische Wesen seien aber gleichzeitig auch eine Art Warnung, daß der Mensch sein Verhalten ändern müsse.

Für die Entführten sei die Erfahrung immer traumatisch und mit einem psychologischen Schock verbunden. Dabei ließen sich solche Entführungen nicht verhindern. John Mack sieht aber nicht nur ihre negativen Seiten, sondern gewinnt ihnen etwas sehr Positives ab: Entführungen stellen für ihn »eine Art Übergang, einen Aufbruch hin zu neuen Beziehungen der Menschen untereinander und eine neue Einstellung gegenüber dem Planeten Erde« dar.

Bei seinen Untersuchungen hat Dr. Mack etwas Seltsames gespürt: eine merkwürdige Sehnsucht zwischen den fremden Wesen und den Menschen, ein Gefühl, das besonders über die Augen übertragen werde. Die Entführten berichteten manchmal, daß sie das Gefühl hätten, sie kämen ursprünglich aus der gleichen Quelle wie die fremden Wesen und wären bei ihrer Entführung mit ihnen wieder vereinigt worden. Trotz dieser offensichtlichen Verbundenheit nennen wir, die Menschen, sie »fremde Wesen«. Darin sieht John Mack einen Widerspruch.

Bei seinen Forschungen sei ihm ein afrikanischer Medizinmann begegnet, der, als er Ende 30 war, dramatische Erfahrungen im Busch gemacht habe. Er berichtete, daß er von den fremden Wesen viel über das Schicksal Afrikas, der Erde und der Menschen gehört habe. Deshalb appellierte der Medizinmann an alle Bewohner unseres Planeten: »Afrika stirbt. Afrika ist im Begriff, zerstört zu werden. Das macht mich wahnsinnig, denn das alles ist real. Das macht mich wütend, denn die Leute von den Sternen versuchen, uns Wissen zu vermitteln, aber wir sind zu dumm, um dieses Wissen anzunehmen. Dies sind echte Wesen, reale Wesen, und man sollte mit ihnen kommunizieren.«

Dr. Mack ist überzeugt davon, daß die Menschen die Gefahr, in der wir uns alle befänden, im Unterbewußtsein verständen. Dennoch weigerten sich viele, diese Wahrheit zu akzeptieren. In vielen Kulturen bestehe eine regelrechte Angst, über diese Dinge zu sprechen.

Daß diese Angst überwunden wird, ist das große Ziel von Dr. John Mack. Dabei ist er sich der Schwierigkeiten durchaus bewußt: »Manchmal muß man gegen den Strom schwimmen, gegen den Strom des Zorns und die Welle der Ignoranz – wie ein Surfer in Hawaii.«

ROGER WILLIAMS WESCOTT

Unorthodoxe Paradigmen in der Archäologie
Die Ancient-Astronaut-Theorie

Die modernen Wissenschaftsdisziplinen, auf denen heute unser Weltbild aufgebaut ist, entwickelten sich erst in den letzten Jahrhunderten. Sowohl Geistes- als auch Naturwissenschaften entfalteten und verästelten sich dabei in viele einzelne Sparten und liefen unweigerlich Gefahr, zu verkrusten, sich zu isolieren und oft Wissenschaft zum Selbstzweck zu betreiben. Nicht nur die Inflation von Fachausdrücken, sondern vor allem der fehlende Überblick über andere Wissenschaftszweige, deren Forschungsresultate direkt mit dem eigenen Gebiet korrespondierten, verhinderten Erkenntnisse und Ergebnisse.

»Paradigmen« werden die Rahmen genannt, in denen sich die wissenschaftlichen Disziplinen entfalten und in denen sie definiert werden. Und diese Paradigmen machen es nicht einfach, mit interdisziplinären Forschungen umzugehen. Als Paradebeispiel für eine interdisziplinäre Forschung kann die Ancient-Astronaut-Theorie gelten, die seit einigen Jahren in der wissenschaftlichen Diskussion Fuß gefaßt hat. Ihre Indizien bezieht sie unter anderem aus der Archäologie, Ethnologie, Mythologie, aus der Astronomie und nicht zuletzt aus Biologie, Medizin und Evolutionsforschung. Die Ancient-Astronaut-Theorie als Paradigma einzubeziehen, ihr sozusagen eine wissenschaftliche Heimat zu geben stößt jedoch vor allem deshalb auf Schwierigkeiten, weil ihre Philosophie einerseits konträr im Widerspruch zu vielen etablierten Disziplinen steht, andererseits teilweise ebensolche wissenschaftliche Disziplinen für sich in Anspruch nehmen kann.

An der sogenannten Lehre der Ursachen (Ätilogie) wird dies

deutlich. Behauptet eine Schule, man dürfe eine Theorie nur auf den Kern, auf Beobachtbares aufbauen und müsse alles Spekulative ausschließen (Reduktionismus), so bietet die Theorie der Astronautengötter tatsächlich mit Hilfe von Indizien eine Kernaussage an (ebenjene Besuche extraterrestrischer Wesen), bleibt aber nach wie vor spekulativ.

Zu einer wissenschaftstheoretischen Sparte, die es ablehnt, Wechselwirkungen zu berücksichtigen (Isolationismus), liegt die Ancient-Astronaut-Theorie offensichtlich im Widerspruch. Ein Beispiel aus der Kulturgeschichte liefern hierzu die Beziehungen der alten Kulturen untereinander:

Wo Thor Heyerdahl angesichts vieler weltweiter Parallelitäten zwischen Hochkulturen transozeane Kontakte annimmt (Diffusionismus), bestehen einige andere Kulturhistoriker auf der Isolation der alten Völker (Inventionisten) und sehen in Übereinstimmungen zufällige konvergente Entwicklungen (beispielsweise hinsichtlich der weltweiten Verbreitung der Pyramidenkulte). Auch hier bringt die neue Theorie der Ancient Astronauts einen anderen gemeinsamen Nenner ins Spiel – da angenommen wird, daß die Astronauten weltweit aktiv waren.

Noch komplexer ist eine wissenschaftstheoretische Standortbestimmung im Bereich der Evolutionsforschung. Es hat sich die naturwissenschaftliche Überzeugung durchgesetzt, daß die Welt Milliarden Jahre alt ist – wofür wir den neuen Begriff des »chronologischen Äonismus« einführen wollen. Innerhalb dieser riesigen Zeitdauer gab und gibt es Evolution.

Die Befürworter einer isolierten, kontinuierlichen und gemächlichen Evolution (Uniformismus) scheinen mehr und mehr eine Denkschule akzeptieren zu müssen, die auch globale und sogar planetare Katastrophen mit einzukalkulieren hat, wofür ich den Begriff »Quantalismus« einführen möchte. Ob hier – in der ganzen Spanne geologischer Zeiträume – Einflüsse außerirdischer Zivilisationen anzusetzen sind, sei offengelassen. Angenommen wird dies jedoch vielfach bei der Evolution des Menschen selber.

Wie spekulativ auch dieses Feld bei den etablierten Wissenschaften ist, beweist die ernsthafte Disziplin des »Aquatizismus«, welche eine vorübergehende enge Beziehung des Urmenschen zum Wasser und zu Küstengegenden der Menschwerdung annimmt. Dem wird eine Entwicklung zum modernen Menschen (zum aufrechten Gang etc.) auf den Savannen Afrikas entgegengehalten. Hier läßt sich der Begriff Campetrianismus einführen.

Die Ancient-Astronaut-Theorie, die bei diesem Beispiel einerseits eine natürliche, wie auch immer geartete Entwicklung zuläßt, andererseits aber künstliche Mutationen durch Extraterrestrier nicht ausschließt, muß ihren Standort in der wissenschaftlichen Diskussion noch definieren. Ihr auf den ersten Blick hauptsächliches Argumentationsfeld in der Auseinandersetzung mit etablierten Wissenschaftsdisziplinen ist jedoch der Bereich der Archäologie.

Obwohl die Archäologie als Fach weit über ein Jahrhundert alt ist, bleibt die Definition des Fachs fragwürdig. Wörtlich genommen ist die Archäologie »das Studium des Archaischen« – was, zumindest theoretisch, alles und jedes aus der Vergangenheit beinhaltet. Einige sehen Archäologie primär als Wissenschaft, andere primär als Kunst. Einige sehen Archäologie als sich überlagernde Geschichte, andere als alles aus der neuesten und dokumentierten Vergangenheit ausschließend. Einige betrachten es als die Hauptpflicht des Archäologen, vergrabene Artefakte auszugraben, andere sehen sie darin, verschwundene Lebensauffassungen zu rekonstruieren. Kurz gesagt: Die Archäologie hat solch eine Bandbreite und solch fließende thematische Grenzen, wie sie sich eine Vielfalt an Paradigmen sichern kann.

So sollte es zumindest sein. Die Unbekanntheit, das, was Shakespeare »die dunkle Rückdrift und den Abgrund der Zeit« nannte, ist so groß, daß kein Dogmatismus darüber, was geschehen sein muß oder was nicht geschehen sein konnte, gerechtfertigt scheint.

Es gibt sicherlich Archäologen – einschließlich den Anhängern von weniger konventionellen Paradigmen –, die die Anhänger der Ancient-Astronaut-Theorie der Unplausibilität bezichtigen. Doch so, wie die Schönheit im Auge des Betrachters liegt, liegt Plausibilität im Bewußtsein des Beurteilers.

Es gibt keine Schule der Gedanken, die so unangesehen ist, daß sie nicht eine andere, noch weniger angesehene Schule finden könnte, die sie als »zu abwegig« kritisiert. Für Anhänger der Ancient-Astronaut-Hypothese, die jetzt »Ufologie« genannt wird, mag das Studium der sogenannten Fliegenden Untertassen und ihrer mutmaßlichen Insassen wegen des Mangels an Artefakten und anderer konkreter Beweise wertlos scheinen, erforscht zu werden. Aber solch unfaire Vergleiche laden ein zum Vergeltungsschlag des Reduktionismus. Nur eine Sorte von Beweisen für alle Forschungsgebiete als gültig anzuerkennen macht einige Forschungsgebiete ungültig: Unter Biologen zum Beispiel reduziert die Forderung nach kontrollierten experimentellen Beweisen die Daten aus Feldstudien über das Verhalten von Tieren auf den Status von anekdotenhaften Berichten.

Letztlich beschäftigen doch alle wissenschaftlichen, humanistischen und theologischen Fachrichtungen ihre Fachleute im Studium dessen, was Philosophen »Ontologie« nennen: die Erforschung der Realität. Und es mag da nicht nur Arten und Grade von Wirklichkeit geben, sondern Aspekte der Wirklichkeit, die wir zum gegenwärtigen Zeitpunkt nur dunkel erahnen. Solange die Natur der Wirklichkeit unsicher bleibt, gibt es kein einziges Paradigma in irgendeiner Fachrichtung, das entweder als zuverlässig oder als der Betrachtung unwert angesehen werden sollte. Nur eines wissen wir in Zusammenhang mit den Paradigmen der Fachgebiete sicher, nämlich daß sie vergänglich sind. Vergänglichkeit bedeutet jedoch nicht Wertlosigkeit. Wenn dem so wäre, könnten weder wir noch unsere Vorstellungen irgendwelche bleibenden Werte beanspruchen. Die Aufklärung unserer fernen Vergangenheit bleibt eine Herausforderung, zu der jedes Paradigma in der Archäologie und in verwandten Fachgebieten seinen Beitrag leisten kann und sollte.

WOLFGANG SIEBENHAAR

Weil nicht sein kann, was nicht sein darf – UFO- und Paläo-SETI-Forschung und ihre Gegner

Daß Überlegungen, die Erde habe jetzt oder auch schon in grauer Vorzeit Besuch von außerirdischen Wesen erhalten, keineswegs ungeteilten Jubel hervorrufen würden, dürfte den Verfechtern solcher Theorien von vornherein klar gewesen sein. Zudem wird es den UFO-/Paläo-SETI-Gegnern manchmal doch recht einfach gemacht, sich über derartige Ideen zu amüsieren. Denn allzuoft wurde eine Radkappe oder Straßenlaterne blind als UFO identifiziert, allzuoft tragen »Kontakter« via »Channeling« mit dazu bei, die UFO-Forschung allgemein in die Nähe von Sekten zu rücken. Ähnliches gilt für die Paläo-SETI-Forschung, in der leider nicht nur in ihren Kindertagen archäologische Fundstücke und Zeichen aus ferner Vergangenheit allzu schnell – und ohne den historischen oder archäologischen Hintergrund genauer zu kennen – als Beleg für Besucher aus dem All etikettiert wurden. Doch gibt es genug Fundstücke aus der Vergangenheit und UFO-Sichtungen aus der Gegenwart, die auch einer eingehenden Untersuchung standhalten. Dies wird allerdings von einer Reihe von Gegnern nicht akzeptiert, und es scheint mir, daß die Argumente dieser Leute eher etwas mit Glauben als mit Wissen zu tun haben, dieser Glaube aber dem Publikum in wissenschaftlich verbrämter Form dargeboten wird. Insbesondere die Ausbreitung von Funk und Fernsehen hat dazu geführt, daß die Thematik dort zwar recht ausführlich behandelt wird, dies aber fast nie vor einem sachlichen Hintergrund geschieht. Es werden zumeist die Extreme auf beiden Seiten gezeigt: auf der einen Seite die absoluten Neinsager, die sogar großes Verständnis für Leute zeigen, die schon mal ein

UFO gesehen haben, aber stets eine irdische Erklärung aus dem Hut zaubern können und in Einzelfällen sogar so weit gehen, die Existenz von Leben im All grundsätzlich zu verneinen; auf der anderen Seite sind dies zumeist Leute, die wegen ihrer extremen Ansichten zum UFO-Phänomen (angebliche Venusbewohner, Kontaktler, reinkarnierte Außerirdische, Medien) auffällig geworden sind. Wirklich sachliche Forscher kommen nur selten zu Wort, anscheinend fehlt ihnen das Exotische. Falls doch einmal eine sachliche Darstellung mit positiver Grundaussage über diese Thematik gesendet wird, geht ein Aufschrei durch die Reihen der etablierten Forschung, und eine Art neue Inquisition setzt ein. Ein gutes Beispiel lieferte die Dokumentation von Heinz Rohde: »UFO's – und es gibt sie doch«, die im Herbst 1994 in der ARD ausgestrahlt wurde. Diese sachliche Dokumentation kam zu dem Ergebnis, daß das UFO-Phänomen einen realen Hintergrund hat. Noch bevor die Sendung überhaupt ausgestrahlt wurde, gab es schon herbe Kritik an der Sendung, deren Höhepunkt eine Diskussion war, die wenige Tage nach der Sendung ausgestrahlt wurde. Teilnehmer dieser Diskussion waren unter anderem der Wissenschaftsredakteur vom WDR, Ranga Yogeshwar, und der Physiker Illobrand von Ludwiger, der seit geraumer Zeit das UFO-Phänomen wissenschaftlich erforscht. Auf die Frage, wieso ein solch bescheidener Beitrag ein derartiges Aufsehen erregte, wußte Yogeshwar sogleich die Antwort: »Manchmal kann man über einen sanften, bescheidenen Weg letztlich doch ziemlichen Schwachsinn verzapfen.« Es bestätigte sich im Laufe der Sendung immer mehr, daß es unter den vier Diskussionsteilnehmern nur einen gab, der seine Sichtweise auf geradezu inquisitorisch-fanatische Weise als alleinseligmachende Wahrheit zementieren wollte: Ranga Yogeshwar. Sachliche Argumente waren eher von den drei anderen Diskussionsteilnehmern zu hören. Ein Beispiel soll dies veranschaulichen: Als von Ludwiger eine Statistik der französischen Gendarmerie über UFO-Sichtungen erläuterte, fuhr Yogeshwar dazwischen: »Das ist doch genau der Punkt. Sie zeigen den Leuten eine Pseudostatistik«. Da wurde also eine Statistik sofort als Pseudostatistik abqualifiziert, obwohl Yogeshwar sie noch gar nicht studiert hatte. Später warf er dem bei der deutschen AERO-Space beschäftigten Ludwiger vor, kein seriöser Wissenschaftler zu sein. Allerdings war recht bald zu erkennen, wer in dieser Sendung argumentierte und wer lediglich polemisierte.

Ein anderes Beispiel für unsachliche Berichterstattung ist der Fall des 1995 veröffentlichten Roswell-Films.

In Roswell in den USA soll im Juli 1947 ein UFO abgestürzt sein. Immerhin berichtete eine örtliche Zeitung nach dem angeblichen Absturz in Schlagzeilen darüber, daß die USA nun im Besitz einer solchen fliegenden Untertasse seien. Dies wurde jedoch schon kurz darauf bestritten und die Behauptung aufgestellt, es habe sich bei dem abgestürzten Objekt lediglich um einen Wetterballon gehandelt. Der Vorfall konnte aber nie genau aufgeklärt werden. Erst vor kurzer Zeit gaben US-Militärs zu, daß diese Jahrzehnte lang verteidigte Behauptung nicht der Wahrheit entsprach. In Wahrheit sei kein Wetterballon abgestürzt, sondern ein hochgeheimer Ballon der Mogul-Serie, mit dem man Atomexplosionen in der Sowjetunion messen wollte. Ob dies so war oder nicht, soll an dieser Stelle nicht weiter diskutiert werden. Es gibt jedenfalls gute Gründe, an dieser neuesten Darstellung des Roswell-Ereignisses zu zweifeln.

Letztes Jahr tauchte ein Film zum sogenannten Roswell-Zwischenfall auf. Demnach sollte es sich um Originalfilmmaterial von der Autopsie eines Außerirdischen handeln, der bei dem Absturz des UFOs bei Roswell ums Leben kam. Dieser Film erregte in den Medien große Aufmerksamkeit. Er wurde auch vermarktet, wobei es um die Vorführungsrechte unter UFO-Forschern zu erbitterten Auseinandersetzungen der materiellen Art kam. Heute scheint es ziemlich sicher, daß wir es bei diesem Film mit einer Fälschung zu tun haben. Bemerkenswert bleibt in diesem Zusammenhang jedoch der Umgang der Medien mit dem Film. Denn sogleich machten sich Requisiteure verschiedener TV-Anstalten an die Arbeit, Außerirdische wie den im Roswell-Film zu sehenden sozusagen nachzubauen, um die Möglichkeit der Fälschung offenzulegen – und um UFO-Forscher zu diskreditieren.

Dieses Material und auch Aufnahmen von sogenannten UFOs

Diese künstlerische Darstellung illustriert den Konflikt der Theorie vom Besuch und Einfluß außerirdischer Intelligenzen in der Geschichte der Menschheit und der Entstehung verschiedener Religionen. Wie werden die Öffentlichkeit, Religionen, Medien, Politik und Wissenschaft einen Beweis für die Theorie akzeptieren? (Quelle: Erich v. Däniken)

wurden später Teilnehmern eines UFO-Kongresses mit der Bitte um Stellungnahme vorgelegt. Natürlich konnte von dort ohne Prüfung keine eingehende Stellungnahme abgegeben werden. Man fand das Material zunächst nur »interessant«. Unabhängig von der Kompetenz der UFO-Experten muß gesagt werden, daß eine derartige Stellungnahme die einzig vernünftige war. Was wurde aber von verschiedenen TV-Teams daraus gemacht? Sie interpretierten den Vorgang in dem Sinne: »Die beiden, so scheint uns, wittern einen neuen Beweis für UFOs und damit womöglich ein neues Geschäft. Unser spontaner Test zeigt, wie leicht es ist, als Betrüger in UFO-Kreisen zu landen.« Nichts ist zu dumm, um nicht als Material gegen UFOs verwandt zu werden.

Geben einige UFO-Zeugen an, von Außerirdischen entführt worden zu sein, und haben sie an ihrem Körper auch noch rätselhafte Narben, die von UFO-Forschern in ihren Büchern kommentiert werden, so hält man es bei TV-Stationen anscheinend zwecks »Entlarvung« für ausreichend, mit den Büchern zur Universitätsklinik in Marburg zu fahren und sich dort von Medizinern bestätigen zu lassen, daß an den Narben nichts Besonderes sei. Genau das, was man den UFO-Forschern vorwirft, nämlich unsauberes, unwissenschaftliches Arbeiten, wird von diversen Medien selbst betrieben, wenn es gilt, die UFO-Forschung lächerlich zu machen. Wie kann ein Mediziner aufgrund von Bildern aus einem Buch so schnell und genau, ohne den Hintergrund zu kennen, attestieren, wie eine Hautveränderung zu interpretieren ist? Ziel dieser Sendungen ist es fast immer, die UFO-Forschung als Humbug zu entlarven. So dienen Interviews mit Augenzeugen und UFO-Forschern stets als Alibi, um diese im nachhinein lächerlich zu machen. Am Ende der jeweiligen Sendung sind es die Skeptiker, die das letzte Wort haben und oftmals mit Halbwahrheiten und Verdrehungen des Sachverhalts dem Publikum die Lösung des Problems nahebringen.

Oder nehmen wir die NDR-Talk-Show, bei der die Moderatorin H. Heuer ihrem Gast Erich von Däniken als Möchtegern-Psychologin unterstellte, »das Erlebnis einer übersinnlichen Wahrnehmung, das heißt des Gespräches mit Außerirdischen« zu haben. Eine sachliche Schilderung des Marienwunders von Fatima im Jahre 1917 vor 70 000 Beobachtern tat sie als »diffuse Identifikationserlebnisse« ab. »Menschen, die solche Erscheinungen erleben und wahrnehmen, sind leicht schizoid. Brauchen Sie vielleicht eine Kur, Herr von Däniken?« Man kann derartige Talk-Shows durchaus mit einem Ritual vergleichen, bei dem es wie im Wilden Westen zugeht: Zuerst kommen die »Bösen«, also die Vertreter der UFOlogenseite. Ernsthafte Forscher sind dabei weniger gefragt als all jene, die für ihre extremen Ansichten bekannt sind, über die man sich also besonders gut amüsieren kann. Dann erscheint der »Gute«, ein UFO-Gegner und Berufsskeptiker, der selbstverständlich das letzte Wort hat und die Argumente seines Gesprächsgegners wegdiskutieren darf, des öfteren unter Hilfestellung des jeweiligen Moderators. Letztendlich hat dann das Gute wieder einmal gesiegt. Nicht jeder hat den Mut wie die vom UFO-Entführungsphänomen betroffene Maria Struwe, dem Moderator Kerner zu entgegnen: »Diese Ironie, die Sie jetzt hier einbringen, wenn Sie die nicht unterlassen, werde ich hier gar nichts erzählen. Das ist eine sehr ernste Angelegenheit und nicht zum Lachen ... Ich habe die gesamte Sendung verfolgt. Sie ziehen alles ins Lächerliche, dabei ist es eine verdammt ernste Sache ... Ich finde es unverschämt vom Publikum, einfach drauflos zu lachen und die Leute nicht ernst zu nehmen.« Derartige Klarstellungen wirken mitunter.

Wer das seltene Erlebnis einer UFO-Sichtung gehabt hat, darf auch in »seriösen« Sendungen, wie zum Beispiel dem WDR-Wissenschaftsmagazin, damit rechnen, mit Spott und Hohn übergossen zu werden. Berichtete etwa eine Augenzeugin aus den neuen Bundesländern über ihre Sichtung, so lautete der Kommentar hierzu: »Die Außerirdischen schenken offenbar dem wiedererstarkten Deutschland endlich die Beachtung, die sie bisher hauptsächlich Amerika zollten.« Schließlich erfährt das erstaunte Publikum auch noch: »Bei UFO-Sichtungen scheinen Streßzustände der Zeugen häufig eine beträchtliche Rolle zu spielen. Da mag es nicht verwundern, daß der Zeugin, die im strahlenverseuchten Abbaugebiet der Urangesellschaft Wismut bei Gera lebt, in schwierigen Zeiten ein UFO erschienen ist.« Und ein weiterer »Experte« ließ vernehmen, daß das UFO-Phänomen hauptsächlich in Krisenzeiten auftritt – »und jetzt, zu Zeiten der wirtschaftlichen Rezession, tauchen sie wieder auf«. Diese Beispiele dokumentieren, wie groß die Voreingenommenheit in den Medien gegenüber dem UFO-/Paläo-SETI-Phänomen noch ist. Deshalb sollte jeder, dem scheinbar die Möglichkeit zur Darstellung seiner Erlebnisse gegeben wird, vorher genau prüfen, auf was er sich einläßt. Sicherlich ist die Verlockung groß, vor einem breiten Publikum seine jeweiligen Ansichten und Theorien erläutern zu dürfen. Ob einem in der jeweiligen Sendung dazu aber auch ausreichend Gelegenheit gegeben wird, ist nicht gewiß.

Doch auch die schreibende Zunft geht zumeist nicht gerade zimperlich mit dem Phänomen eines Besuches aus dem All um. Markantes Beispiel hierfür ist Professor Heinz Kaminski, der nicht nur die Möglichkeit der Existenz jeglichen intelligenten Lebens außerhalb der Erde vehement verneint und sogar behauptet, mit dieser Ansicht die allgemeingültige wissenschaftliche Lehrmeinung wiederzugeben, sondern auch weiß, daß die Suche nach außerirdischem Leben durch Radioteleskope nur Augenwischerei ist, weil man in den USA nur auf diese Art und Weise an Gelder herankommt, um andere Projekte finanzieren zu können. Diese frei erfundene und durch nichts gerechtfertigte Behauptung erhebt er in den Stand der Tatsachen. Tatsache ist jedoch, daß die bisherigen Projekte (CETI, OZMA) durchgeführt wurden und weiterhin von NASA und Regierungsstellen prinzipiell gefördert werden. Immerhin hält die überwiegende Mehrzahl der Wissenschaftler in aller Welt es für möglich, daß eines Tages Signale von fremden Welten empfangen werden.

PETER KASCHEL

Die Paläo-SETI-Thematik
als Bildungsauftrag

Ich bin kein Wissenschaftler – kein Biologe, Geologe, Archäologe oder Theologe –, allenfalls »Dänikenologe«. Ich gehöre als Lehrer einem Berufsstand an, in dem trotz verzweifelter Reformversuche der Traditionalismus blüht wie in kaum einem anderen. Über 20 Jahre Berufserfahrung brachten mir die folgende Erkenntnis:

Reformfreudige Kollegen, die neue pädagogische Wege und neue didaktische Inhalte suchen, gelten als selbstsüchtige Image-Bastler und sind somit automatisch Außenseiter, zumal sie das sogenannte »normale« Bild des Lehrers durch ihr verdächtig anmutendes Engagement unterlaufen. Das von den Lehrern aller Schulformen und der sie unterstützenden Organisationen immer wieder eingeredete und demonstrierte Selbstmitleid in physischer, psychischer und mentaler Hinsicht scheint viele Zeitgenossen an die Grenzen des Realitätsverlustes zu bringen bzw. bereits gebracht zu haben.

Schlimmer noch scheint mir indessen eine naive Selbstbeweihräucherung zu sein, die einhergeht mit dem überheblichen Anspruchsdenken: »Wir wissen alles – we are the greatest!« und dem daraus resultierenden kompromißlosen und angsterfüllten Abblocken und Tabuisieren von allem Neuen – es ist ja eventuell nicht in Einklang zu bringen mit unseren von Jahrhundert zu Jahrhundert überlieferten Denk-, Schul- und Pädagogikmodellen ...

Diese zweifellos subjektiv gefärbte, aber nicht minder realistische Darstellung führt zu der zentralen Problematik eines pädagogischen Abenteuers: die Paläo-SETI-Thematik als Bildungsauftrag.

Sie sollte endlich Einzug halten im gymnasialen Unterricht, auch im Universitätsbereich – nicht nur, um einen Gegenpol zu bilden zu den in tradierten Normen erstarrten Denkschemata, zu verkrusteten Mentalitäten, sondern weil der gesamte Paläo-SETI-Komplex ein die Vergangenheit suchender und deshalb zukunftsgerichteter, zukunftsorientierter Wissenschaftssektor ist, der schließlich auch die Herkunft der Menschheit zu eruieren versucht!

Jemand mußte doch einmal den Versuch wagen, Schule und Schülerschaft mit ausführlichen Projekten zu konfrontieren, um die Basis für neue Wirklichkeiten zu schaffen. Pionierarbeit, pädagogische Gratwanderungen und Auseinandersetzung dürften im Vordergrund eines derartigen Unterfangens stehen.

Folgende Voraussetzungen sehe ich als notwendige Grundlagen für AAS-Schulprojekte an, die über ein vordergründiges Kennenlernen der AAS- bzw. Paläo-SETI-Thematik hinausgehen:

1. Eigenmotivation,
2. Fremdmotivation,
3. Mut und rigoroses Durchhaltevermögen,
4. Sicherheit im Umgang mit dem Curriculum, das heißt mit den mir vorgegebenen Fachrichtlinien.

Zur Eigenmotivation: Ich selbst hatte eine phantastische Schulzeit dank phantastischer Lehrer, von denen jeder einzelne als menschliche und pädagogische Persönlichkeit herausragte – mit einer Ausnahme: Der Geschichtsunterricht war schrecklich! Das Resultat meiner jahrelang bohrenden Fragen waren zum einen plakativ-oberflächliche Antworten, zum anderen permanent schlechte Noten in diesem Fach, dem eigentlich mein ganzes Interesse galt.

Sogenannte »Fremdmotivation« erhielt ich durch alle Werke, die in irgendeiner Art und Weise herkömmliches Geschichtswissen in Frage stellen. Das begann mit Büchern von und über Heinrich Schliemann, Thor Heyerdahl und hat bis heute kein Ende gefunden.

Folglich fühle ich mich auch in meiner Eigenschaft als Lehrer dazu verpflichtet, Schülerinnen und Schülern eine neue Welt zu eröffnen, und die Theorie unseres seit jeher überlieferten Ursprungs nicht selbst in Frage zu stellen, sondern sie durch die Schüler in Frage stellen zu lassen.

Was den Mut betrifft, der für ein derartiges Unterrichtsvorhaben vonnöten scheint, so hatte ich ihn hinreichend trainieren können während ebenfalls recht unkonventioneller Projekte, die es gegen Kollegen und Schulleitung zu verteidigen galt.

Das AAS-Projekt fand allerdings von Anfang an die begeisterte Unterstützung einer relativ jungen, engagierten und vor allem weltoffenen Schulleiterin.

Nach wochenlangen Vorplanungen und einem gezielten Projektmanagement begann ich schließlich in einer 10. Klasse, also bei 15- bis 16jährigen, eine Unterrichtsreihe mit dem Thema »Die Erörterung – Strategien zur Argumentsentwicklung« mit folgender Frage: »Könnt ihr euch vorstellen, daß die Menschheitsgeschichte, speziell ihr Ursprung, völlig anders verlaufen sein könnte, als Wissenschaftler und einschlägige Werke uns bisher immer vermittelt haben?«

Das erste Projekt

Die Richtlinien unterscheiden sich in den einzelnen deutschen Bundesländern didaktisch, thematisch und inhaltlich nur geringfügig. Die Deutsch-Richtlinien in Nordrhein-Westfalen (NRW) gliedern sich in jeder gymnasialen Jahrgangsstufe in die drei Bereiche »Sprechen und Schreiben/Umgang mit Texten/Reflexion über Sprache«. So auch in der Sekundarstufe I, den Klassen 5 bis 10, in denen ich drei auf der Paläo-SETI-Thematik basierende Projekte durchführte.

Der Anspruch der Richtlinien und Lehrpläne des Faches Deutsch an Gymnasien, den Lehrenden dezidierte Vorgaben und Hilfestellungen in Didaktik und Thematik zu präsentieren, steht meines Erachtens im Widerspruch zu den teilweise verschwommen-nebulösen Formulierungen. Doch gerade darin, diese

Worthülsen mit konkretem Inhalt zu füllen, sah ich meine Chance!

Da heißt es: »Die Persönlichkeit des Kindes und Jugendlichen muß ernst genommen werden, die Fähigkeit zu rationaler Auseinandersetzung ebenso (...) wie Kreativität und Phantasie«.[1] Und weiter: »Die Schülerinnen und Schüler müssen ihre Werturteile in Auseinandersetzung mit anderen Überzeugungen begründen und vertreten lernen. Ebenso sollen sie lernen, Werturteile und Überzeugungen anderer zu tolerieren.«[2] »Die Beschäftigung mit Grundstrukturen der Kultur (...), mit kulturellen Traditionen und Deutungskategorien ist Aufgabe des Fachunterrichts.«[3] Und schließlich: »Lerninhalte und Methoden sind aufgrund der wissenschaftlichen Entwicklung überholbar. Die Schülerinnen und Schüler sollen sich der Wissenschaftsbestimmbarkeit der heutigen Welt ebenso bewußt werden wie der Grenzen wissenschaftlicher Sichtweisen.«[4] Gibt es ein geeigneteres Mittel, um diese Grenzen durch die Thesen der Ancient Astronaut Society deutlich zu machen?! Die Reihe übergeordneter Vorgaben und Ziele, die sich in unserem Sinne gestalten ließen, kann beliebig fortgesetzt werden. Folgende Richtlinien bildeten die Grundlage meines ersten Projektes in Klasse 10:

1. »Der Deutschunterricht soll bei den Jugendlichen die Fähigkeit zu Kritik und eigener Entscheidung weiterhin fördern und sie so in ihrer Entwicklung zur Selbständigkeit bestärken.«

2. »Wesentlich für den Unterricht sind vielfältige Kenntnisse des Argumentierens und Appellierens. Der Deutschunterricht schärft den Blick für Prozesse der Meinungsbildung.«[5]

3. »Insgesamt ist Texten mit hohem kulturellen Wert Vorrang bei der Textauswahl einzuräumen.«[6]

Dazu ist folgendes zu sagen: Die Bücher Erich von Dänikens sind seit knapp 30 Jahren Klassiker der Weltliteratur, ihr hoher kultureller und pädagogischer Wert ist meines Erachtens über jeden Zweifel erhaben.

Die Erörterung – eine relevante Vorform komplexer Textanalyse der Oberstufe – birgt hohe Schwierigkeitsgrade in sich: Die Schüler müssen sich mündlich und schriftlich mit kontrastierenden Standpunkten auseinandersetzen, diese einer möglichst neutralen, distanzierten Wertung unterziehen und ihre eigene Meinung zu der Thematik verbalisieren. Das Abwägen von Pro und Contra allein zwingt zu einem hohen Maß gedanklicher Eigenleistung.

Im Zusammenhang mit der Frage, ob die Menschheitsgeschichte in ihrem Frühstadium nicht möglicherweise anders verlaufen ist, als gemeinhin angenommen, gab ich das Thema der mehrwöchigen Unterrichtsreihe bekannt und bat die Schülerinnen und Schüler, es zu erörtern: »Pro und Contra Erich von Däniken«.

Auf die erwartete Reaktion, daß man mit dem Namen wenig oder gar nichts verbinden könne, folgte mein Arbeitsauftrag: »Leistet Detektivarbeit! Geht in Buchhandlungen, in Bibliotheken, Museen, Archive, fragt Verwandte und Bekannte, lest Bücher von Erich von Däniken und über ihn! Lest in sogenannten Kindergeschichtsbüchern über die Steinzeit und altes Ägypten. Ihre ›So war es und nicht anders!‹-Mentalität läßt bekanntlich keine Zweifel aufkommen! Lest eure eigenen aktuellen Geschichtsbücher, klopft sie auf die Sicherheit hin ab, mit der sie euch Jahreszahlen und sonstige Fakten aus dunkelster Vergangenheit nennen. Die Resultate eurer Forschungen sollen in vierzehn Tagen vorliegen.«

Mit der so gestalteten Vorbereitung der Unterrichtsreihe hatte ich zwei unanfechtbare »zentrale Aufgabenschwerpunkte« abgedeckt: »argumentative Texte in ihrer Struktur, Intention und Wirkung untersuchen« und »informierende Texte in ihrer Funktion als Sekundärliteratur nutzen«.[7]

Damit die Jugendlichen nicht ganz unvorbereitet beginnen mußten, gab ich jedem als Kopie die drei AAS-Thesen, wie sie im Impressum der »Ancient Skies« zu lesen sind.

Nach einer Woche hatte die Klasse zwar noch keine Werke von dem und über den Autor gelesen, aber diverse Bücher überflogen und sich in einem eiligen Quellenstudium von Sekundärliteratur so kundig gemacht, daß ein vorläufiges Meinungsbild entstanden war, in dem sich alle bekannten schablonisierten Denkschemata manifestierten:

Erich von Däniken und seine Thesen waren dank entsprechender Buchkritiken, Zeitungsausschnitte (Feuilleton, Kultur) und Gespräche günstigenfalls als indiskutabel entlarvt worden. Lediglich drei Schüler äußerten »Unsicherheiten« insofern, als ihre Eltern Däniken-Bücher nicht nur gelesen hatten, sondern dem Autor sogar aufgeschlossen gegenüberstanden.

Mit zahlreichen Tafelbildern wurden Resultate verschiedenster Erarbeitungsphasen verdeutlicht, so auch die Tatsache, die drei Schülern aufgefallen war, nämlich, »daß eigentlich kein einziges Geschichtsbuch irgendein Ereignis von Datum oder Ablauf her irgendwie in Frage stellt«.

Vorgefaßte Meinungen, übernommene Ansichten und Tabuisierung vermeintlich suspekter Reflexionen à la von Däniken ließen das Pendel deutlich zuungunsten des Autors ausschlagen. Ich wollte nun die Lerngruppe für die Paläo-SETI-Thematik sensibilisieren. In einem zweiten Arbeitsgang wurde die Unterrichtsreihe also konkreter: Die Klasse sollte in fünf Gruppen unter bestimmten thematischen Schwerpunkten folgende Werke lesen, zusammenzufassen und die Tendenzen des Autors oder der Autoren deuten:

»Erinnerungen an die Zukunft«,

»Aussaat und Kosmos«,

»Die Steinzeit war ganz anders«,

»Waren die Götter Astronauten?«

sowie fünf »Ancient Skies«-Editorials [Zeitschrift der »AAS« – Ancient Astronaut Society, Anm. d. Hrsg.], die das konventionell dargestellte Geschichtsbild in Zweifel zogen.

Ein abendlicher Anruf. Der Chefredakteur der lokalen Zeitung erkundigt sich, ob er den Unterricht besuchen und die Klasse und mich interviewen dürfe. Man spreche in der Stadt von jenem Projekt, insofern sei das Interview von lokalem Interesse. Der Journalist kam, und wir standen Rede und Antwort. Ihr Interesse sei sehr groß, versicherten die Schüler. Einige gaben zu, daß ihr Weltbild ein wenig ins Wanken gerate, sie es zumindest stärker reflektierten.

282

»Warum gerade Erich von Däniken?« wollte der Reporter von mir wissen. Um Neutralität bemüht, gab ich an, daß ich meinen Beruf aus Berufung ausübe und ständig innovativ wirken wolle. Ich bedauerte in deutlicher Form den Mangel jeglicher Solidarität: dabei sei das Projekt doch geradezu ideal für fachübergreifenden Unterricht, und die Kollegen der Fächer Geschichte, Religion, Biologie, Philosophie könnten sich, auch und gerade als Gegner von von Däniken, phantastisch in das Projekt einklinken.

Tags darauf war in der Zeitung zu lesen

- von der Welle der Begeisterung seitens der Klasse,
- vom freiwillig überdurchschnittlichen Arbeitspensum der Gruppe,
- von den Außerirdischen, die nun in Marl seien,
- von einem spleenigen Vorkämpfer für neue Ideen,
- von einem großen pädagogischen Spektrum.

Das Interesse der Öffentlichkeit war geweckt. Wie im Rausch arbeitete die Klasse 10c weiter.

Der dritte Teil des Projektes beinhaltete eine genaue Textanalyse nach den bekannten sprachlichen und inhaltlichen Kriterien – als Vorbereitung der Klassenarbeit. Der dort zu behandelnde Text war ein Auszug aus dem schon erwähnten Buch des Herausgebers Ernst von Khuon: »Waren die Götter Astronauten?«

Resümee des Projektes: Nach anfänglich erheblichen Widerständen und einer gewissen Orientierungslosigkeit war das Interesse der Lerngruppe an der Thematik groß, bevor es gegen Ende gar in Faszination umschlug. Es gab übrigens keinen Protest seitens der Eltern, die vielmehr neugierig geworden waren.

Die Paläo-SETI-Thematik hatte zaghaft Fuß gefaßt; doch ohne sofortige weitere Unterrichtsprojekte hätte sie durch Einmaligkeit ihre Glaubwürdigkeit umgehend verloren, ja, wäre zum Bumerang geworden. Also galt es, die nächste Klasse zu infizieren, wobei mir ein psychologisches Moment zu Hilfe kam, auf das ich auch fest vertraut hatte: Protest aus Neid! Mit anderen Worten: Andere Klassen, die meinen Unterricht ebenfalls erleiden müssen, fragten, warum »es« gerade die 10c gewesen sei und nicht sie »es« hätten sein können. Ich vermochte sie zu beruhigen; ja, auch für sie sehe das Curriculum den Einstieg in die brandaktuelle AAS-Thematik vor ...

Zurück zur Klasse 10c: Höhepunkt und Abschluß der Projektarbeit sollte die Vorführung der Filme »Erinnerungen an die Zukunft« und »Botschaft der Götter« sein. Doch der Höhepunkt sah schließlich noch ganz anders aus, denn jemand, den die halbe Welt für verrückt hält, schrieb mir einen Monat später:

»Hiermit lade ich die gesamte Bande und ihren couragierten Lehrer für eine Woche zu mir in die Schweiz ein!
Mit freundlichem Gruß – Erich von Däniken«

Das Städtchen Marl hatte seine Sensation! Erneut gab es natürlich Kontakt mit der Presse. Vor der Woche in Solothurn und danach gab es ganzseitige Berichte über die Klasse, die zum »Außerirdischen« fährt bzw. »zurück aus der Zukunft« kommt ...

Das zweite Projekt

Stillstand bedeutet Rückschritt.
Also mußte ich, um glaubhaft zu bleiben und für die Paläo-SETI-Thematik im Schulbereich stabilisierend zu wirken, die nächste Unterrichtsreihe, diesmal in der Jahrgangsstufe 8, in Angriff nehmen, bevor das Großprojekt der 10c in Vergessenheit geraten war.
Zusammenfassend läßt sich darüber sagen: Ein zentraler Aufgabenschwerpunkt der etwa 14jährigen war das genauere Kennenlernen des Mediums Zeitung. Normalerweise läßt man die Schüler einen Artikel schreiben über etwas Lokales, einen Bericht über den Zoobesuch, eine Reportage über den Feuerwehreinsatz oder ähnliche »aufregende« Ereignisse.
Die von mir unterrichtete Klasse setzte sich jedoch in die Zeitmaschine und schrieb – nach entsprechenden Informationen

durch mich – teilweise dramatische Reportagen und Interviews zu folgenden Themen:

- Augenzeugenbericht über die Entdeckung des Palastes von Knossos; Interview mit Arthur Evans;
- Reportage über die Öffnung der Grabkammer des Tutanchamun durch Howard Carter;
- Interview mit Frau Reiche über ihre Forschungen in der Nazca-Ebene;
- Live-Reportage über Erich von Däniken bei dessen erster Konfrontation mit der Grabplatte von Palenque;
- Augenzeugenbericht über Gantenbinks Roboterfahrt in das Innere der Cheops-Pyramide mit anschließender Pressekonferenz: Genius Gantenbrink contra Sturkopf Stadelmann.

Ich stellte bewußt archäologische Großereignisse und Paläo-SETI-Sensationen auf eine Ebene. Erneut gab es frotzelnde Bemerkungen von den Kollegen. Viel Feind, viel Ehr' – nirgendwo Solidarität in Sicht. Ich konnte mich nur zum wiederholten Male mit Tucholsky trösten: »Nichts ist schwieriger im Leben und nichts erfordert mehr Charakter, als im offenen Gegensatz zu seiner Zeit zu stehen und laut zu sagen: NEIN!«

Das dritte Projekt

Ich unterrichte Deutsch in fast allen Jahrgangsstufen. So konnte ich das dritte Projekt in einer 6. Klasse mit zwölfjährigen Schülerinnen und Schülern durchführen. In der 6. Klasse steht die Behandlung antiker Mythologie auf dem Lehrplan. Wer mit den Richtlinien gymnasialer Fächer nicht vertraut ist, glaubt nun vielleicht, das Herausfiltern AAS-relevanter Bezüge müsse da doch relativ einfach sein, wie meine bisherigen Ausführungen vermeintlich gezeigt haben. Man brauche doch nur Formulierungen des Curriculums so zu transferieren, daß sie der Paläo-SETI-Thematik nutzbar gemacht werden. Mit anderen Worten: Man biegt und manipuliert hier und da ein wenig und hat damit die pädagogische Pforte zu unserer aller Thematik geöffnet. Dem ist jedoch keinesfalls so!

Zunächst gibt es die sogenannten »obligatorischen Unterrichtsvorhaben«, die, wie der Name schon sagt, des Lehrers Handlungsspielraum sehr einengen. Dann gibt es den schulinternen Lehrplan. Das heißt, alle Unterrichtenden eines Faches haben in der Fachkonferenz einen Lehrplan zu erstellen, der die Vergleichbarkeit von Themen und Inhalten durchzuführender Unterrichtsreihen in den einzelnen Klassen einer Schule sicherstellt.

Und als Kontrollorgan fungiert ebendiese Fachkonferenz, die zumindest dem Papier nach Fachkollegen gegebenenfalls in ihre Schranken weisen kann. Als Freiraum des einzelnen bleibt das »Wie?«, die Methode von Planung, Einstieg und Durchführung der Unterrichtsreihen.

Ich begann die Reihe, indem ich der Gruppe Teile des biographischen Schliemann-Films »Schatz des Priamos« vorführte. Weitere Motivation schuf die hochgradig unpädagogische Methode, der Klasse Fotoserien vorzulegen, die ihren Klassenlehrer buddelnderweise bei Phaselis, Aspendos, Ephesos, vor allem in Troja, last not least in Catal Hüyük und am Nemrud Dag zeigen. Nach meiner Einschätzung ist die Zahl der Pädagogen gering, die den Kindern – hat man sich in der Fachkonferenz auf die Behandlung antiker Sagen geeinigt – eigens gefundene Scherben von der türkischen Küste respektive Zentralanatolien zeigen kann.

Noch weitaus geringer ist vermutlich die Anzahl derjenigen Lehrer (ich erinnere nochmals daran, daß ich nicht Geschichte, sondern Deutsch unterrichte), die das Augenmerk auf folgende Frage lenkt: »Wie ist es zu erklären, daß im Altertum soviel von Göttern die Rede ist, von Götterboten, Götterwagen, Fluggeräten am Firmament?«

Die Schülerinnen und Schüler sollten nun recherchieren, in welchen Sagen Derartiges erwähnt wurde. Ausgangspunkte waren eine der Ur-Sagen, »Als Prometheus das Feuer vom Himmel stahl« (er fuhr laut Lesebuch in einem Feuerwagen gen Himmel), und die Geschichte »Vom Raub der Persephone«, in der Pluto offensichtlich ebenfalls Gebrauch von ominösen Fahrgeräten macht.

Die Kinder wurden nur zu gern zu Detektiven, kramten auch in den Büchern zu Hause und wurden in geradezu erschreckender Weise fündig: Selbst der Stern von Bethlehem mußte als Fluggerät herhalten. Am Ende hatten sie zwar Diverses über Götter und deren schwebende Fahrzeuge herausgefunden, hatten natürlich auch Dädalus und Ikarus genannt als solche, die es vermutlich den Göttern gleichtun wollten, aber warum denn nun so vieles zum Firmament weise, war der Klasse gänzlich unklar.

»Überall auf der Erde, rund um den Globus, gibt es aus grauer Vorzeit Zeichnungen, Malereien, Bildhauereien, Reliefs, Steine, Steinkreise, Gebäudeteile und ganze Gebäude, die in irgendeiner symbolischen Form in Verbindung mit dem Himmel stehen. Und dafür gibt es verschiedene Deutungsmöglichkeiten«, belehrte ich sie daraufhin.

Dann sahen sie den Film »Erinnerungen an die Zukunft«. Nach dem Film herrschte Schweigen! Der Kulturschock saß tief!

Die Zeitungen tagtäglich auf archäologische Neuigkeiten zu durchforschen war die nächste Aufgabe innerhalb des dritten Projektes.

Zum Schluß, nach drei Wochen, gab es noch ein besonderes »Bonbon«: Die Schüler durften Lehrer mit folgendem Fragebogen konfrontieren:

1. Kennen Sie Erich von Däniken? Was halten Sie von ihm, seinen Werken, seinen Thesen?
2. Was halten Sie davon, Erich von Dänikens Thesen, die Sie denn kennen, im Unterricht zu behandeln?
3. Was sagt Ihnen der Begriff »Paläo SETI Thematik« und/oder »Ancient Astronaut Society«?
4. Welche anderen Autoren kennen Sie, die sich dieser Thematik widmen?

Genereller Gesamteindruck: Nicht ein einziger der 30 befragten sogenannten Kollegen war in der Lage, überhaupt zu reflektieren, ob man diesem Thema ein wenig Offenheit entgegenbringen könnte oder gar sollte. Spontan gab es nur schroffe Ablehnung! Immerhin: In den Köpfen der Kinder hatte ich etwas bewegt, ihr Denken behutsam erweitert. Mehr wollte ich zunächst gar nicht erreichen. Die Klasse war der Faszination einer völlig unbekannten Denkweise erlegen – und als dann zufällig zeitgleich Ulrich Dopatkas »Ancient Skies«-Aufruf an die »AAS-Jugend« erschien und von mir für die Kinder kopiert wurde, überflutete eine zweite Motivationswelle die Klasse.

Ich zitiere ein letztes Mal aus den Deutsch-Richtlinien, um potentiellen Mitstreitern Mut zu machen: »Die Bereitschaft, sich mit literarischen und kulturellen Traditionen auseinanderzusetzen und sich auf fremde, unvertraute Perspektiven einzulassen, wächst mit der im Unterricht zu vermittelnden Erfahrung, daß gerade ›schwierige‹, noch unvertraute Texte zu neuen Reflexionen anregen können.«[8]

Ausklang und Ausblick

Wer immer recht haben möge – Thompson und Cremo mit ihrem phantastischen Werk »Forbidden Archaeology. The hidden history of human race«, Graham Hancock mit seinem Sensationsbuch »Fingerprints of the Gods« oder wir Ancient-Astronaut-Anhänger –, eines stimmt auf jeden Fall: Die herkömmliche Geschichtsschreibung ist nicht nur falsch und verlogen, sondern wird mit jeder neuen archäologischen Entdeckung immer mehr ihrer eigenen Absurdität entgegengeführt!

Die Ancient Astronaut Society hat mein Leben bereichert. In meinem Beruf für die Theorien der AAS sachlich zu arbeiten, nötigenfalls auch zu kämpfen erscheint mir selbstverständlich. Das ist jedoch nicht einfach. Aber ich zitiere in dem Zusammenhang den großen deutschen Philosophen Lichtenberg: »An dem Lob der Menschen ist mir nicht gelegen. Das einzige, an dem ich mich erfreuen kann, ist ihr Neid!«

Die Ancient Astronaut Society ist auf dem richtigen Weg. Und sie kommt geradezu sprunghaft voran, denn: »Der Jüngste Tag hat längst begonnen«!

Viele Menschen, Freunde fragen mich: »Warum tust du das? Warum bürdest du dir das alles auf? Warum legst du dich mit Kollegen an? Warum bereitest du dir selbst dadurch und damit solche Schwierigkeiten? Warum dieser freiwillig auferlegte Streß?«

Erich von Däniken würde antworten: Warum eigentlich nicht?!

Quellen- und Literaturverzeichnis

Erich von Däniken

[1] Glasenapp, Helmut von: Der Jainismus. Eine indische Erlösungsreligion. Berlin 1925.
[2] Grünwedel, Albert: Mythologie des Buddhismus in Tibet und in der Mongolei. Leipzig 1900.
[3] Hermanns, Matthias: Schamanen, Pseudoschamanen, Erlöser und Heilsbringer. Wiesbaden 1970.
[4] Däniken, Erich von: Der Tag, an dem die Götter kamen. München 1984.
[5] Däniken, Erich von: Der Jüngste Tag hat längst begonnen. München 1995.

Johannes Fiebag

[1] Fiebag, Johannes: Die Mimikry-Hypothese. In: Ancient Skies, 4, Feldbrunnen 1990. Auch veröffentlicht in: E. v. Däniken (Hrsg.): Kosmische Spuren. München 1991.
[2] Fiebag, Johannes/Fiebag, Peter: Himmelszeichen. München 1991. Neu veröffentlicht unter dem Titel: Zeichen am Himmel. Berlin 1995.
[3] Fiebag, Johannes: Die Mimikry-Hypothese. a.a.O.
[4] Blumrich, Josef F.: Da tat sich der Himmel auf. Düsseldorf/ Wien 1973. Taschenbuchausgabe: Berlin 1994.
[5] Beier, Hans-Herbert: Kronzeuge Ezechiel. München 1985.
[6] Sassoon, George/Dale, Rodney: Die Manna-Maschine. Rastatt 1979. Taschenbuchausgabe: Berlin 1995.

Fiebag, Johannes/Fiebag, Peter: Die Entdeckung des Grals. München 1989.

[7] Gentes, Lutz: Die Wirklichkeit der Götter. Essen 1996.

[8] Fiebag, Peter: Der Götterplan. München 1995.

[9] Fiebag, Johannes: Die Anderen. München 1993. Taschenbuchausgabe: München 1995.

[10] ebd.

[11] Fiebag, Johannes/Fiebag, Peter: Himmelszeichen. a.a.O.

[12] Fiebag, Johannes: Die Anderen. a.a.O.
   Fiebag, Johannes: Kontakt. München 1994.
   Fiebag, Johannes: Sternentore. München 1996.
   Fiebag, Johannes (Hrsg.): Das UFO-Syndrom. München 1996.

[13] Däniken, E. v.: Strategie der Götter. Düsseldorf/Wien 1982.

[14] Fiebag, Johannes: Die Mimikry-Hypothese. a.a.O.

[15] Sassoon, George/Dale, Rodney: Die Manna-Maschine. a.a.O.

[16] Talbot, Michael: Das holografische Universum. München 1992.

[17] Thompsen, Richard F.: Alien Identities. San Diego (USA) 1993.

[18] Ferris, Timothy: Das intelligente Universum. Berlin 1992.

[19] Swords, Michael: Does the ETH Makes Sense? In: International UFO Reporter, 17/5, S. 6-8 und 12. J. Allen Hynek Center for UFO Studies, Chicago 1992.

[20] Jacobs, David: Geheimes Leben. Rottenburg 1995.

[21] Thompson, Keith: Engel und andere Außerirdische. München 1993.

[22] Mack, John: Helping Abductees. In: International UFO Reporter, 17/4, S. 10-15 und 20. J. Allen Hynek Center for UFO Studies, Chicago 1992.

Reinhard Furrer (†)/Torsten Sasse

Furrer, R./Merbold, U./Messerschmidt, E./Ockels, W./Hahn, H.-M./Siefarth, G.: Unsere Mission im All. Braunschweig 1985.

Ulrich Dopatka

[1] Vester, F.: Unsere Welt — ein vernetztes System. Stuttgart 1978, S. 62.

[2] Hampden-Turner, Charles: Modelle des Menschen. Weinheim, Basel 1983, S. 160. (Vgl. Deutsch, A. [Hrsg.]: Muster des Lebendigen. Braunschweig 1994).
Marchetti, Cesare: Die magische Entwicklungskurve. In: Bild der Wissenschaft. H. 10, 1982.

[3] Erben, Heinrich K.: Leben heißt Sterben. Hamburg 1981, S. 157.

[4] ebd., S. 69.

[5] Charon, Jean E.: Der Geist der Materie. Wien 1979, S. 111.

[6] Erben, Heinrich K.: a.a.O., S. 157.

[7] ebd., S. 159.

[8] Hampden-Turner, Charles, a.a.O., S. 160.
Jantsch, Erich: Die Selbstorganisation des Universums. München/Wien 1979 (München 1992), S. 102.

[9] Haken, Hermann: Synergetik: eine Einführung. Berlin 1982-1992.
Ebeling, W./Feistel, R.: Physik der Selbstorganisation und Evolution. Berlin (Ost) 1982.

[10] Lovelock, J. E.: Unsere Erde wird überleben: Gaia – eine optimistische Ökologie. München 1982.
Jantsch, Erich, a.a.O., S. 172 ff.

[11] Erben, Heinrich K., a.a.O., S. 154 ff.

[12] Jantsch, Erich, a.a.O., S. 106.

[13] ebd., S. 66.

[14] ebd., S. 104.

[15] Scheffer, Victor B.: Spires of form. In: New Scientist, 5. 4. 1984. S. 26.

[16] Jantsch, Erich, a.a.O., S. 109.

[17] Stanley, Steven M.: Der neue Fahrplan der Evolution. München 1983, S. 218 f. (Vgl.: Haken, H./Haken-Krell, M.: Die Entstehung von biologischer Information und Ordnung. Darmstadt 1995).

[18] Hampden-Turner, Charles, a.a.O., S. 158.

[19] Stanley, Steven M., a.a.O., S. 234 f.

[20] Hampden-Turner, Charles, a.a.O., S. 162.

[21] Jantsch, Erich, a.a.O., S. 112.

[22] Jantsch, Erich, a.a.O., S. 350

[23] Elster, H.-J. (Hrsg.): Naturwissenschaft und Technik: Wege in die Zukunft. Stuttgart 1983. S. 82.
Jantsch, Erich, a.a.O., S. 115.

[24] Jantsch, Erich, a.a.O., S. 115 f.

[25] Jantsch, Erich, a.a.O., S. 96.

[26] Jantsch, Erich, a.a.O., S. 87 f.

[27] Marchetti, Cesare, a.a.O., S. 120.

[28] Bonner, John Tyler: Kultur-Evolution bei Tieren. Berlin/Hamburg 1983.

[29] Hampden-Turner, Charles, a.a.O., S. 160.

[30] Reed, Charles B.: Fuels, minerals and human survival. Ann Arbor, MI 1975. (Vgl.: Haken, H./Wunderlin, A.: Die Selbstorganisation der Materie. Braunschweig 1991).
Skinner, Brian J.: Earth resources. Englewood Cliffs, NJ, 1976.

[31] Wynne-Edwards, V. C.: Animal dispersion in relation to social behaviour. Edinburgh/London 1962.
Dröscher, Vitus B.: Überlebensformel. München 1983, S. 210.

[32] Krebs, John R./Davies, Nicholas (Hrsg.): Öko-Ethnologie. Berlin/Hamburg 1981, S. 319.

[33] Hampden-Turner, Charles, a.a.O., S. 162.

[34] Der Spiegel, Nr. 14, Hamburg 1984, S. 296.

[35] Stanley, Steven M., a.a.O., S. 236.

[36] Hampden-Turner, Charles, a.a.O., S. 162.

[37] Erben, Heinrich K., a.a.O., S. 133.

[38] Eldred, Charles H.: Shuttle for die 21st century. In: Aerospace America, April 1984, S. 82 ff.

[39] Bonner, John Tyler: Size and cycles. Princeton, NJ, 1965, S. 177. (Vgl. Müller, Klaus: Chaos, Selbstorganisation und Gesellschaft. Berlin 1992)

[40] Crick, F.: Das Leben selbst. München 1983, S. 186.
Taube, M.: Evolution of matter and energy. Würenlingen 1982, S. 4, 14 ff.
Reeves, H.: Woher nährt der Himmel seine Sterne? Basel 1983, S. 268 f.
Vogt, N.: Gibt es außerirdische Intelligenz? In: Naturwissenschaftliche Rundschau, Jg. 36, H. 5, 1983, S. 201.

[41] Däniken, Erich von: Habe ich mich geirrt? München 1985, S. 86 ff.

[42] Dyson, Freeman J.: Energy in Universe. In: Scientific America, September 1971.

Johannes Fiebag

[1] Who made the giant footprint? In: Sunday Times Magazine, 12. 4. 1987, S. 48 f.
[2] Roidinger, B.: Weltexklusiv – Der archäologische Beweis: Mensch und Dinosaurier lebten zusammen! In: Magazin 2000, 105/4, 1995, S. 64-68.
[3] Foster, G.V.: Non-human artifacts in the Solar System. In: Spaceflight, 18, 1974, S. 447-453.
[4] Oort, J.: zit. ohne Quellenangabe in [3].
[5] Vgl. Foster, G.V., a.a.O.
[6] Fiebag, J.: Spuren der Aktivität außerirdischer Intelligenzen auf den Planeten und Monden des Sonnensystems? In: Fiebag, J./Fiebag, P. (Hrsg.): Aus den Tiefen des Alls, Tübingen 1985, S. 361-378 (Taschenbuchausgabe, Berlin 1995).
[7] Fiebag, J.: Was ist »1991 VG«? In: Däniken, E. v. (Hrsg.): Fremde aus dem All, München 1995, S. 284 ff.
[8] Darwin, C.: Journal of Researches into the natural history and geology of the countries visited during the voyage around the Wordl of H.M.S. Beagle. Appleton 1890.
[9] Darwin, C., a.a.O. Vgl. auch: Claridge, G.G.C./Campbell, I.B.: Origin of nitrate deposits. In: Nature, 217, London 1968, S. 428 ff.
De Kalb, C.: Origin of nitrate. In: Mining and Scientific Press, 112, S. 663 f.
Ericksen, G.E.: Geology of the salt deposits and the salt industry of northern Chile. In: USGS Professional Paper, 1963, 424-C, S. C 224 f.
Ericksen, G.E.: Origin of the nitrate deposits of northern Chile. In: Actas of the Congreso Geológico Chileno, Instituto de Investigaciones Geológicas Santiago de Chile, 2d. Arica, vol. 2, 1979, S. C 181-C 205.
Erickson, G. E./Mrose, M. E.: Mineralogic studies of the nitrate deposits of Chile. In: American Mineralogy, 55, 1970, S. 1500-1517.

Grossling, B. F./Ericksen, G. E.: Computer studies of the composition of Chilean nitrate ores: Data reduction, basic statistics, and correlation analysis. USGS Open File Series, 1519, 1971.

Knoche, W.: Zur Entstehung des Chile-Salpeters. Forschungen und Fortschritte, 6, 1930, S. 196 f.

Mortimer, C./Saric, N. R.: Cenozoic studies in northermost Chile. Geologische Rundschau, 64, 1975, S. 395-420.

Newton, W.: The origin of nitrate in chile. In: Geological Magazine, new. ser., 4/3, 1896, S. 339-342.

Noellner, C. N.: Über die Entstehung der Salpeter- und Boraxlager in Peru. In: Journal für praktische Chemie, 102, 1867, S. 459-464.

Penrose, R. A. F.: The nitrate deposits of Chile. In: Journal of Geology, 18, 1910, S. 1-32.

Sieveking, J. P.: Chilean nitre-beds. In: Taylor/Fancis (Hrsg.): Nitrate and Guano Deposits in die Desert of Atacama, London 1878, S. 38-43.

Singewald, J. T./Miller, B. L.: The Genesis of the Chilean nitrate deposits. In: Economy and Geology, 11, 1916, S. 103-114.

Sundt, L.: Los ajentes atmosféricon i su obra en el desierto de Atacama. In: Boletín de Sociedad Nacional de Minería, 16, 1904, S. 17-33.

Wetzel, M.: Petrographische Untersuchungen an chilenischen Salpetergesteinen. In: Zeitschrift für praktische Geologie, 32, 1924, S. 113-120, S. 132-142.

Wetzel, M.: Die Salzbildungen der chilenischen Wüste. In: Chemie der Erde, 3, 1928, S. 375-436.

Whitehaed, W. L.: The Chilean nitrate deposits. In: Economy and Geology, 15, 1920, S. 187-224.

[10] Simonaitis, R./Heicklen, J.: Perchloric acid – A possible sink für stratospheric chlorine. In: Planetary and Space Sciences, 23, 1975, S. 1567 ff.

[11] Ericksen, G. E.: The Chilean nitrate deposits. In: Scientific American, 71/4, 1983, S. 366-374.

[12] Durrani, S. A.: Nuclear reactor in the jungle. In: Nature, 256, 1975, S. 264.

[13] Gowan, G.: A natural fission reactor. In: Scientific American, 235, 1976, S. 36-47.

[14] Vgl. Gowan, G., a.a.O., und: Prähistorische Kernreaktoren: Das

Oklo-Phänomen. In: Naturwissenschaftliche Rundschau, 44/12, 1991, S. 477-488.

[15] Clayton, P.A./Spence, L.J.: Silicia-glass from the Libyan desert. In: Journal of the Mineralogical Society, 23, 1932, 501-508.

[16] Jessberger, E./Gentner, W.: Mass spectrometric analysis of gas inclusions in Muong Nong Glass and Libyan Desert Glass. In: Earth and Planetary Science Letters, 14, 1972, S. 221-225.

[17] Fudali, R.F.: The major element chemistry of Libyan Desert Glass and the mineralogy of ist precursor. In: Meteoritics 16/3, 1981, 247 ff.

[18] Jux, U.: Zusammensetzung und Ursprung von Wüstengläsern aus dem Großen Sandsee Ägyptens. In: Zeitschrift der Deutschen Geologischen Gesellschaft, 134, 1983, S. 521-533.

[19] Boden, G./Richter, E.: Untersuchungen an lybischem Wüstenglas mit Hilfe ionisierender Strahlung. Chemie der Erde, 43, 1984, 101-109.

[20] Frischat, G. H./Schwander, R./Beier, W./Weeks, R. A.: High-temperature thermal expansion of Libyan Desert Glass as compared to that of silica glasses and natural silicates. In: Geochimica et Cosmochimica Acta, 53, 1989, 2731 ff.

[21] Friedman, I./Parker, C.J.: Libyan Desert Glass: Its viscosity and some comments on its origin. In: Journal of Geophysical Research, 74, 1969, 6777 ff.

[22] Fudali, R.F., a.a.O.

[23] ebd.

[24] Walter, L. S./Giutrovich, J. E.: Vapor fractionation of silicate melts at high temperatures and atmospheric pressures. In: Solar Energy, XI, 1967, S. 163-169.

[25] Senbusch, P. v.: Evolutionsforschung am Ende des 20. Jahrhunderts. In: Naturwissenschaftliche Rundschau, 48/97, 1995, S. 97-105.

[26] Darwin, C.: The Origin of Species. London 1872.

[27] Alvarez, L. W./Alvarez, W./Asaro, F./Michel, H. V.: Extraterrestrial cause for the Cretaceous-Tertiary extinction. In: Science, 208, 1980, S. 1095-1108.

[28] Pope, K. O./Ocampo, A. C./Duller, C. E.: Hydrogeological evidence for a possible 200 km diameter K/T impact crater in Yucatan, Mexico. In: Lunar and Planetary Science, XXII, 3/PE-Z, 1991, S. 1083 f.

[29] Erwin, D. H.: The Permo-Triassic extinction. In: Nature, 367, 1994, S. 231-235.

[30] Cowie, J. W./Brasier, M. D. (Hrsg.): The Precambrian-Cambrian Boundary. Oxford 1989.

[31] Levinton, J. S.: The big bang of animal evolution. In: Scientific American, 267, 1992, S. 84-91.

[32] Shapiro, R.: Der Bauplan des Menschen. Bern/München/ Wien 1992. Taschenbuchausgabe: Frankfurt 1995.

[33] Cocconi, G./Morrison, P.: Searching for interstellar communications. In: Nature, 184, 1959, S. 844 ff.

Richard L. Thompson

[1] Thompson, Richard: Mechanistic and Nonmechanistic Science. Los Angeles 1981.

[2] Wallace, Alfred Russel: Natural Selection and Tropical Nature, 1895.

[3] Crick, Francis: Life Itself. New York 1981.

[4] Hoyle, Fred/Wickramasinghe, Candra: Evolution from Space. London 1981.

[5] Sitchin, Zecharia: The 12th Planet. New York 1976.

[6] ebd., S. 334.

[7] ebd., S. 348.

[8] ebd., S. 344.

[9] Dobzhansky, Theodosius: Darwinian Evolution and the Problem of Extraterrestrial Life. In: Perspect. Biol. Med., Vol. 15, 1972, S. 157-175.

[10] Simpson, George Gaylord: This View of Life. New York 1964.

[11] Dawkins, Richard: The Blind Watchmaker. New York 1986.

[12] O'Brien, Christian: The Genius of the Few. Wellingborough 1985.

[13] Sitchin, Zecharia; a.a.O., S. 357.

[14] Darwin, Charles: The Origin of Species. New York 1962, S. 484 ff.

[15] Zukav, Gary: The Dancing Wu Li Masters. New York 1979.

[16] Turing, Alan: Computing Machinery and Intelligence. In: Mind, Vol. LIX, 1950, No. 236.

[17] Rheingold, Howard: Virtual Reality. New York 1991.

[18] Tipler, Frank J.: The Physics of Immortality. New York 1994.

[19] ebd., S. 157.

[20] ebd., S. 320.

[21] ebd., S. 310.

[22] O'Regan, Brendan: Healing, Remission, and Miracle Cures. In: Noetic Sciences Collection, eds. B. McNeill and C. Guion, Sausalito (Ca.) 1991, S. 51.

[23] Mouren, Pierre: The Cure of Serge Perrin. Lourdes 1976.

[24] Poulsen, Hans: Lecture in the Panel Session on Medical Anomalies. In: ISSSEEM 2nd Annual Conference, Boulder/ Colorado, 26.–30. 6. 1992.

[25] O'Regan, Brendan/Hirshberg, Caryle: Spontaneous Remission, An Annotated Bibliography. Sausalito (Ca.) 1993.

[26] Ring, Kenneth: Heading Toward Omega. New York 1985.

[27] Thompson, Richard: Alien Identities. Alachua/Florida 1993.

[28] O'Brien, a.a.O., S. 27.

[29] ebd., S. 163.

[30] Sitchin, a.a.O., S. 26.

[31] ebd., S. 133.

[32] Kanjilal, Dileep K.: Vimana in Ancient India. Kalkutta 1985.

[33] Thompson, a.a.O.

[34] Prabhupada, A.C. Bhaktivedanta Swami: Bhagavad-gita As It Is. Los Angeles 1983.

Robert G. Bauval

Bauval, Robert G./Gilbert, Adrian: The Orion mystery. London 1994. Deutsche Ausgabe: Das Geheimnis des Orion. München/Leipzig 1994.

Michael Haase

Arnold, D.: Überlegungen zum Problem des Pyramidenbaus. In: MDAIK, 37, 1981, S. 28.

Bauval, R./Gilbert, A.: Das Geheimnis des Orion, München 1994.

Goyon, G.: Die Cheops-Pyramide, Augsburg 1990.

Haase, M.: Auf den Spuren des UPUAUT. In: G.R.A.L., 6/1995, S. 257.

Haase, M.: Bemerkungen zum Bau der Cheops-Pyramide. In: Scientific Ancient Skies, 2/1995, S. 46-57.

Haase, M.: Der Felskern der Cheops-Pyramide. In: G.R.A.L., 1/1993, S. 6-13.

Haase, M.: Jenseits des Horizonts. In: G.R.A.L.-Sonderband Nr. 8, Berlin 1995.

Klemm, R. & D. D.: Steine und Steinbrüche im Alten Ägypten, Berlin 1993.

Lauer, J.-P.: Das Geheimnis der Pyramiden. München 1980.

Lehner, M.: The Development of the Giza Necropolis: The Khufu Project. In: MDAIK 41, 1985, S. 126.

Maragioglio, V./Rinaldi, C.: Architettura de Piramidi Menfiti. Turin 1963-1975.

Perring, J.E.: The Pyramids of Gizeh. London 1939-1942.

Porter, B./Moss, R. L. B.: Topographical Bibliography of Ancient Egyptian Hieroglyphic, Texts, Reliefs and Paintings, 7 Bände. Oxford 1927/52, 1960.

Relsner, G. A.: A History of the Giza Necropolis, Cambridge (Mass.) 1955.

Stadelmann, R.: Beiträge zur Geschichte des Alten Reiches. In: MDAIK, 43, 1986, S. 229-239.

Stadelmann, R./Gantenbrink, R.: Die sogenannten Luftkanäle der Cheopspyramide. In: Mitteilungen des Deutschen Archäologischen Institutes, Abteilung Kairo, Nr. 50 (MDAIK 50), 1994.

Stadelmann, R.: Die großen Pyramiden von Giza, Graz 1990.

Algund Eenbom/Peter Belting

Andrews, Salomon: The Art of Flying. New York 1865.

Däniken, Erich von: Die Augen der Sphinx. München 1989.

Fiebag, Johannes: Die Anderen. München 1993.

Krasse, Peter/Habek, Reinhard: Das Licht der Pharaonen. München 1992.

Lucas, A./Harris, J. R.: Ancient Egyptian Materials and Industries. 1962.

Straub, Heinz: Fliegen mit Feuer und Gas. Stuttgart o. J.

Toland, John: Die große Zeit der Luftschiffe. o. O. 1989.

Woodman, Jim: Nazca. Mit dem Inkaballon zur Sonne. München 1977.

Roberto Pinotti

Pinotti, Roberto: UFO – Scacchiere Italia. Mailand 1992.

Pinotti, Roberto: UFO – Top Secret. Mailand 1995.

Pinotti, Roberto: UFO – Contatto Cosmico. Rom 1991.

Pinotti, Roberto: Angeli, Dei Astronauti. Mailand 1992.

Pinotti, Roberto: Madonne, Apparazioni, UFO. Mailand 1995.

Pinotti, Roberto: I Continenti Perduti. Mailand 1995.

Lutz Gentes

[1] Dikshitar, V. R. Ramachandra: War in Ancient India, 2. Aufl., Madras/Kalkutta/London 1948. Reprint: Delhi 1987.

[2] Gentes, Lutz: Die Wirklichkeit der Götter – Luft- und Raumfahrt im frühen Indien. Essen/München 1996.

[3] Gentes, Lutz: Zur Frage der Tatsächlichkeit von Kontakten zu Außerirdischen in Altertum und Vorzeit – Ein neuer Weg zur Beweisführung anhand eines Vergleichsverfahrens zur Psychologie plötzlicher Kontakte sowie altindischer Schriften zur Luft- und Raumfahrt (Ergänzungsband zur MUFON-Tagung 1977 in Ottobrunn). München 1979.

[4] Brunswig, Hans: Feuersturm über Hamburg. Stuttgart 1978.

[5] Ausführlicher wird dieser Luftangriff im alten Indien behandelt in: Gentes, L.: Die Wirklichkeit der Götter, a.a.O., und in: Gentes, L.: Der Krieg gegen Dwârakâ = Beschreibung eines Luftangriffs in den altindischen Epen Mahâbhârata und Bhâgavata-Purâna. In: Scientific Ancient Skies, Journal für Paläo-/Archäo-SETI, 2. Jg., Bd. 2, Berlin 1995, S. 29 ff.
Buitenen, J. A. B. van (Übers. u. ed.): The Mahâbhârata, Bd. 2 (Buch 2 u. 3). Univ. of Chicago Press, Chicago/London 1975.

[6] Gentes, Lutz: Raumschifflandungen im frühen Indien. In: Fiebag, Johannes (Hrsg.): Das UFO-Syndrom. München 1996.

[7] Beier, Hans Herbert: Kronzeuge Ezechiel. München 1985.

Blumrich, Josef F.: Da tat sich der Himmel auf – Die Raumschiffe des Propheten Ezechiel und ihre Bestätigung durch mo-
dernste Technik. Düsseldorf/Wien 1973.
Temple, Robert K.G.: Das Sirius-Rätsel. Frankfurt am Main
1977.

Weiterführende Literatur

Kanjilal, Dileep Kumar: Vimâna in Ancient India. Kalkutta 1985.
Mitra, S.M.: War Philosophy, Hindu and Christian, 1500 B.C. and
1915 A.D. In: The Hibbert Journal, London 1914/15, S. 747 ff.
Oppert, Gustav/Guttmann, Oscar: Neue geschichtlich-technische
Erörterungen zur Schießpulver-Frage im alten Indien, auf
Grund literarischer Belege. In: Mitteilungen zur Geschichte
der Medizin und der Naturwissenschaften, Nr. 16, Ham-
burg/Leipzig 1905, IV. Bd. Nr. 3, S. 421 ff.
Roy, Protâp Chandra (Übers.): The Mahabharata of Krishna-Dwai-
payana Vyasa, 12 Bde. Kalkutta 1884 ff. (Dronoparvan: Kalkutta
1888) u. spät. Neuausg., ebd. o. J.
Shastri, Hari Prasad (Übers.): The Ramayana of Valmiki, 3 Bde., 3.
Aufl. London 1976.
Tagare, Ganesh Vasudeo (Übers. u. Einl.): The Bhâgavata-Purâna, Teil
IV (Skandha 10), Ancient Indian Tradition and Mythology Series, Bd. 10. Delhi/Varanasi/Patna 1978.

Hartwig Hausdorf

[1] Hausdorf, Hartwig: Die weiße Pyramide. München 1994.
[2] Hausdorf, Hartwig/Krasse, Peter: Satelliten der Götter. München
1995.

Peter Krassa

Die Palmblatt-Bibliothek und andere geheimnisvolle Schauplätze
dieser Welt. München 1993.
Krassa, Peter: Als die gelben Götter kamen. München 1973.
Krassa, Peter: ... und kamen auf feurigen Drachen – China und das
Geheimnis der gelben Götter. Wien 1984.

301

Filip Coppens

Bauval, Robert G./Gilbert, Adrian: The Orion Mystery, 1994.
Chatelain, Maurice: Our Cosmic Ancestors, 1988.
Coppens, Filip: Post: Atlantis (1), Stiching Mens en Kultuur, 1994.
Coppens, Filip: Mag het een steen meer zijn? Frontier 2000 1.2, 1995.
Mestdagh, Marcel: Atlantis, Stiching Mens en Kultuur, 1990.
Mestdagh, Marcel/Coppens, Filip: Pre-Atlantis, Stiching Mens en Kultuur, 1994.
Temple, Robert: The Sirius Mystery, 1976.
Zitman, Wim: The Arms of Orion, 1994.
Zitman, Wim: Kosmischer Slinger der Tijden, 1994.

Walter-Jörg Langbein

[1] Ausführlich wurden diese Thesen behandelt in: Langbein, Walter-Jörg: Das Sphinx-Syndrom. Die Rückkehr der Astronautengötter. München 1995. Vgl. auch ders.: Astronautengötter. Die Chronik unserer phantastischen Vergangenheit. Berlin 1995.
[2] Die Ergebnisse dieser Forschungsreise wurden veröffentlicht in: Langbein, Walter-Jörg: Bevor die Sintflut kam. Von Götterbergen und Geisterstädten, von Zyklopenmauern, Monstern und Sauriern. München 1996.
[3] Cabrera Darquea, Javier: The message of the engraved stones of Ica. Ica, Peru, 1994
[4] Petratu, Cornelia/Roidinger, Bernhard: Die Steine von Ica/Protokoll einer anderen Menschheit. Essen/München 1994, S. 264.
[5] Mack, John E.: Entführt von Außerirdischen. Essen/München 1995.
[6] Fiebag, Johannes: Cabreras Gruselkabinett. In: esotera, Heft 10/1995.

Peter Fiebag

[1] Vgl. Wilson, R. A.: Die neue Inquisition. Frankfurt am Main 1992.
Vgl. auch: Siebenhaar, W.: »Gesichertes Wissen« und Realitätstunnel, Fremde aus dem All. München 1995.

[2] Fichant, M./Pécheux, M.: Überlegungen zur Wissenschaftsgeschichte. Frankfurt am Main, 1977.

[3] Vgl. Stegemüller, W.: Probleme und Resultate der Wissenschaftstheorie und analytischen Philosophie. Wissenschaftliche Erklärung und Begründung. Berlin 1969.
Becker, W./Hübner, K. (Hrsg.): Objektivität in der Natur- und Geisteswissenschaft. o. O., o. J.

[4] Fichant/Pécheux, a.a.O.
Vgl. auch: Rehork, J.: Sie fanden, was sie kannten. Mönchengladbach 1989.

[5] Blumrich, J. F.: Kasskara und Die sieben Welten. Wien/Düsseldorf 1979.

[6] Kunze, A. (Hrsg.): Hopi und Kachina, o. O., o. J.
Curlander, H. /Dömpke, St. (Hrsg.): Hopi-Stimmen eines Volkes. o. O., o. J.
Läng, H.: Kulturgeschichte der Indianer Nordamerikas. o. O., o. J.

[7] Waters, F.: Das Buch der Hopi. o. O., o. J.

[8] Burland, C.: Mythologie der Indianer Nordamerikas. Wiesbaden 1970.

[9] Leach, E. R.: Ritual. In: International Encyclopädia of the Sciences, Bd. 13, 1968.
Vgl. hierzu Skorupski, J.: Symbol and Theory. A Philosophical Study of Theories of Religion in Social Anthropology. Cambridge 1976.
Vgl. ebenso: Kippenberg, H.G.: Zur Kontroverse über das Verstehen fremden Denkens. In: Magie. Frankfurt am Main 1987.

[10] Fiebag, P.: Der Götterplan. Außerirdische Zeugnisse bei Maya und Hopi. München 1995.
Die Aussage dieses Satzes gilt jedoch nur, wenn die nachfolgenden Bedingungen mindestens erfüllt sind:
1. Das Weltall ist unendlich.
2. Im Kosmos herrschen überall die gleichen physikalischen Gesetzmäßigkeiten.

3. Es gibt Leben auf der Erde, also kann Leben, unter gleichen Bedingungen, überall im Weltraum entstehen.

4. Raumfahrt ist möglich. Auch große Entfernungen können überwunden werden (schnell oder sehr langsam).

5. Auf anderen Lebewelten kann Leben sich früher (das heißt auch: schneller) entwickelt haben (Fortschrittsprämisse).

6. Ein zufälliger oder gezielter Kontakt von ETH mit intelligenten Lebewesen anderer Planeten (einschließlich der Erde) ist möglich.

7. Ein solcher Kontakt kann auf – mindestens – einer der drei Zeitebenen (Vergangenheit, Gegenwart, Zukunft) stattfinden.

[11] Vgl. ebd.

[12] Navia, L. E.: Prä-Astronautik und Wissenschaft. In: Fiebag, J. u. P. (Hrsg.): Aus den Tiefen des Alls. München 1995.

Crick, F. H. C.: Gelenkte Panspermie. In: Fiebag, a.a.O.

Hoyle, F./Wickramasinghe, Ch.: Leben aus dem All. In: Fiebag, a.a.O.

Zur Möglichkeit interstellarer Raumfahrt. In: Fiebag, a.a.O.

Ruppe, H.O.: Die Grenzenlose Dimension Raumfahrt, Bd. I und II, Düsseldorf 1980/82.

Hoyle, F./Wickramasinghe, Ch.: Die Lebenswolke. Frankfurt am Main 1981.

Fiebag, J.: SETI und Paläo-SETI. In: Däniken, Erich von (Hrsg.): Freunde aus dem All. München 1995.

Grün, K.: Auf den Schwingen der Silbervögel. Möglichkeiten und Perspektiven interstellarer Raumfahrt. In: Däniken, Erich von: Neue kosmische Spuren. München 1992.

Peiniger, H.-W.: Außerirdische Lebensspuren in Meteoriten. In: Däniken, a.a.O.

Fiebag, J.: Welten jenseits des Sonnensystems. Estrasolare Planeten und ihre Bedeutung für die Frage nach außerirdischer Intelligenz. In: Däniken, a.a.O.

Bruke, B. F.: Detection of planetary systems and the search for evidence of life. In: Nature, 322, 1986, S. 304–341.

[13] Vgl. Casper, B. (Hrsg.): Phänomenologie des Idols. Freiburg/München 1981.

[14] Bei dem Begriff des Mythos schließe ich mich der Argumentation Assmanns an. »Fundierende Geschichten« nennen wir »Mythos«. Diesen Begriff stellt man gewöhnlich der »Ge-

schichte« gegenüber und verbindet mit dieser Gegenüberstellung zwei Oppositionen:
– Fiktion (Mythos) gegen Realität
– Geschichte und wertbesetzte Zweckhaftigkeit (Mythos) gegen zweckfreie Objektivität (Geschichte)
Beide Begriffspaare stehen seit längerem zur Verabschiedung an. Vergangenheit, die zur fundierenden Geschichte verfestigt und verinnerlicht wird, ist Mythos, völlig unabhängig davon, ob sie fiktiv oder faktisch ist. Diese Bezeichnung bestreitet in keiner Weise die Realität der Ereignisse, sondern hebt ihre, die Zukunft fundierende Verbindlichkeit, hervor als etwas, das auf keinen Fall vergessen werden darf.

[15] Halbwachs, M.: Das Gedächtnis und seine sozialen Bedingungen. Frankfurt 1985.
Halbwachs, M.: Das kollektive Gedächtnis, Frankfurt am Main 1985.
[16] Girard, R.: Das Ende der Gewalt. Freiburg 1983.
[17] Assmann, J.: Das kulturelle Gedächtnis. Schrift, Erinnerung und politische Identität in frühen Hochkulturen. München 1992.
[18] Das Dinggedächtnis fasse ich hier nicht in seiner engen Verwendung von J. Assmann auf, sondern möchte es um den für Symbole, Ikone, Repräsentationen überschreitenden Zeit- und Identitätshorizont postulierten Bereich erweitern (vgl. »Kulturelles Gedächtnis«).
[19] Schneider, W.: Wörter machen Leute. Magie und Macht der Sprache. Hamburg 1983.
[20] Vgl. Waters, F., a.a.O. Und: Buschenreiter, A.: Unser Ende ist euer Untergang. Die Botschaft der Hopi an die Welt. Göttingen 1991.
[21] Yates, F.: Gedächtnis und Erinnerung. Weinheim 1990.
[22] Strehlow, T.G.H.: Totemic Landscapes. London 1970.
[23] Assmann, J./Hölscher, T. (Hrsg.): Kultur und Gedächtnis. Frankfurt am Main 1988.
[24] Brief an den Präsidenten der USA, J. Carter, vom 19. Oktober 1977. In: Kahtsimkiwa 1, 3/1989, S. 1.
[25] Vgl. Waters, F., a.a.O.
[26] Kaiser, R.: Im Einklang mit dem Universum. Aus dem Leben der Hopi-Indianer. München 1992.
[27] Assmann, J., a.a.O.

[28] Waters, F., a.a.O.

[29] Fewkes, J.W.: Journal of American Ethnology and Archaeology, Vol. IV, 184, S. 106–110.

[30] Kaiser, R., a.a.O.

[31] Blumrich, J. F., a.a.O.

[32] Assmann, J., a.a.O.

[33] Assmann, J., a.a.O.

[34] Assmann, J., a.a.O.

[35] Simpson, R. D.: The Hopi Indians. Los Angeles 1953/1971.

[36] Vgl. Vester, F.: Denken, Lernen, Vergessen. Stuttgart 1978.

[37] Wyman, L. C.: The Windways of the Navaho. Colorado Springs 1962.

[38] Waters, F., a.a.O.

[39] Allerdings ist es gerade auch die Sprache, die ein Verständnis des Denkens der Hopi so schwermacht. B. L. Whorf hat in seiner bahnbrechenden metalinguistischen und sprachphilosophischen Arbeit (Whorf, B. L.: Sprache Denken Wirklichkeit. Beiträge zur Metalinguistik und Sprachphilosophie. Hamburg 1963) über die Zusammenhänge von Sprache und Denken und Wirklichkeit präzise belegt, wie verschiedene Sprachwelten die Wahrnehmung der Welt beeinflussen. Hier sei nur ansatzweise darauf hingewiesen, wie problematisch es ist, einen Satz von White Bear im Englischen als wirklich korrekt wiedergegebenen Inhalt dessen zu verstehen, was er tatsächlich denkt, obwohl er an der Universität von Kansas studierte. Das Hopi kennt beispielsweise keine Unterscheidung zwischen Substantiven und Verben, ja selbst Zeit in unserem Sinne – Vergangenheit, Gegenwart und Zukunft – ist ihnen unbekannt. Genauso unterscheidet sich ihre Sichtweise von Bewegungen im Raum.

[40] Waters, F., a.a.O.

[41] Topolski, J.: Die Wissenschaftlichkeit der Geschichtsschreibung und ihre Grenzen. In: Rossi, P. (Hrsg.): Theorie der modernen Geschichtsschreibung. Frankfurt am Main 1987.

[42] ebd.

[1] Sède, Gérard de: Le tresor cathare. Paris 1966.
Fiebag, Johannes/Fiebag, Peter: Die Entdeckung des Grals. München 1990.
Sède, Gérard de: La race fabuleuse – extra terrestres et mythologie merovingienne. Paris 1974.

[2] Meyers Taschenlexikon Geschichte in 6 Bänden. Mannheim 1982, Bd. 2, S. 292.
Meyers Taschenlexikon. a.a.O., Bd. 2, S. 193.

[3] MGH SS rer. Merov. Hannover 1878, Neuausgabe 1956, Bd. 2, Fredegarii et aliorum chronica. Buch 1, Kap. 2-5, S. 20 f.

[4] Däniken, Erich von: Der Götterschock. München 1992, S. 269.
Kautzsch, Emil: Die Apokryphen und Pseudoepigraphen des Alten Testaments. Darmstadt 1975, Bd. 1, 2. Buch Makkabäer 5, 9, S. 96.

[5] Lincoln, Henry/Baigent, Michael/Leigh, Richard: Der heilige Gral und seine Erben. Bergisch Gladbach 1984, S. 80.

[6] Lincoln/Baigant/Leigh: a.a.O., S. 249. Vgl. dazu auch: Die Geschichtsschreiber der deutschen Vorzeit. Bd. 8: Zehn Bücher fränkischer Geschichte des Bischofs Gregor von Tours, Leipzig 1911, Bd. 1, S. 80 f. und S. 81, Anm. 1.

[7] Sède, Gérard de: La race fabuleuse, a.a.O., S. 22.

[8] Meyers Taschenlexikon, a.a.O., Bd. 1, S. 282.

[9] MGH Epp. Merovingici et Karolini aevi. Berlin 1957, Bd. 1, S. 271 f, N. 23 (zu den Jahren 723 bis 725). Vgl. dazu auch Hoch, Werner: Es fing nicht erst mit Noah an. München 1991, S. 232.

[10] Höfer, Josef/Rahner, Karl: Lexikon für Theologie und Kirche (= LThK). Freiburg 1962, Bd. 7, S. 311.

[11] Sède. Gérard de: La race fabuleuse, a.a.O., S. 46. Vgl. auch: Die Geschichtsschreiber der deutschen Vorzeit. Bd. 8, a.a.O., S. 81, Anm. 5.

[12] Theophanes (Confessor), Chronographia, Vol 1. 2, Bonn 1839 bis 1841. In: Corpus scriptorum historiae Byzantinae, S. 619. Vgl. dazu auch: Theophanes (Confessor), Bilderstreit und Arabersturm (Chronographia). In: Byzantinische Geschichtsschreiber. Graz 1964, Bd. 6, S. 36.

[13] Sède, Gérard de: La race fabuleuse, a.a.O., S. 47.

[14] Kindlers Literaturlexikon, München 1974. Band 4, S. 1454 f.

[15] Beowulf und das Finnsburg Bruchstück. Stuttgart 1982, S. 22.

[16] ebd., S. 88 u. S. 115.

[17] ebd., S. 48, 50, 102 f.

[18] Sède, Gérard de: La race fabuleuse, a.a.O., S. 48. Vgl. dazu auch: Marc Bloch, a.a.O., S. 246-256.

[19] Die Geschichtsschreiber der deutschen Vorzeit. Bd. 11: Die Chronik Fredegars und der Frankenkönige. Leipzig 1940, S. 3.

[20] Die Geschichtsschreiber der deutschen Vorzeit. Bd. 11, a.a.O., S. 8.

[21] Die Geschichtsschreiber der deutschen Vorzeit. Bd. 9,1: Zehn Bücher fränkischer Geschichte des Bischofs Gregor von Tours. Leipzig 1913. Bd. 2, S. 146.

[22] Schneider, Adolf: Besucher aus dem All. Freiburg 1973, S. 89.

[23] Migne: Patrologiae cursus latinus, Saeculum IX, Annus 840, Bd. 104. In: Eginhardi Abbatis Annales S. 403.

[24] Lexikon für Theologie und Kirche, a.a.O., Bd. 7, S. 410 f.

[25] Lexikon für Theologie und Kirche, a.a.O., Bd. 8, S. 183.

[26] Migne, a.a.O. S. Agobardi episcopi Lugdunensis (Contra insulam vulgi opinionem), S. 147.

[27] Brand, Illobrand: Die Behandlung von UFO-Beobachtungen in der Presse und durch die Gelehrten im 17. und 18. Jahrhundert. In: T. Brand (Hrsg.): Unerklärliche Himmelserscheinungen in älterer und neuerer Zeit. MUFON-CES-Bericht Nr. 3. Ottobrunn 1977, S. 57-157.

[28] Calmet, A.: Von Erscheinungen der Geisteren und denen Vampiren in Ungarn, Mahren. Augsburg 1751. In: MUFON-CES-Bericht Nr. 3. Ottobrunn 1977, S. 65.

[29] Fiebag, Johannes: Die Anderen – Begegnungen mit einer außerirdischen Intelligenz. München 1993, S. 118.

[30] Vallee, Jacques: Dimensionen – Begegnungen mit Außerirdischen von unserem eigenen Planeten. Frankfurt am Main 1994.

[31] Vallee, Jacques: Dimensionen, a.a.O., S. 349.

[32] Ewig, Eugen: Die Merowinger und das Frankenreich. Stuttgart 1988, S. 205 f.

Sergius Golowin

Golowin, Sergius: Götter der Atomzeit. Bern/München 1967.

Golowin, Sergius: Die Magie der verbotenen Märchen. 7. Auflage, Hamburg 1995.

Golowin, Sergius: Gemeinsam im Garten Eden. Basel 1993.

Golowin, Sergius: Geheimnis der Tiermenschen. Basel 1993.

Golowin, Sergius: Drache, Einhorn, Osterhase. München 1994.

Vladimir V. Rubtsov

[1] Krinov, E. L.: Tungusskiy meteorit. Moskau/Leningrad 1949, S. 48.

[2] Voznesenskiy, A. V.: Padeniye meteorita 30 iyunya 1908 g. v verkhovyakh reki Khatangi. Mirovedeniye, Vol. 14, No. 1, 1925.

[3] Fesenkov, V. G. et al.: O Tungusskom meteorite, Nauka i Zhizn, No. 9, 1951, S. 20.

[4] Dmitriev, A.N./Zhuravlev V. K.: Tungusskiy tenomen 1908 goda – vid solnechno-zemnykh svyazey, Novosobirsk: IGiG 1984, S. 18.

[5] Zolotov, A.V.: Problema Tungusskoy katastrofy 1908 g. Minsk, Nauka i Tekhnika 1969, S. 110.

[6] Vasilyev, N.V.: Poslesloviye. In: Vronsky B. I. Tropoy Kulika. Moskau 1984, S. 204.

[7] Dmitriev, A.N., a.a.O., S. 93. siehe auch: Vasilev, N.V.: Die Tunguska-Meteorite: A dead-lock or the start of a New stage of Inquiry? In: RiAP Bulletin, Part. II, Vol. 2, No. 1, 1995, S. 3.

[8] Vasilyev, N.V., a.a.O., S. 2.

[9] Vasilyev, N.V. et al.: Pokazaniya ochevidtsev Tungussgogo padeniya, Tomsk 1981, S. 54 ff.

[10] Arkhipov, A.V. (persönliches Gespräch).

[11] Zotkin, I. T.: Tungusskiye meteority padayut kazhdiy god, Priroda, No. 11, 1971.

Peter Kaschel

[1] Schriftenreihe des Kultusministeriums: Die Schule in NRW, Richtlinien und Lehrpläne Deutsch, Gymnasium Sekundarstufe I. Düsseldorf 1993, S. 12.
[2] ebd., S. 13.
[3] ebd., S. 14.
[4] ebd., S. 17.
[5] ebd., S. 80.
[6] ebd., S. 56.
[7] ebd., S. 87.
[8] ebd., S. 33.

Kurzbiographien der Autoren

Ingenieur **Robert G. Bauval** (Buckinghamshire, Großbritannien), geb. 1948 in Alexandria (Ägypten), lebt seit 1967 in England und ist ausgebildeter Konstruktionsingenieur. Seit vielen Jahren hat er ein bautechnisches Interesse an den Pyramiden von Gizeh und ihren astronomischen Beziehungen. Über seine von ihm entwickelten Theorien hierzu liegen mehrere Fachpublikationen in ägyptologischen und archäologischen Fachzeitschriften vor. Vorträge und Radio- und Fernsehauftritte, zum Beispiel auf der »Annual Astronomical Conference« 1994 in Bristol, stehen damit in einem Zusammenhang. Mit Adrial Gilbert veröffentlichte er 1994 »Das Geheimnis des Orion«.

Peter Belting (Leer), geb. 11. 4. 1955 in Münster, ist gelernter Bankkaufmann und seit 1975 Offizier der deutschen Luftwaffe. Derzeit ist Belting als Radarleitoffizier im Range eines Hauptmanns tätig. Neben zehnjähriger Segelflugerfahrung macht er es sich seit 25 Jahren zum Ziel, jegliche Art von Modellflug theoretisch und praktisch durchzuführen, und erarbeitete mit Dr. Algund Eenbom Flugmodelle.

Luc Bürgin, geb. 18. 8. 1970 in Basel. Neben seiner Tätigkeit als freier Journalist und Musiker beschäftigt er sich seit Jahren intensiv mit grenzwissenschaftlichen Themen, wie etwa der Untersuchung des UFO-Phänomens. In seinen bisher erschienenen Büchern behandelt er unter anderem spezielle UFO-Erscheinungen in der Schweiz sowie Raumfahrtaspekte der Prä-Astronautik.

Filip Coppens, geb. 25. 1. 1971 in Sint-Niklaas, Belgien, studierte

Wirtschaftswissenschaften, Psychologie und Journalismus. Seither arbeitete er als Redakteur, Journalist und Konsultant für andere Autoren. Seine Spezialgebiete sind die Kriminalistik, die Tätigkeit der Geheimdienste und in diesem Zusammenhang die Ermordung von John F. Kennedy. Seit 1989 setzt er sich zunehmend mit historischen Themen auseinander, seit 1992 auch mit der UFO-Forschung, insbesondere mit UFO-Entführungen. Coppens ist Autor, Übersetzer, Redakteur und Herausgeber zahlreicher Schriften, Artikel und Bücher.

Dr. h. c. Erich von Däniken (Beatenberg, Schweiz), geb. 14. 4. 1935 in Zofingen. Schon während der Gymnasialzeit am Collège Saint-Michel in Fribourg setzte er sich mit alten heiligen Schriften und ungelösten archäologischen Rätseln auseinander. Als junger Gastronom reiste er um die Welt, um die geheimnisvollen Stätten des Altertums selber in Augenschein nehmen zu können. Seine Frage: »Waren die Götter Astronauten?« Damals entstanden auch die ersten themenbezogenen Artikel und sein erstes Buch, der Weltbestseller »Erinnerungen an die Zukunft« (ECON Verlag 1968). Seitdem folgten insgesamt 20 weitere Bücher. Erich von Däniken hielt unzählige Vorträge in der Öffentlichkeit und an Hochschulen. Die Gesamtauflage seiner Bücher, die in 28 Sprachen übersetzt wurden, liegt heute bei rund 60 Millionen Exemplaren. Über seine Theorie wurden zwei Dokumentarfilme sowie eine 25teilige Fernsehserie in Europa gedreht, der Ende 1996 eine weitere US-Fernsehdokumentation folgt. Er ist Ehrendoktor der Universidad Boliviana (1975). Erich von Däniken leitet die deutschsprachige Sektion der Ancient Astronaut Society, die mithilft, die Diskussion über seine Theorien zu verbreiten.

Ulrich Dopatka, geb. 4. 8. 1951 in Ahaus, Westfalen, ist Diplom-Bibliothekar und war lange Jahre an der Universität Zürich für die Bibliotheksautomation zuständig, bevor er bei IBM das Marketing für Bibliothekssoftware betreute. Heute ist er EDV-Bibliothekar an der Stadt- und Universitätsbibliothek Bern sowie international als Berater für Bibliotheks-Computersysteme tätig. Ulrich Dopatka zeichnet als Autor des inzwischen mehrfach aktualisierten »Lexikons der Prä-Astronautik« sowie als Herausgeber der ersten CD-ROM zur Paläo-SETI-Forschung »Kontakt mit dem Universum«.

Seit langem ist er in der Organisation der Ancient Astronaut Society tätig.

Dr. med. dent. **Algund Eenbom**, geb. 5. 10. 1946 in Leer, ist Zahnarzt. Seit seiner Studienzeit (Ausbildung zum Segelflieger 1971) beschäftigt er sich mit den Anfängen der Fliegerei, besonders unter dem Aspekt der Paläo-SETI-Hypothese. Zusammen mit Peter Belting entwickelte er Modelle und Konzeptionen über Luftfahrt in der Frühgeschichte der Menschheit.

Dr. **Johannes Fiebag** (Bad Neustadt), geb. 14. 3. 1956 in Northeim, studierte Geologie, Paläontologie, Physik und Geophysik an der Universität Würzburg und promovierte 1988 über ein Spezialgebiet der Planetologie. Abhandlungen über Meteoritenkrater und die Genese von Impaktstrukturen erschienen in geologischen und planetologischen Fachzeitschriften. Er ist einer der bekanntesten Forscher auf dem Gebiet der Paläo-SETI-Hypothese und möglicher aktueller Eingriffe außerirdischer Intelligenzen. Sein erstes Buch dazu erschien 1982. In seinen jüngsten Veröffentlichungen widmet er sich verstärkt dem um sich greifenden Phänomen der sogenannten »Entführungen durch Außerirdische«. Seit 1991 ist er Chefredakteur von *Ancient Skies* und *Scientific Ancient Skies*, den Organen der Ancient Astronaut Society.

Peter Fiebag, geb. 9. 11. 1958 in Northeim, ist heute Studienrat (Deutsch, Geschichte) an einem wirtschaftswissenschaftlichen Gymnasium. Er studierte Philologie, Wirtschaftspädagogik und Kommunikationswissenschaften an der Universität Göttingen. Mehrere Semester widmete er sich dabei auch dem Studium der Mediävistik. Dies ermöglichte ihm, zusammen mit seinem Bruder Johannes die Spuren des legendären »Heiligen Grals« durch die Literatur des Mittelalters zu verfolgen und eine vielbeachtete Interpretation dieses mystischen Gegenstandes im Sinne der Paläo-SETI-Hypothese vorzunehmen. Peter Fiebag führte zahlreiche Forschungsreisen durch. Von ihm liegt eine Fülle von Publikationen zur Paläo-SETI-Hypothese vor.

Prof. Dr. **Reinhard Furrer**, geb. 25. 11. 1940 in Wörgl, tödlich verunglückt am 9. 9. 1995 bei Berlin, studierte Physik an den Universitäten von Kiel und Berlin. Furrer promovierte über ein Spezialgebiet der optischen Physik. Er wurde 1982 zum Mitglied der europäischen Astronautenmannschaft bestimmt und war vom 30. 10. bis 6. 11. 1985 an Bord des Spacelab-Fluges »D1«. Seit 1987 war er geschäftsführender Direktor des Instituts für Weltraumwissenschaften der Freien Universität Berlin, seit 1987 Geschäftsführer der Spacetech GmbH, Berlin. Prof. Furrer konnte neben regelmäßigen Vorlesungen, Seminaren und Gastvorlesungen im Ausland auf ca. 200 Veröffentlichungen in Fachzeitschriften zurückblicken. Daneben verfaßte er populärwissenschaftliche Veröffentlichungen, Wissenschaftssendungen und drei Monographien. Prof. Reinhard Furrer wurde mit dem Bundesverdienstkreuz 1. Klasse, der NASA-Space-Flight-Medaille und der Goldenen Hermann-Obert-Medaille ausgezeichnet. Sein Vortrag auf dem Weltkongreß der Ancient Astronaut Society, August 1995, war einer seiner letzten öffentlichen Auftritte.

Lutz Gentes (Roßdorf), geb. am 9. 6. 1945 in Ilsenburg/Harz. Nach kaufmännischer Lehre Studium der Psychologie und Pädagogik an der Universität Frankfurt, seither Tätigkeit als wissenschaftlicher Schriftsteller. Insbesondere seit dem Erscheinen von Josef Blumrichs Ezechiel-Interpretation 1973 befaßt er sich intensiv mit der Frage ehemaliger außerirdischer Besuche auf unserem Planeten und deren Folgen. Sein spezielles Erkenntnisinteresse bezieht sich seitdem auf das Gebiet der altindischen Überlieferungen und auf die melanesischen Cargo-Kulte.

Sergius Golowin (Allmendingen, Schweiz), geb. 1930, gilt als bekanntester Mythenforscher der Schweiz. Bereits seinen Eltern verdankt er die Einführung in die Grundlagen der alpenländischen Völkerüberlieferungen bis hin zu den Karpaten und zum Schwarzen Meer. Als Mitglied von verschiedenen Arbeitsgruppen und als Bibliothekar widmete er sich den Sagen der inzwischen fast verschwundenen Berufsgruppen der Hirten, Köhler, Fischer, Gebirgsjäger und besonders des rassisch verfolgten »Fahrenden Volkes«. Das Schweizer Lexikon schreibt über ihn: »Durch seine Theorie, nach der der Kern der Volksüberlieferung auf uralter Menschheitserfahrung beruht, wurde er zum Mitbegründer des ›nachmodernen‹ phantastischen Realismus in der Kunst.«

Willi Grömling, geb. 1944 in Würzburg, studierte an der dortigen Universität Geschichte, Germanistik, Romanistik und Anglistik. Er unterrichtet als Studienrat die Fächer Deutsch, Geschichte und Ethik. Seit vielen Jahren widmet sich der Autor grenzwissenschaftlichen Phänomenen und geheimnisvollen, zum Teil noch ungelösten Rätseln der Vergangenheit, so unter anderem dem »Parzival« und der Suche nach dem »Heiligen Gral«.

Michael Haase (Berlin), geb. 22. 5. 1960, studierte Mathematik und Physik an der Technischen Universität Berlin und arbeitete hauptsächlich auf dem Gebiet der mathematischen Konzeptionen in der relativistischen Astrophysik und Kosmologie. Er leitete als Diplommathematiker viele Jahre Schulungs- und Dokumentationsabteilungen in der EDV-Branche. Heute ist er noch als Redakteur in der Softwarebranche tätig und ist Verfasser diverser technischer Dokumentationen. Michael Haase ist Herausgeber der archäologisch orientierten Zeitschrift G.R.A.L. und publiziert regelmäßig in verschiedenen Magazinen zu ägyptologischen Themen. Seit vielen Jahren beschäftigt er sich intensiv mit Aspekten der Pyramidenarchitektur Ägyptens und bereist das Land am Nil regelmäßig für seine Studien.

Hartwig Hausdorf (Garching), geb. 11. 12. 1955, ist in leitender Position in der Reisebranche tätig. Er war der erste westliche Besucher, dem die chinesischen Behörden den Besuch jener gesperrten Zonen erlaubten, in denen unzählige Pyramiden die Jahrtausende überdauert haben. In populären Sachbüchern, Artikeln und Vorträgen berichtete er über seine Forschungsergebnisse.

Peter Kaschel (Recklinghausen), geb. am 3. 5. 1944 in Zoppot/Danzig. Schon im Alter von elf Jahren begann sich Kaschel für Geschichte zu interessieren, damals initiiert durch das Lesen von C. W. Cerams »Götter, Gräber und Gelehrte«. Früh widmete er sich intensiv dem »Dunkel der Menschheitsgeschichte«. Gerade aufgrund des von ihm selbst erlebten apodiktischen Geschichtsunterrichts sah er sich schon als Junge mit den Rätseln der Menschheitsvergangenheit konfrontiert. Als Oberstudienrat entwickelt er heute Unterrichtsmodelle, um im Zuge weltoffener Unterrichtsgestaltung die Paläo-SETI-Hypothese in die Schule einfließen zu lassen, so daß diese vielleicht einmal selbstverständlicher, fester Bestandteil des Bildungskanons werden könnte.

Peter Krassa (Wien), geb. 28. 10. 1938, ist Journalist, Redakteur und Buchautor. Krassa beschäftigt sich seit 30 Jahren mit der Möglichkeit außerirdischer Aktivitäten in prähistorischer und historischer Zeit. Er ist Autor bzw. Koautor von bislang 15 Sachbüchern sowie Mitautor mehrerer grenzwissenschaftlicher Veröffentlichungen. Seine Publikationen auf dem Sachbuchsektor wurden in bislang neun Fremdsprachen übersetzt. Peter Krassa ist seit 1974 Mitglied der Ancient Astronaut Society und betätigte sich bei zahlreichen Weltkonferenzen in Europa und den USA als Referent.

Walter-Jörg Langbein, geb. 16. 8. 1954 in Coburg, beschäftigt sich schon seit seiner Gymnasialzeit mit Prä-Astronautik. Während seines Studiums der evangelischen Theologie übersetzte er umfangreiche Passagen des Alten Testaments und der Qumranrollen. Seit 1987 hielt er Vorträge zu diesen Themen und widmete sich in jüngster Zeit als Autor speziell der Hypothese der möglichen Rückkehr der Astronauten-Götter in der Gegenwart.

Prof. Dr. **John E. Mack**, geb. 4. 10. 1929 in New York, ist Professor für Psychiatrie am Cambridge Hospital der Harvard Medical School sowie Begründer und Direktor des Center for Psychology and Social Change. Seit 1990 arbeitet er mit Personen, die von Entführungen durch nichtmenschliche Wesen berichten. Mack benutzt Zustände veränderten Bewußtseins, um diese Erlebnisse zu untersuchen. 1993 gründete er das »Program for Extraordinary Experience Research« (Programm zur Erforschung außergewöhnlicher Erfahrungen).

Dr. **Roberto Pinotti** (Florenz), geb. 1944 in Venedig, studierte an der Universität Florenz und promovierte dort in politischen Wissenschaften und angewandter Soziologie. Als Journalist, Soziologe und Luft- und Raumfahrtspezialist veröffentlichte er etwa ein Dutzend Bücher über astronautische und aeronautische Themen, über Astronomie, Leben im Universum, Paläo-SETI und die UFO-Forschung. Seit 1965 ist er führender Mitarbeiter am Centro Ufologico Nazionale, wobei er sich um die Vermittlung einer seriösen Forschung bemüht (etwa als ständiger Mitarbeiter des offiziellen Organs der italienischen Luftwaffe, Revista Aeronautica). Er war Teilnehmer am SETI Post Detection Protocol Team, das auf internationaler Ebene die Verfahrensweise für den Fall eines Kontakts mit Extraterrestriern festlegte. Dr. Pinotti ist auch Direktor des International Permanent UFO Documentation Centre, das von der Regierung von San Marino in Leben gerufen wurde.

Dr. **Vladimir Rubtsov** (Kiew, Ukraine), geb. 1948 in Charkow. Er studierte Computerwissenschaften. Danach stieß er zur Gruppe von Dr. Alexander Solotov in Kalinin, wo er sich mehrere Jahre mit dem Problem der Explosion in der Tunguska (Sibirien) auseinandersetzte. Rubtsov promovierte 1980 in Philosophie an der Akademie der Wissenschaften der Sowjetunion. Derzeit ist er als wissenschaftlicher Mitarbeiter in der Abteilung Philosophie am Institut für Ingenieur- und Pädagogik-Wissenschaften in Charkow tätig. Rubtsov gehört heute zu den führenden Paläo-SETI- und SETI-Forschern in der Ukraine und den GUS-Staaten. Er war Referent nicht nur auf mehreren AAS-Weltkonferenzen, sondern auch auf internationalen SETI-Konferenzen. Er hat zahlreiche Artikel und Bücher veröffentlicht und im vergangenen Jahr das Research Institute on Anomalous Phenomena (RIAP) gegründet.

Torsten Sasse, geb. 3. 12. 1963 in Bückeburg. Der Fernseh- und Radiojournalist referierte bei verschiedenen Tagungen der Ancient Astronaut Society und etabliert die Paläo-SETI-Forschung in den Medien mit dem Ziel, die Seriosität zu betonen. Wichtige Radiosendungen: »Der Schacht des Cheops« und »Rückkehr zum Mond«, beide Sender Freies Berlin. Eine Fernsehdokumentation zu den Rätseln der ägyptischen Hochkultur folgt 1996.

Wolfgang Siebenhaar, geb. in Berlin, beschäftigt sich seit langem mit prä-astronautischen Hinweisen im lateinamerikanischen Raum, den er durch mehrere Studienreisen gut kennt. Er verfaßte zahlreiche Beiträge für Fachzeitschriften zu diesen und verwandten Themen. Siebenhaar sammelt insbesondere bibliographische Daten über Veröffentlichungen zur Prä-Astronautik und hält öffentliche Vorträge.

Gernot Speck, geb. 29. 8. 1969 in Krefeld, studiert Germanistik und Medienwissenschaft in Düsseldorf.

Dr. **Richard L. Thompson** studierte Mathematik an der Cornell University und arbeitete über Wahrscheinlichkeitstheorie und statistische Mechanik. Er forschte auf dem Gebiet der Quantentheorie an der Cambridge University und über theoretische Biologie sowie – in Zusammenarbeit mit der NASA – auf dem Sektor der Satellitenfernerkundung. 1975 war er Gründungsmitglied des Bhaktivedanta-Instituts, das sich mit den Anfängen der altindischen Veden beschäftigt. Er ist Autor mehrerer Bücher, darunter »Alien Identities« und – zusammen mit Michael Cremo – »Forbidden Archeology«.

Dr. **Roger W. Wescott** (Southbury, USA), geb. 1925 in Philadelphia (USA), studierte Linguistik an der Princeton University und schloß dort 1948 ab. Es folgten Forschungsaufenthalte in verschiedenen Ländern und Kontinenten. Wescott war maßgeblich an der Durchführung zahlreicher Bildungsprogramme verschiedener Universitäten tätig und amtierte als Präsident der Linguistic Association of Canada and the United States. Er zeichnet als Autor von ca. 500 Publikationen, darunter 40 eigenen Büchern. Seit 1988 ist er Vizepräsident der International Organization for Unification of Terminological Neologisms und seit 1992 Präsident der International Society for the Comparative Study of Civilizations.

Liebe Leserin,
lieber Leser,

sind Sie an der Thematik, die mich beschäftigt, interessiert? Dann möchte ich Ihnen die ANCIENT ASTRONAUT SOCIETY vorstellen – abgekürzt AAS. Das ist eine gemeinnützige Gesellschaft nach amerikanischem Recht, die 1973 in den USA gegründet wurde. Die AAS strebt keinerlei Gewinn an.

Zweck dieser Gesellschaft ist das Sammeln, Austauschen und Publizieren von Indizien, die geeignet sind, folgende Ideen zu unterstützen:

- In vorgeschichtlichen Zeiten erhielt die Erde Besuch aus dem Weltall ...
- Die gegenwärtige technische Zivilisation auf unserem Planeten ist nicht die erste ... (oder)
- Beide Theorien kombiniert ...

Die Mitgliedschaft in der AAS steht jedermann offen. Sie gibt im Zweimonatsrhythmus die Zeitschrift »Ancient Skies« in Deutsch und Englisch heraus. Die AAS organisiert Studienreisen an archäologisch interessante Fundplätze. Periodisch finden internationale Kongresse und nationale Tagungen statt. Bislang wurden über 35 Weltkongresse bzw. nationale Meetings durchgeführt.

Der Jahresbeitrag zur AAS beträgt SFR. 48,– oder DM 48,–. Im deutschsprachigen Raum sind wir rund 9000 Mitglieder.

Ich würde mich freuen, wenn Sie weitere Auskünfte über die AAS erbitten bei:

ANCIENT ASTRONAUT SOCIETY,
CH-3803 Beatenberg

Herzlich
Ulrich Dopatka/Erich von Däniken
E-Mail: aasworldwide@ access.ch
World Wide Web: http//www.access.ch/aas